中国特色学徒制试点　学徒岗位教材

农产品食品检验员
学徒岗位手册

崔艳莉　赵永红　主编

中国农业大学出版社
·北京·

内容简介

本教材共分三个部分：步入企业部分有3个入职培训专题，认识岗位部分有4个入职培训专题，学徒工作学习任务部分分为小麦粉检测、植物油脂检测、乳和乳制品检测、调味品及其制品检测、葡萄酒检测等5个项目。本教材完整和系统地介绍了检测的原理、仪器、试剂、方法、计算，并附有检测原始记录表，供学徒在学习过程中使用。设计了学徒关键职业能力评价表，学徒职业品质、工匠精神评价表，供企业师傅对学徒的学习情况进行评价。本教材采用的检验方法均以现行有效的国家标准检验方法为依据，具有实用、规范的特点。

本书适用于各类职业院校、职业培训机构、企业培训中心等开展企业新型学徒制培训，也适用于企业岗位技能培训和就业技能培训。

图书在版编目(CIP)数据

农产品食品检验员学徒岗位手册 / 崔艳莉，赵永红主编．--北京：中国农业大学出版社，2023.8

ISBN 978-7-5655-3040-1

Ⅰ.①农… Ⅱ.①崔… ②赵… Ⅲ.①农产品－食品检验－质量检验－岗位培训－手册 Ⅳ.①TS207.3-62

中国国家版本馆CIP数据核字(2023)第150198号

书　　名　农产品食品检验员学徒岗位手册
Nongchanpin Shipin Jianyanyuan Xuetu Gangwei Shouce
作　　者　崔艳莉　赵永红　主编

策划编辑　郭建鑫　　**责任编辑**　郭建鑫
封面设计　李尘工作室
出版发行　中国农业大学出版社
社　　址　北京市海淀区圆明园西路2号　　**邮政编码**　100193
电　　话　发行部 010-62733489，1190　　读者服务部 010-62732336
编辑部 010-62732617，2618　　出　版　部 010-62733440
网　　址　http://www.caupress.cn　　**E-mail**　cbsszs@cau.edu.cn
经　　销　新华书店
印　　刷　运河(唐山)印务有限公司
版　　次　2023年8月第1版　2023年8月第1次印刷
规　　格　185 mm×260 mm　16开本　17.25印张　424千字
定　　价　51.00元

图书如有质量问题本社发行部负责调换

编 写 人 员

主　编　崔艳莉　新疆农业职业技术学院

　　　　赵永红　中粮(昌吉)粮油工业有限公司

副主编　冀晓磊　新疆农业职业技术学院

参　编　李　瑜　新疆农业职业技术学院

　　　　梁海清　新疆农业职业技术学院

前言

为了促进职业教育改革发展，深化产教融合、校企合作，突出现代学徒制的特点，突出培养工匠精神，贴近企业和实践，我们编写了通俗易懂、简单易学的农产品食品检验教材，供职业院校教学和职业培训使用。

本教材以学校为主体，结合校企合作资源及师资力量，根据职业教育国家教学标准体系及现代学徒制专业人才培养方案进行针对性开发。

本教材编写紧贴国家职业技能标准和企业工作岗位技能要求，遵循“企校双制、工学一体”的培养模式。旨在通过系列标准操作技能训练，培养学生的岗位技能，突出检验任务的完整性、操作方法的规范性、技能培养的针对性和教学内容的实用性。通过学习使学员检验水平能达到国家职业技能鉴定考核规范要求，掌握基本的理论和专业知识，按照人力资源和社会保障部规定的农产品食品检验中级、高级职业资格要求，取得相应级别的职业资格证书，并能持证独立上岗操作。

本教材适用于高等职业院校农产品检测专业、食品检验专业，以及农业类、食品类相关专业，也可作为农产品与食品检验员的培训教材。

本教材由崔艳莉、赵永红任主编，冀晓磊任副主编，李瑜、梁海清参编。

由于编写时间仓促，加之作者水平所限，书中难免有疏漏之处，敬请读者批评指正，以便进一步修订完善。

编者

2023 年 5 月

目　录

第一部分

步入企业

The first part

The first part

The first part

The first part

入职培训专题一

农产品加工企业发展机遇与挑战

近年来，我国农产品加工业有了长足发展，已成为农业现代化的支撑力量和国民经济的重要产业，对促进农业提质增效、农民就业增收和农村一二三产业融合发展，以及提高人民群众生活质量和健康水平、保持经济平稳较快增长发挥了十分重要的作用。

一、农产品加工在提升乡村产业链供应链现代化水平中的作用

当前我国经济和产业十分迫切的任务之一，是要尽快突破产业基础能力弱的瓶颈，提升产业核心竞争力，应对新一轮科技革命和产业变革的机遇与挑战，保障我国农业经济健康发展和粮食安全。其中，实施农产品加工产业基础再造工程，已经成为助推农业全产业链水平提升的迫切现实需要。

(1)加强产后创新链、产业链和价值链的提升和再造，促进农产品产业链合理延伸和深化发展，克服短板效应，实现产前、产中和产后全产业链融合协调发展，提升整体竞争实力。

(2)在当前农产品混收混加工的环境下，开展农产品不同时间、不同区域、不同部位的"时空"品质和食用、营养、加工、安全、功能"五维"品质评价，科学指导农产品种植养殖、原料收购、加工、销售等各个环节，提升农业整体发展水平，重塑农业区域化发展新布局。

(3)针对农产品产后采收、贮藏、运输、包装及产地初加工全过程减损的"卡脖子"问题，实施产后减损保供工程，实现生产、贮藏、流通、消费无缝衔接，促进农产品产后优质优价与产业提质增效，确保粮食安全。

(4)针对农产品组分加工利用率低的问题，突破农产品全组分构效、量效、组效评价技术和传统工艺再造技术，创制满足不同人群的特殊营养强化、专用健康和个性化定制的功能性产品，实施加工倍增工程，不断提升农业经济效益和人民健康水平。

(5)针对我国农产品加工智能装备、关键技术、核心零部件依赖进口的问题，重点突破核心关键技术与装备，实现加工装备制造产业的智造升级，重点开展新技术、新方法、新原理和新材料研究，提高加工智能装备自给率，实施加工装备智能再造，实现关键装备自主可控。

二、"十四五"期间农产品加工发展方向

新一轮科技革命、城镇化、工业化推动下的产业转型、消费升级，为我国农产品加工业提出

了新的发展要求和方向。当前，总体来讲我国农产品加工业正逐渐向系统化、智能化、高值化、个性化、无人化等方向发展。

（一）农产品多维品质评价方面

农产品品质评价直接关系广大人民群众对食物营养和美味的追求，关系农业高质量发展和经济增长大局，品质评价工作正逐渐趋向智能化、精准化、综合化。

（二）生鲜农产品保鲜方面

我国生鲜农产品的保鲜基本实现了从“静态保鲜技术”向“动态保鲜技术”的迭代升级，未来将普遍采用智能冷链物流保鲜、全程冷链不间断技术，保障农产品从“农田到餐桌”全程处于适宜的环境条件中。

（三）农产品精深加工方面

当前我国农产品精深加工正向全组分梯次利用和绿色低碳加工方向发展，将驱动我国农业农村工作走上绿色循环、优质高效的可持续发展之路。未来食品制造以新型方便食品、休闲食品、谷物饮品、仿生食品、特殊膳食食品等创新为支撑，正在向着满足不同人群的个性化需求、提供精准营养的方向发展。

（四）加工生产线和核心装备创制方面

随着工业 4.0 和 5G 时代的来临，农产品加工装备的智能化程度不断提高，逐步向智能化、无人化方向发展，无人工厂的数量和规模不断扩大，智慧工厂逐步取代传统的农产品加工工厂。

三、提升农产品深加工附加值

随着我国农产品加工业的高速发展以及加工技术装备的不断提升，促使产业开始由粗（初）加工向精（深）加工发展，农产品加工在提升农产品附加值，提高农业整体效益，增强农业综合竞争力等方面发挥更重要的作用。推行“三刀模式”，能够充分延展产业链条至最大程度，充分利用宝贵资源，增加农产品深加工附加值，同时满足了市场需要，取得了更好的经济和社会效益。

所谓“三刀模式”，是根据加工程度不同提出的概念。第一刀是“粮去壳”“菜去帮”“果去皮”“猪变肉”，也就是农产品产地初加工，主要解决仓储物流、减损保鲜、分级分选的问题，实现产品增值 20%以上。第二刀是“粮变粉”“肉变肠”“菜变肴”“果变汁”，也就是食品加工和食品制造，解决农产品精深加工、提质增效的问题，实现产品增值 60%以上。第三刀是“麦麸变多糖”“米糠变油脂”“果渣变纤维”“骨血变多肽”，也就是共产物梯次利用，解决变废为宝、节能减排、环境污染的问题，实现产品增值高达 3 倍以上。

四、目前我国在农产品加工环节存在的短板及解决措施

《国家中长期科学和技术发展规划纲要（2006—2020 年）》提出，重点发展农产品精深加工、产后减损和绿色供应链产业化关键技术，开发农产品加工先进技术装备及安全监测技术，发展以健康食品为主导的农产品加工业和现代流通业，拓展农民增收空间。经过近 15 年的高速发展，我国农产品加工科技水平显著增长，总体上从以“跟跑为主”迈入了“三跑并存”的阶段，纲要中提出的发展目标也已经基本实现。

（一）目前我国在农产品加工环节存在的短板

(1)关键酶制剂和配料依赖进口，面临“卡脖子”问题。

(2)产后损耗大，存在技术短板。

(3)梯次加工技术缺乏，附加值低。

(4)对资源综合利用缺乏部署。

(5)对农产品加工装备自主创新重视不够。

（二）解决措施

1. 解决关键技术问题，提升自主研发能力

加强新技术研发力度，组建具有领先地位的酶制剂产业研发基地，形成自己强有力的技术创新体系，在获得国家支持的同时，融入多方力量，以求在重大高新技术领域取得突破；同时，加快研究成果的产业化，使我国在世界酶制剂市场保持一定的竞争优势。

2. 建立农产品产后减损保供科技创新中心

攻克生鲜农产品冷链不间断技术，建立智能冷链物流技术体系，实现生产、贮藏、流通、消费无缝衔接，保障生鲜农产品的高品质生产与销售；集成农产品预冷、商品化处理、智能分级、高效低成本贮运、电商冷链物流等全过程智能化控制技术与装备，实现生产、贮藏、流通、消费无缝衔接，促进农产品产后优质优价与产业提质增效。

3. 加强农产品梯次加工利用，提质增效

攻克农产品收贮运、产地初加工、深加工、综合利用、智能制造等农产品梯次加工关键技术，实现绿色、安全、低碳、智能化贮运与加工，降低农产品原料损失率，显著增加农产品原料的利用率和产品附加值，全面提升农民的种植效益，通过加工带动原料的专用化种植，推动产品的个性化开发。

4. 提高共产物等综合资源利用率

开发先进的加工技术，加大投资力度，增加精深加工设备，对加工废弃物中有用物质进行梯次利用，除用作食品、营养提取、饲料、肥料等，利用加工共产物丰富的营养成分，增加其开发利用深度，争取实现零排放。

5. 促进农产品加工装备自主创新

瞄准关键核心装置设计、制造、控制系统开发，通过工艺工程耦合，集成组装成套生产线，努力突破技术装备瓶颈与壁垒、传统食品绿色智能制造装备和干燥、杀菌、灌装、包装等核心装备，推进装备制造与工业云、大数据、物联网等技术交叉融合，开发具有自主知识产权的智能化、规模化、连续化、成套化装备，核心装备自给率达80%以上，打破国外垄断。

6. 加大科技创新投入支持

按照国家重大战略实施的要求，加强不同学科领域间的协同创新，逐步调整优化科研经费比例，提高竞争性项目经费投入比重，促进交叉学科、新兴学科、前沿学科发展，做好农产品加工领域重点研发专项部署和经费投入。

【拓展知识】

粮食安全的重要性

“无农不稳，无粮则乱”，粮食安全事关国运民生。党的十八大以来，以习近平同志为核心的党中央高度重视国家粮食安全，始终把解决好十几亿人口的吃饭问题作为治国理政的头等大事。党的二十大报告指出“全方位夯实粮食安全根基，牢牢守住十八亿亩耕地红线”“确保中国人的饭碗牢牢端在自己手中”。我们要立足国内基本解决吃饭问题，始终坚持“藏粮于地、藏粮于技”战略，实行最严格的耕地保护制度，推动种业科技自立自强、种源自主可控，不断提高我国粮食综合生产能力，全方位夯实粮食根基，端牢中国饭碗。

保障粮食安全是一个永恒的课题，“手中有粮、心中不慌”在任何时候都是真理。习近平总书记在 2023 年“两会”期间参加江苏代表团审议时强调：“农业强国是社会主义现代化强国的根基，推进农业现代化是实现高质量发展的必然要求。要严守耕地红线，稳定粮食播种面积，加强高标准农田建设，切实保障粮食和重要农产品稳定安全供给。”对我们这样一个有着 14 亿多人口的大国来说，农业基础地位任何时候都不能忽视和削弱。保障粮食安全，让人民群众吃饱吃好始终是我们党执政兴国的头等大事。

我国有 14 亿多人口，每天就要消耗 70 万吨粮、9.8 万吨油、192 万吨菜和 23 万吨肉。坚持以人民为中心的发展思想，必须从根本上解决好“吃饭”这个最大的民生问题。解决吃饭问题，不能光盯着有限的耕地，在吃饱的基础上更要吃得好，要树立大食物观。随着生活水平的提高，人们的食物需求更加多样化，习近平总书记指出：“‘吃饭’不仅仅是消费粮食，肉蛋奶、果菜鱼、菌菇笋等样样都是美食。”解决吃饭问题不能只依靠耕地，要通过向森林、草原、江河湖海等国土资源拓展，拓宽农业生产空间领域，多途径开发食物来源，构建粮经饲统筹、农牧渔结合、植物动物微生物并举的多元化食物供给体系，丰富人民群众的食品来源和供应，不断满足人民美好生活需要。

粮食安全为巩固拓展脱贫攻坚成果、全面推进乡村振兴提供支撑。粮食安全是推进乡村振兴的重要抓手。确保粮食安全、防止规模性返贫等，是巩固拓展脱贫攻坚成果、全面推进乡村振兴的主要工作。习近平总书记指出：“一旦农业出问题，饭碗被人拿住，看别人脸色吃饭，还谈什么现代化建设？只有农业强起来，粮食安全有完全保障，我们稳大局、应变局、开新局才有充足底气和战略主动。”

保障粮食和重要农产品稳定安全供给是建设农业强国的必然要求。粮食安全是建设农业强国的前提，建设农业强国是建设社会主义现代化强国的根基。全面建设社会主义现代化国家，最艰巨最繁重的任务仍然在农村，实现高质量发展、夯实国家安全基础，都离不开农业发展。

入职培训专题二

农产品加工企业管理文化

第一节　农产品加工企业的组织构架

一、组织构架

正规且有一定规模的农产品加工企业一般实行董事会领导下的总经理负责制，各部门按其规定的职责和权限，履行各自的管理服务职能并直接对总经理负责；公司建立完善的生产、销售、采购、物流和品质管理体系，确立各部门相应的经济责任目标，加强产品质量和定额目标管理，确保公司生产经营正常、有效、稳定、安全、持续运行，有力促进企业的高效、健康、快速发展。农产品加工企业组织构架如图 1-1 所示。

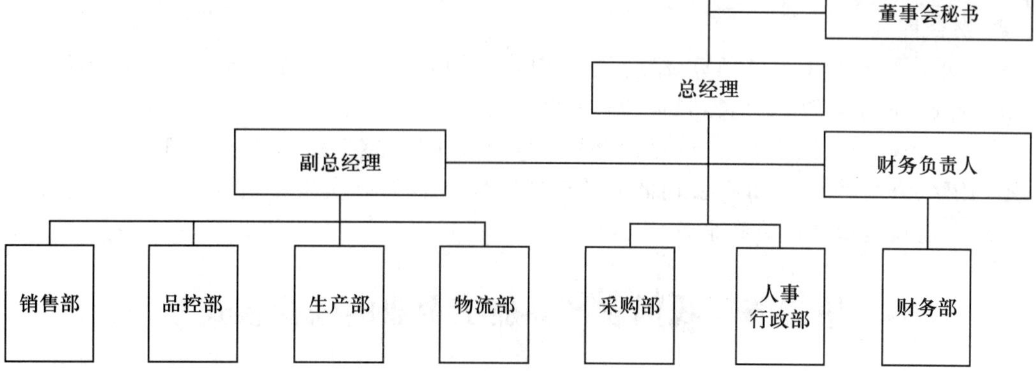

图 1-1　农产品加工企业组织构架

二、部门职责

1. 销售部

掌握市场动态，开辟新市场；围绕公司销售目标，拟定市场开发计划和营销工作目标；负责渠道开发及客户维护。

2. 品控部

制定与质量管理相关的各项规章制度，严格贯彻执行各项规章制度，并根据发展需要适时修订；参与制定企业质量管理目标，制定和完善质量管理目标责任制，实施质量监控，确保产品质量，及时对品质异常问题进行分析、处理和报告。负责生产过程的监控以及生产现场问题的监督、解决和反馈；负责督导生产现场人员作业的标准化和规范化，配合各工序操作员严把质量关，避免出现不合格产品；负责所有质量记录的审核、收集、整理、归档与管理，便于实施产品质量的跟踪控制。

3. 生产部

根据公司下达的生产任务合理组织人员、安排生产，保障生产效率；及时了解生产情况，随时做好调整，保证产品的出品率和最终合格率。与各部门做好沟通工作，保证生产安全、产品合格。对生产人员进行操作规程和安全操作等各项制度的培训工作；组织开展车间质量保证体系的运行及食品安全卫生等工作并自检自查。

4. 物流部

负责公司各项物品的出入库管理；负责销售产品的配送，跟踪物流信息，做好后续物流服务；负责公司车辆的使用、保养及维修。

5. 采购部

追踪生产资料市场的供求状况、价格走向；制定公司合理的采购政策，负责采购生产及销售所需的材料、包装物资、五金机械设备等物品；根据生产计划和销售计划、按照消耗定额和采购程序，编制采购计划并按该计划执行，以确保正常生产及经营；按照公司的规定履行采购合同，负责及时跟进订货、运输、质检验收、交料等工作。

6. 人事行政部

负责汇编公司各项制度、监督检查各部门的执行情况；负责接待、传达等日常工作；负责办理工商营业执照等公司资质的换发和年检工作；负责公司文件档案、办公物品及印章管理工作；负责会议组织工作；负责员工的招聘、劳动合同的签订以及五险一金的缴纳等工作；负责人才登记及备案管理工作。

7. 财务部

组织编制公司年度财务预算，结合经营实际，及时调整和控制预算制度的实施和执行；负责按规定进行成本核算；定期编制年、季、月度种类财务会计报表，负责年度会计决算工作；办理固定资产的购、建、报废等财务审核手续，正确计提折旧，定期组织盘点；负责流动资金的管理；定期组织清查盘点，负责对公司低值易耗品进行盘点核对；负责公司资金管理，按时缴纳税款；办理现金收支和银行结算业务。

第二节　我国农产品加工企业的经营模式

农产品加工企业一般集生产、加工、销售于一体，为了保障产品质量，该类企业与原材料供应者（农户、合作社或者基地）通过各种模式直接或者间接联系在一起，从而形成了各种各样的经营模式。

一、"公司＋基地"模式

"公司＋基地"模式以公司为主导，公司通过投入大量资金租用农户土地建立公司的生产基地，农户以基地工人身份参与农业生产，企业通过基地制定标准化的种植和生产方式来规范农户生产，农户通过在基地从事生产获得报酬。

"公司＋基地"模式具有经营优势，企业能从管理上用严格的标准对产品生产进行有效监控。此种模式下农民转变为基地工人，为了公司利益，农民尽量按照公司要求来操作和生产。该种经营模式有利于提高产品品质，创造品牌效应，增强市场竞争力，但是存在以下问题。

（一）企业成本较高

"公司＋基地"模式中企业是主体，基地建设少则需要上百亩土地，多则几千亩，并且需要大量的人力、物力、财力，而且投资农业的风险较大，因此对企业要求较高。

（二）农户积极性不高

由于该种模式中，公司是主体，农户是基地工人，农户通过在基地做工和出租土地获得报酬，基地收益主要划归公司，农户对于提升产品质量和生产规模兴趣不大，虽然农户不会损害企业利益，但是农户对增加企业利益的兴趣也不大。

二、"公司＋合作社＋农户"模式

"公司＋合作社＋农户"模式主要是企业与合作社通过经济技术合同或者股份制运营的方式形成的经营模式。合作社通过生产将农户组织起来，进行统一指导，实现了农产品生产的区域化和专业化；公司提供资金、生产技术和市场信息，帮助农户迅速适应市场需求，按照市场需求组织生产，合作社和农户保障生产，充分发挥各个方面的优势。克服了在日益竞争激烈的市场经济中，农户"弱、小、散"的不利局面，组织农户走上一条市场竞争力强、风险小的发展道路。

三、"公司＋农户"模式

"公司＋农户"的经营模式又称为订单式农业，农户主要分工负责生产，公司负责收购、检验、加工和销售，并对农户的生产过程进行直接技术指导。公司根据市场需求对生产农产品的数量和收购价格进行提前规定，与农户建立合同，在合同中明确公司与农户各应承担的任务，并且通过合同约束双方。

"公司＋农户"经营模式是公司与农户群体签订农产品的生产、销售、加工和服务合同，构成公司与农户产销衔接的一体化。公司在该经营模式中起到开拓市场，开发生产技术，并在生产中起着牵头作用。这种经营模式是在农业产业化组织中使用最多的经营模式，在此经营模式中，公司与农户分工明确，风险各自承担。

（一）"公司＋农户" 模式的优点

公司与农户是以追求各自利益最大化而结合，具有较强的竞争性；在产业组合中，组织成本低，具有灵活性；在产业发展中，对不稳定、风险高的市场，具有较大的适应性；当地农业也可以通过公司引入资金和现代技术要素而得到迅速发展。

（二）“公司＋农户”模式的缺点

1. 农户比较分散，大大增加了管理难度和机动性。

2. “公司＋农户”模式下公司与农户的利益链条比较松散。

3. “公司＋农户”模式对农户和公司双方的自觉性要求比较高。

4. “公司＋农户”模式对公司人力、物力、财力以及科技研发和推广能力要求较高。

四、“公司＋基地＋农户”模式

在该经营模式中，基地不仅是公司的原料生产“车间”，还是企业新技术和新品种的“试验田”和研发中心，另外还是这些先进技术的“推广中心”。基地通过公司资金和技术输入不仅开发出新技术和新品种，还因地制宜地形成一套科学的生产操作规程，基地通过组织农户培训将基地成熟的生产经验和生产技术推广给所有的协议农户，标准化了农户生产，保障了原料的质量。同时在农产品收获时，基地还负责按照公司与农户签订的技术经济合同，对农户生产的农产品进行检验和收购。

“公司＋基地＋农户”的经营模式在运行机制上有如下几个特点：

1. “公司＋基地＋农户”模式通过基地将公司的科技创新能力和科技转化能力最大程度地发挥出来，同时通过基地的示范推广作用，保障了原料的质量。

2. “公司＋基地＋农户”模式通过基地的示范带动作用，最大化提升了农民的科技水平，不仅提升了农民的生产积极性，而且提升了产品的科技附加值。

3. “公司＋基地＋农户”模式通过基地的中介作用，可以让公司腾出更多精力调研市场，引进先进技术与品种，减轻了管理负担。

4. “公司＋基地＋农户”模式通过基地的缓冲作用，可以更大程度地提升企业应对自然风险和农户不确定因素的能力，保障公司原料的稳定。

第三节　农产品加工企业的管理文化

管理文化是基于企业管理而形成的核心价值观、行为准则、精神和理念。企业管理文化包含三个方面的内容，即完整的管理规章制度、高效的执行力和行政效率、融洽的团队和管理（团队文化）。

企业文化，一般指企业中长期形成的共同理想、基本价值观、作风、生活习惯和行为规范的总称，是企业在经营管理过程中创造的具有本企业特色的精神财富的总和，对企业成员有感召力和凝聚力，能把众多人的兴趣、目的、需要以及由此产生的行为统一起来，是企业长期文化建设的反映，包含价值观、最高目标、行为准则、管理制度、道德风尚等内容。它以全体员工为工作对象，通过宣传、教育、培训和文化娱乐、交心联谊等方式，以最大限度地统一员工意志，规范员工行为，凝聚员工力量，为企业总目标服务。

企业文化是以人为本的管理哲学。现代食品企业越来越重视人在企业发展中的重要作用，所以，打造独具特色的企业文化，牢牢把握企业文化建设的着力点，对增强企业的向心力和凝聚力具有十分重要的意义。

人才是企业发展的宝贵资源。在新形势下，农产品加工企业需要不同层次、不同专业的人才。农产品加工企业把人才队伍建设作为企业文化建设的一部分,通过在企业内部营造尊重人、塑造人的文化氛围,增强员工的归属感,激发员工的积极性和创造性。通过对员工进行目标教育,使他们把个人目标同企业发展目标紧密结合在一起,自觉参与企业的各项工作。

农产品加工企业要实现可持续发展,必须有一个长远的发展目标和发展规划。农产品加工企业今后朝什么方向发展、如何发展等问题都应让全体员工尽快了解。发展战略只有得到全体员工的认同,才能发挥出应有的导向作用,才能成为全体员工的行动纲领。在企业文化建设中,要充分利用网络等载体,采取灵活多样的形式,搞好企业发展战略的宣传和落实。通过积极开展企业战略文化建设,进一步理清工作思路,明确企业的发展方向,激发员工的工作热情。

农产品加工企业发展目标的实现,离不开员工之间的相互协作。只有通过培养团队精神,企业才能不断创造新业绩,在激烈的市场竞争中立于不败之地。农产品加工企业文化建设的重要任务,就是在企业内部营造有利于企业发展的良好氛围,使领导与领导、领导与员工、员工与员工之间精诚合作,促进企业目标顺利实现。

农产品加工企业文化与企业制度之间是相互支撑、相互辅助的关系,制度文化是企业文化的重要组成部分。在制度文化建设中,要突出创新、严于落实,建立科学的企业决策机制和人力资源开发机制,制定完善的企业运行规则和经营管理制度,构建精干高效的组织架构,使各项工作衔接紧密,保证企业目标顺利实现。

作为企业文化核心,企业价值观念的培养是企业文化建设的一项基础工作。因此,食品企业组织中的每个成员都有自己的价值观念,但由于他们的资历不同、生活环境不一样、受教育的程度也不相同等原因,使得他们的价值观念千差万别。食品企业价值观念的培育是通过教育、倡导和模范人物的宣传感召等方式,使企业职工树立正确的、有利于企业生存发展的价值观念,并形成共识,成为全体职工思想和行为的准则。

农产品加工企业价值观念的培育是一个长期的过程。在这个过程中,企业组织中个体成员价值观念的转变还可能由于环境因素的影响而出现反复,这更增加了价值观念培育的复杂性。价值观念的培育,需要企业领导做深入细致的思想工作,善于把高度抽象的思维逻辑变成员工可以接受的基本观点。这其中,思想政治工作十分重要,它能唤起职工对自己生活和工作意义的深思、对自己事业的信念和追求。

入职培训专题三
农产品加工企业人力资源开发与个人职业生涯

一、企业人力资源开发

人力资源管理是指企业的一系列人力资源政策以及相应的管理活动。这些活动主要包括企业人力资源战略的制定、员工的招募与选拔、培训与开发、绩效管理、薪酬管理、员工流动管理、员工关系管理、员工安全与健康管理等。即企业运用现代管理方法，对人力资源的获取（选人）、开发（育人）、保持（留人）和利用（用人）等方面所进行的计划、组织、指挥、控制和协调等一系列活动，最终达到实现企业发展目标的一种管理行为。

为了有效地提升企业人力资源的价值，整合和优化人力资源配置以更好地实现企业的发展目标，企业人力资源开发与管理是关键。就具体的企业人力资源开发与管理活动内容而言，包括了企业为实现生产经营活动和扩大再生产而进行的人力资源开发、优化配置、使用、绩效评价等诸环节的总和。

二、企业人力资源开发与管理的内容

（一）人力资源的规划与决策

企业必须结合整体发展战略来制定企业的人力资源战略，并以此确定对各类人员的需求及人员来源，进而制定人力资源开发规划和各项管理政策、制度。

（二）人员的招聘与更新

企业必须适时招聘和选聘新员工、支持员工的职业发展，并及时处理员工的离退休及辞退，这是企业发展的需要。

（三）人员的配置和组织使用。

这是企业资源配置的最重要内容，包括薪资、奖惩、健康、安全等，有时候不仅仅是制度，还受管理者的行为影响。

（四）人力资源的评价

人力资源的评价包括岗位评价、人员素质测评、员工的绩效考评、人力资源开发利用的总体评价等，以更好地发展企业人力资源，更好地为企业发展目标服务。

三、个人职业生涯规划

(一)职业生涯规划的定义

职业生涯规划(简称生涯规划),又叫职业生涯设计,是指个人与组织相结合,在对一个人职业生涯的主、客观条件进行测定、分析、总结的基础上,对自己的兴趣、爱好、能力、特点进行综合分析与权衡,结合时代特点,根据自己的职业倾向,确定最佳的职业奋斗目标,并为实现这一目标做出行之有效的安排。

职业规划就是对职业生涯乃至人生进行持续的、系统的计划的过程。一个完整的职业规划由职业定位、目标设定和通道设计三个要素构成。

(二)制定职业生涯规划的意义

(1)以既有的成就为基础,确立人生的方向,提供奋斗的策略。

(2)突破生活的格线,塑造清新充实的自我。

(3)准确评价个人特点和强项。

(4)评估个人目标和现状的差距。

(5)准确定位职业方向。

(6)重新认识自身的价值并使其增值。

(7)发现新的职业机遇。

(8)增强职业竞争力。

(9)将个人、事业与家庭联系起来。

(三)制定职业生涯规划的原则

(1)清晰性原则:考虑目标、措施是否清晰、明确,实现目标的步骤是否直截了当。

(2)挑战性原则:目标或措施是否具有挑战性,还是仅保持其原来状况而已。

(3)变动性原则:目标或措施是否有弹性或缓冲性,是否能依循环境的变化而做调整。

(4)一致性原则:主要目标与分目标是否一致,目标与措施是否一致,个人目标与组织发展目标是否一致。

(5)激励性原则:目标是否符合自己的性格、兴趣和特长,是否能对自己产生内在激励作用。

(6)合作性原则:个人的目标与他人的目标是否具有合作性与协调性。

(7)全程原则:拟定生涯规划时必须考虑到生涯发展的整个历程,做全程的考虑。

(8)具体原则:生涯规划各阶段的路线划分与安排,必须具体可行。

(9)实际原则:实现生涯目标的途径很多,在做规划时必须要考虑到自己的特质、社会环境、组织环境以及其他相关的因素,选择确实可行的途径。

(10)可评量原则:规划的设计应有明确的时间限制或标准,以便评量、检查,使自己随时掌握执行状况,并为规划的修正提供参考依据。

(四)职业生涯规划的期限

根据职业生涯规划的期限,划分为短期规划、中期规划和长期规划。

(1)短期规划:为 3 年以内的规划,主要是确定近期目标,规划近期完成的任务。

(2)中期规划:规划时间一般为 3～5 年,规划 3～5 年内的目标与任务。

(3)长期规划:规划时间是 5～10 年,主要设定较长远的目标。

第二部分

认识岗位

The second part

The second part

The second part

The second part

入职培训专题四

食品检验的基础知识

第一节　检验用水要求

食品分析检验中绝大多数的分析是对水溶液的分析检测，因此水是最常用的溶剂。在实验室中离不开蒸馏水或特殊用途的纯水，在未特殊注明的情况下，无论配制试剂用水，还是分析检验操作过程中加入的水，均为纯度能满足分析要求的蒸馏水或去离子水。蒸馏水可用普通的生活用水经蒸馏汽化冷凝制成，也可以用阴阳离子交换处理的方法制得。特殊项目的检验分析对水的纯度有特殊要求时，一般会在检验方法中注明水的纯度要求和提纯处理的方法。

为保证水的质量能符合分析工作的要求，对于所制备的每一批纯水，都必须进行质量检测。一般应达到以下标准：

1. 电导率

用电导仪测定的电导率小于或等于 530 μs/cm(25 ℃)。

2. pH

呈中性或弱酸性，pH＝5.0～7.5(25 ℃)。

可用精密 pH 试纸、酸度计测定，也可用如下指示剂法测定：在 10 mL 水中加入 2～3 滴 1 g/L 甲基红指示剂，摇匀，呈黄色且不带红色，则说明水的酸度合格，呈中性；或在 10 mL 水中加入 4～5 滴 1 g/L 溴百里酚蓝指示剂，摇匀，不呈蓝色，则说明水的酸度合格，呈中性。

3. 无有机物和微生物污染

检测方法为：在 100 mL 水中加入 2 滴 0.1 g/L 高锰酸钾溶液，煮沸后仍为粉红色则为合格。

4. 钙、镁等金属离子含量

检测方法为：在 10 mL 水样中加入 2 mL 氨-氯化铵缓冲溶液(pH＝10)，2 滴 5 g/L 铬黑 T 指示剂，摇匀。溶液呈蓝色表示水合格，如呈紫红色则表示水不合格。

5. 氢离子含量

检测方法为：在 10 mL 水样中加入数滴硝酸，再加入 4 滴 10 g/L 的 $AgNO_3$ 溶液，摇匀。溶液中无白色浑浊物表示水合格，如有白色浑浊物则表示水不合格。

第二节　检验用试剂要求

化学试剂是符合一定质量要求标准的纯度较高的化学物质，它是分析工作的物质基础。试剂的纯度对分析检验很重要，它会影响结果的准确性，试剂的纯度达不到分析检验的要求就不能得到准确的分析结果。能否正确选择、使用化学试剂，将直接影响分析实验的成败、准确度的高低及实验的成本，因此，检验人员必须充分了解化学试剂的性质、类别、用途与使用方面的知识。

根据质量标准及用途的不同，化学试剂可大体分为标准试剂、普通试剂、高纯试剂与专用试剂四类。

一、标准试剂

标准试剂是用于衡量其他物质化学量的标准物质，通常由大型试剂厂生产，并严格按照国家标准进行检验，其特点是主体成分含量高而且准确可靠。

滴定分析用标准试剂，我国习惯称为基准试剂（PT），分为C级（第一基准）与D级（工作基准）两个级别，主体成分体积分数分别为99.98%～100.02%和99.95%～100.05%，D级基准试剂是滴定分析中的标准物质，基准试剂规定采用浅绿色标签。

二、普通试剂

普通试剂是实验室广泛使用的通用试剂，一般可分为三个级别，其规格和适用范围见表2-1。

表2-1　普通试剂的规格和适用范围

等级	名称	符号	适用范围	标签颜色
一级	优级纯（保证试剂）	GR	精密分析、科研用，也可作基准物质	绿色
二级	分析纯（分析试剂）	AR	常用分析试剂、科研用试剂	红色
三级	化学纯	CR/CP	要求较低的分析用试剂	蓝色

三、高纯试剂

高纯试剂主体成分含量通常与优级纯试剂相当，但杂质含量很低，而且杂质检测项目比优级纯或基准试剂多1～2倍。高纯试剂主要用于微量分析中试样的分解及溶液的制备。

四、专用试剂

专用试剂是一类具有专门用途的试剂。其主体成分含量高，杂质含量很低。它与高纯试剂的区别是在特定的用途中干扰杂质成分只需控制在不致产生明显干扰的限度以下。专用试剂种类很多，如光谱纯试剂（SP）、色谱纯试剂（GC）、生物试剂（BR）等。

各种试剂要根据检验项目的要求和检验方法的规定，合理、正确地选择使用，不要盲目地追求纯度高。例如，配制铬酸洗液时，仅需工业用 K_2CrO_7 和工业用 H_2SO_4 即可，若用AR级

的 K_2CrO_7，必定造成浪费。食品检验使用分析纯试剂（AR）；对于滴定分析常用的标准溶液，应采用分析纯试剂配制，再用 D 级基准试剂标定；对于酶试剂，应根据其纯度、活力和保存的条件及有效期限正确地选择使用。

第三节　检验用一般器皿要求

一、器皿的选用

分析检验离不开各种器皿，所需的各种器皿应根据检验方法的要求来选用。一般应选用硬质的玻璃器皿；有些试剂对玻璃有腐蚀性（如 NaOH 等），需选聚乙烯瓶贮存；遇光不稳定的试剂（如 $AgNO_3/I_2$ 等）应选择棕色玻璃瓶避光贮存。选用时还应考虑容量及容量精度和加热的要求等。

检验中所使用的各种器皿必须洁净，否则会造成结果误差，这是微量和容量分析中极为重要的问题。

二、器皿的洗涤

1. 常用洗涤液的配制

（1）肥皂水、洗衣粉水、去污粉水：根据洗涤的情况具体配制。

（2）王水：3 份 HCl 与 1 份 HNO_3 混合。

（3）HCl 洗液（1＋3）：1 份 HCl 与 3 份水混合。

（4）铬酸洗液：称取 50 g K_2CrO_7，加 170～180 mL 水，加热溶解成饱和溶液，在搅拌下徐徐加入浓 H_2SO_4 至约 500 mL。

（5）碱性酒精洗液：用体积分数为 95％的乙醇与质量分数为 30％的 NaOH 溶液等体积混合。

2. 器皿的洗涤方法

（1）新的玻璃器皿：先用自来水冲洗，晾干后用铬酸洗液浸泡，以除去黏附的其他物质，然后用自来水冲洗干净。

（2）有油污的玻璃器皿：先用碱性酒精洗液洗涤，然后用洗衣粉水或肥皂水洗涤，再用自来水冲洗干净。

（3）有凡士林油污的器皿：先将凡士林擦去，再在洗衣粉水或肥皂水中烧煮，取出后用自来水冲洗干净。

（4）有锈迹、水垢的器皿：用 HCl 洗液浸泡，再用自来水冲洗干净。

（5）瓷坩埚污物：用 HCl 洗液洗涤，再用自来水冲洗干净。

（6）铂坩埚污物：用 HCl 洗液煮沸洗涤，再用自来水冲洗干净。

（7）比色皿：先用自来水冲洗，再用稀 HCl 洗涤，然后用自来水冲洗干净。

（8）塑料器皿：用稀 HNO_3 洗涤后，再用自来水冲洗干净。

为了保证器皿洗涤后能达到洁净的要求，要用蒸馏水冲洗掉附着的自来水，一般用蒸馏水淋洗 2～3 次，蒸馏水淋洗时应少量多次，以达到节约蒸馏水和洁净器具的目的。

3. 仪器、设备的要求

(1)玻璃量器的要求:检验方法中所使用的滴定管、移液管、容量瓶、刻度吸管、比色管等玻璃量器均须按国家有关规定及规程进行校准或检定。玻璃量器和玻璃器皿须经彻底洗净后才能使用。

(2)控温设备的要求:检验方法中所使用的马弗炉、恒温干燥箱、恒温水浴锅等均须按国家有关规程进行测试和校准或检定。

(3)测量仪器的要求:天平、酸度计、温度计、分光光度计、色谱仪等均应按国家有关规定及规程进行校准或检定。

检验方法中所列仪器为该方法所需要的主要仪器,一般实验室常用仪器不再列入。

第四节　实验室安全防护知识

实验室中,经常使用有腐蚀性、有毒、易燃、易爆的各类试剂和易破损的玻璃仪器及各种电器设备等。为保证检验人员的人身安全和实验室操作的正常进行,食品检验人员应具备安全操作常识,遵守实验室安全守则。

一、基本安全知识

(1)实验室内严禁饮食、吸烟,严禁将试剂入口及用实验器具代替餐具。一切试剂、试样均应有标签,容器内不可装有与标签不相符的物质。

(2)试剂瓶的磨口塞粘牢打不开时,可将瓶塞在实验台边缘轻轻磕撞,使其松动;或用电吹风稍加热瓶颈部分使其膨胀;也可在粘牢的缝隙间滴加几滴渗透力强的液体(如乙酸乙酯、煤油、渗透剂 OT、水、稀盐酸)。严禁用重物敲击,以防瓶体破裂。

(3)使用如浓 HCl、浓 HNO_3、浓 H_2SO_4、浓 $NH_3 \cdot H_2O$、浓 $HClO_4$ 等,具有挥发性的有毒、有腐蚀性液体,或 HCN、NO_2、H_2S、SO_2、Br_2、NH_3 等有毒、有腐蚀性气体时,应在通风橱中进行操作。

(4)氰化物、砷化物、汞盐等剧毒物质要由专人管理并在保险柜中保存,严格执行审批制度,使用时要特别小心并采取必要的防护措施。处理废水时要按要求处理并在有关人员的监督下进行,使用时切勿用嘴吸或用有伤的手接触。实验室残余的毒物应采取适当的方法处理,切勿随意丢弃或倾入水槽。装过有毒、强腐蚀性、易燃、易爆物质的器皿,应由操作者亲自洗净。

(5)易燃易爆的试剂要远离火源,由专人看管。易燃试剂加热时应采用水浴或沙浴,并注意远离明火。高温物体(如灼热的坩埚)应放在隔热材料上,不可随意放置。

(6)将玻璃棒、玻璃管、温度计插入或拔出胶塞、胶管时应垫有垫布,不可强行插入或拔出。切割玻璃棒、玻璃管,装配或拆卸食品装置时,要防止玻璃棒、玻璃管突然损坏而造成刺伤。

(7)使用煤气灯时,应先将空气流量调小,再点燃火柴,然后开启煤气开关点火并调节好火焰。

(8)使用电器时,要防止触电。切不可用湿手或湿物接触电闸和电器开关,实验结束后应及时切断电源。

(9)各种检测仪器的安装、调试、使用和维护保养要严格按照仪器的使用说明进行。分析天平、分光光度计、酸度计等精密仪器，应安放在防震、防尘、防潮、防蚀、防晒以及周围温度变化不大的室内，以保证仪器的正常使用；电源电压要与仪器要求相符；操作时应严格遵守操作规程。仪器使用完毕要切断电源，并将各旋钮恢复到初始位置。

(10)实验室应保持洁净、整齐，废纸、碎玻璃片、火柴杆等废物应投入垃圾箱；废酸、废碱及其他废液应倒入废液桶内；洒落在实验台上的试剂要随时清理干净；打扫实验室地面时要使用湿润的清扫工具或使用吸尘器；实验完毕要仔细洗手，离开实验室时应认真检查水、电、煤气及门窗是否已关好。

(11)实验室应备有急救药品、防护用品和有效可靠的消防设施。

(12)实验室出现事故时，检验人员应及时处理，不要恐慌。精密仪器着火时，要用灭火器灭火。油类及可燃性液体着火时，可用沙、湿衣服等灭火。金属物和发烟 H_2SO_4 着火时，最好使用沙灭火。由电路引起的火，应首先切断电源，再进行灭火。出现大的火灾事故时，应及时报警，采取措施，防止火势蔓延，以减少损失。

(13)检验人员烫伤时，用95%酒精浸湿的棉花覆盖于伤处，或用鸡蛋油(用有机溶剂从鸡蛋中提取的脂肪)涂于伤口处，并外敷治疗烫伤的药物。如遇强酸溅伤可先用水清洗，再用5% $NaHCO_3$ 溶液清洗伤口。伤势严重者必须送往医院诊治。

(14)检验人员因吸入有毒气体出现头晕、呕吐、恶心等症状时，应首先离开现场，在空气流通的地方休息，中毒严重者应及时送往医院诊治。

二、浓酸、浓碱的使用和保管

1. 浓酸、浓碱的使用

浓酸、浓碱有很强的腐蚀性，容易对人体造成不同程度的伤害，如溅到皮肤上会引起腐蚀与烧伤，吸入浓酸蒸气会强烈刺激呼吸道。因此在使用时应注意以下几点：

(1)使用浓酸时，不得用鼻子嗅其气味或将瓶口对准人的脸部。

(2)使用过程中，要严防液体溅到皮肤上，以免被烧伤。

(3)到库房取用时，应戴橡胶手套和防护眼镜。如果瓶子较大，搬运时必须一手托住瓶底，一手拿住瓶颈。

(4)用移液管吸取液体时，必须用橡胶球操作。

(5)不得放入烘箱内烘烤。

(6)稀释 H_2SO_4 要在耐热容器内进行，且只能将 H_2SO_4 沿器壁缓慢倒入水中，不得将水倒入 H_2SO_4 中，同时用玻璃棒搅拌，温度过高时应冷却降温后再继续加入。配制 NaOH、KOH 浓溶液时，也必须在耐热容器内进行。如需将浓酸或浓碱中和，必须先进行稀释。

(7)在压碎或研磨 NaOH 时，要注意防范小碎块或其他危险物质碎片溅散，以免烧伤眼睛、面部或身体的其他部位。

(8)用浓 H_2SO_4 做加热浴时，操作必须小心，眼睛要离开一定距离，火焰不能超过石棉网的石棉芯，搅拌要均匀。在浓 H_2SO_4 介质中进行反应，加入浓 H_2SO_4 时应该用玻璃棒搅拌，切忌以振荡代替搅拌，以免溅出伤人。

(9)浓酸和浓碱废液不要倒入水槽，以防堵塞或侵蚀下水道。

(10)浓酸流到操作台上时，应立即往酸里加适量的 $NaHCO_3$ 溶液中和，直至不产生气泡为止(如浓碱流到桌面上，可立即往碱里加适量的稀醋酸)，然后用水冲洗桌面。

2. 浓酸、浓碱的保管

(1)浓酸、浓碱应存放在阴凉、通风、远离火源的料架上,并与其他药品隔离放置。料架要用抗腐蚀性材料(耐酸水泥或耐酸陶瓷)制造,不宜过高,以保证存取安全。

(2)使用后应立即将试剂瓶盖严,放回原处避光保存。

三、实验室安全用电知识

1. 电气设备的使用规则

(1)电气设备要由专人管理,定期检修,使用前应检查开关、线路等各部件是否安全可靠。操作时要戴绝缘手套,站在绝缘垫上,并遵守设备的使用规则。

(2)电线绝缘可靠,线路安装要合理,应按负荷量选用合格的线路熔丝,不可用铜、铝等金属丝代替,以免烧坏设备或发生火灾事故。

(3)停电时,要断开全部电气设备的开关,恢复供电后,再按操作规程接通电源,以免损坏设备。

(4)使用新的电气设备时,应首先了解设备性能、使用方法和注意事项。长期放置的电气设备,使用前应检查其性能是否良好,如发生漏电现象,应立即停止使用,进行检修;如发生其他异常现象,必须立即停机,通知专业人员进行检修后再投入使用,不得私自拆卸修理。

(5)设备和电线应保持干燥、清洁,不得用湿布或铁柄毛刷清扫。

2. 触电和急救

发生触电的原因主要有:缺乏安全用电知识,不熟悉电气设备的性能及使用方法而盲目操作;违反电气设备检修操作规程;电气设备绝缘性能不好,人体触及漏电部位而触电;长期失修的电气设备未及时检修,勉强使用等。触电时轻则会使肌肉痉挛,严重的可造成休克、呼吸、心跳停止。发生触电事故时。应采取以下方法急救:

(1)首先迅速切断电源,再进行抢救。触电者未脱离电源时,救援者应戴橡胶手套,穿胶底鞋或者踏干木板,用绝缘器具,如干木棒、干衣物等使触电者尽快脱离电源,但应注意避免伤及触电者。

(2)将触电者平放在地上,立即检查呼吸和心跳情况。若呼吸停止,要立即进行人工呼吸;心跳停止时,同时进行人工呼吸和胸外按压,并迅速送往医院抢救。被电烧伤的皮肤,要注意防止感染。

入职培训专题五
常用玻璃器皿及仪器使用

第一节　常用玻璃器皿

一、容量瓶

容量瓶是细颈梨形平底玻璃瓶，由无色或棕色玻璃制成。带有磨口玻璃塞或塑料塞，颈上有一刻度线。容量瓶均为量入式，颈上应标有“In”字样。

容量瓶的容量定义为：在 20 ℃时，充满至刻度线所容纳水的体积，以毫升计。

通常采用下述方法规定弯月面：调节液面使刻度线的上边缘与弯月面的最低点水平相切，视线应在同一水平面。

容量瓶的主要用途是配制准确浓度的溶液或定量地稀释溶液。它常和移液管配合使用，可把配成溶液的某种物质分成若干等份。

使用容量瓶时应注意以下几点：

1. 检查瓶口是否漏水

加水至刻度线，盖上瓶塞，颠倒 10 次(每次颠倒过程中要停留在倒置状态 10 s)以后不应有水渗出(可用滤纸片检查)。将瓶塞旋转 180°，再检查一次，合格后用皮筋或塑料绳将瓶塞和瓶颈上端拴在一起，以防摔碎或与其他瓶塞混淆。

2. 清洗

用铬酸洗液清洗内壁，然后用自来水和纯水洗净。

3. 配制溶液

用固体物质配制溶液时，应先在烧杯中将固体物质完全溶解，然后再转移至容量瓶中。转移时要使溶液沿搅拌棒流入瓶中。烧杯中的溶液倒尽后，烧杯不要离开搅拌棒，而应在烧杯扶正的同时使杯嘴沿搅拌棒上提 1～2 cm，随后使烧杯离开搅拌棒，这样可避免杯嘴与搅拌棒之间的溶液流到烧杯的外面。再用少量水(或其他溶剂)刷洗烧杯 3～4 次，每次用洗瓶或滴管冲洗杯壁和搅拌棒，按同样的方法移入瓶中。当溶液达到 2/3 容量时，应将容量瓶沿水平方向轻轻摆动几周以使溶液初步混匀。加水至距离刻度线约 1 cm 处，等待 1～2 min，用滴管从距刻度线以上 1 cm 以内的一点沿颈壁缓缓加水至弯液面最低点与刻度线上边缘水平相切，随即盖紧瓶塞，左手捏住瓶颈上端，食指压住瓶塞，右手三指托住瓶底，将容量瓶颠倒 15 次以上，每次颠倒时都应使瓶内气泡升到顶部，倒置时应水平摇动几周，如此重复操作，可使瓶内溶液充分混匀。右手托瓶时，应尽量减小与瓶身的接触面积，以避免体温对溶液的影响。100 mL 以下的容量瓶，可不用右手托底，只用一只手抓住瓶颈及瓶塞进行颠倒和摇动即可。

4. 注意事项

对容量瓶材料有腐蚀作用的溶液，尤其是碱性溶液，不能在容量瓶中长久贮存，配好后应转移到其他干燥容器中密闭存放。

二、密度瓶

密度瓶是在相同温度下，测量同体积的溶液和纯水之间的质量比，是准确测定液体相对密度的仪器，常用的容量规格有 5 mL、10 mL、25 mL、50 mL 等，有的带有特制温度计并具有磨口帽小支管。

密度瓶测定法具体过程如下：

1. 密度瓶质量的测定

将全套仪器洗干净并用少量酒精和乙醚洗涤数次，吹干或低温烘干，冷却至室温（注意：带温度计的塞子不要烘烤），精确称出密度瓶的质量 m_1。

2. 容水值的测定

将煮沸 30 min 并冷却至 15～18 ℃的蒸馏水装满密度瓶（注意瓶内不要有气泡），装上温度计后将其立即浸入(20±0.1) ℃的恒温水浴中，使瓶内温度计示数达到 20 ℃，并保持 20 min，取出密度瓶，用滤纸擦去溢出支管外的水，立即盖上小帽，擦干密度瓶外的水，室温下（小于 20 ℃）放 10 min，精确称出蒸馏水和密度瓶的质量 m_2。

3. 样品相对密度的测定

倒出蒸馏水，用试液洗涤数次，用 15～18 ℃的试液装满密度瓶，按上述操作，精确称出被测液和密度瓶的质量 m_3。

样品相对密度的计算公式为：

$$d_{20}^{20}=\frac{m_3-m_1}{m_2-m_1}$$

换算成d_{20}^{4}，则为

$$d_{20}^{4}=0.998\ 23\times d_{20}^{20}$$

式中：

0.998 23——将d_{20}^{20} 换算为d_{20}^{4} 的常数，即水在 20 ℃时的相对密度；

d_{20}^{20}——真密度；

d_{20}^{4}——视密度。

如果使用不带温度计和支管的密度瓶，则需在水浴中另加温度计，其他操作和计算与上述步骤相同。

三、密度计

密度计由玻璃外壳制成，头部呈球形或圆锥形，里面灌有铅珠、水银或其他重金属；中部是胖肚空腔；尾部又称“计杆”，呈细长形，里面附有刻度标记。利用各种不同相对密度的液体，可制成不同刻度的密度计，其是根据阿基米德原理刻制的。

密度计常用的种类有普通密度计、波美密度计、糖度密度计、酒精密度计和乳稠计五类。

1. 普通密度计

以 20 ℃纯水的相对密度为 1.000，分轻表和重表两类。轻表用于测定相对密度小于 1.000 的液体，重表用于测定相对密度大于 1.000 的液体。

2. 波美密度计

以波美度表示，分轻表和重表两类。其刻度有三种标度。

标度：15 ℃纯水的波美度为 0。

轻表：10 波美度＝相对密度为 0.935 1 的液体对应的液位。

$$波美度=(145\div d)-145$$

式中：

d——相对密度。

重表：66 波美度＝相对密度为 1.824 的浓 H_2SO_4 对应的液位。

$$波美度=145-(145\div d)$$

3. 糖度密度计

糖度密度计又称锤度计，以糖度(°Bx)表示，20 ℃蒸馏水的糖度为 0°Bx。它的刻度表示纯蔗糖的质量分数。刻度范围为 0～100％。

4. 酒精密度计

酒精密度计是用来测定酒精溶液浓度的一种密度计，它的刻度直接表示溶液内乙醇的体积分数。其规定温度为 20 ℃，读数范围有 0～50％、50％～100％等。

5. 乳稠计

乳稠计是用于测定牛乳相对密度的仪器，测定范围为 1.015～1.045。有 20 ℃/4 ℃及 15 ℃/15 ℃两种，前者较后者测得的结果低。

乳稠计的使用方法为：

(1)用玻璃圆筒或 200～250 mL 量筒装盛牛乳时，圆筒(或量筒)高应大于乳稠计的长度，直径大小应使乳稠计沉入后玻璃圆筒(或量筒)内壁与乳稠计的周边距离不小于 5 mm。

(2)将 10～25 ℃的牛乳样品小心地注入容积为 250 mL 的量筒中，加到量筒容积的 3/4，勿使其产生泡沫。用手拿住乳稠计上部，小心地将它沉入相当标尺 30°处，放手让它在牛乳中自由浮动，但不能与筒壁接触。待静止 1～2 min，读取乳稠计读数，以牛乳表面与乳稠计的接触点(即新月形表面的顶点)为准。同时用温度计测量牛乳的温度。根据牛乳的温度与乳稠计的读数，查牛乳温度换算表，将乳稠计读数换算成 20 ℃或 5 ℃时的读数。

四、称量瓶

称量瓶是带有磨口塞的玻璃小瓶，用于在分析天平上精确称量基准物质或样品。其规格以外径和瓶高来表示，分为扁形和高形两种，扁形的用于测定水分或在烘箱中烘烤基准物，高形的用于称量易吸湿的样品。在称量时应盖紧磨口塞，以防止瓶内试样中的水分散失。

五、移液管

使用移液管时应注意以下几点：

1. 用铬酸洗液将其洗净，使其内壁及下端的外壁均不挂水珠。用滤纸片将流液口内外残留的水擦掉。

2. 移取溶液之前，先用欲移取的溶液润洗三次。方法是：吸取溶液至刚进入膨大部分，立即用右手食指按住管口（尽量勿使溶液回流，以免稀释），将移液管横过来，用两手的拇指及食指分别拿住移液管的两端，转动移液管并使溶液布满全管内壁，当溶液流至距上口 2～3 cm 时，将管直立，使溶液由流液口排出，弃去。

3. 用移液管自容量瓶中移取液体时，右手拇指及中指拿住管颈刻度线以上的地方（后两指依次靠拢中指），将移液管插入容量瓶内液面以下 1～2 cm，不要插入太深，以免外壁粘带溶液过多；也不要插入太浅，以免溶液下降时吸空。左手拿吸耳球，排出空气后紧按在移液管口上，借吸力使液面慢慢上升，移液管应随容量瓶中液面的下降而下降。当管中液面上升至刻度线以上时，迅速用右手食指堵住管口，用滤纸擦去管尖外部的溶液，将移液管的流液口靠着容量瓶颈的内壁，左手拿容量瓶，并使其倾斜约 30°，稍松手指，用拇指及中指轻轻捻转管身，使液面缓慢下降，直到调定零点。食指按紧，使溶液不再流出，将移液管移入准备接收溶液的容器中，仍使其流液口接触倾斜的器壁。松开食指，使溶液自由地沿壁流下，待下降的液面静止后，再等待 15 s，然后拿出移液管。

注意：在调整零点和排放溶液过程中，移液管都要保持垂直，其流液口要接触倾斜的器壁，（不要接触下面的溶液）并保持不动，等待 15 s，流液口内残留的溶液绝对不可用外力使其被震出或吹出，移液管用完后应放在管架上，不要随便放在实验台上，尤其要防止管颈下端被污染。

六、吸量管

吸量管是分度吸量管的简称，它是带有分度的量出式量器，用于移取非固定量的溶液。吸量管容量的准确度级别分为 A 级和 B 级，其产品大致分为以下三类。

1. 规定等待时间 15 s 的吸量管

这类吸量管的容量准确度均为 A 级。其为完全流出式，零点在上。它的任一分度线的容量定义为：在 20 ℃时，从零线排放到该分度线所流出水的体积(mL)。当液面降至该分度线以上几毫米时，应按紧管口停止排液 15 s，再将液面调到该分度线。在量取吸量管的全容量溶液时，排液过程中液流不应受到限制，液面降至流液口处静止后，应等待 15 s，再从受液容器中移走吸量管。

2. 不规定等待时间的吸量管

这类产品容量准确度分为 A 级和 B 级，有三种形式：

(1)完全流出式，零位在上。

(2)不完全流出式，零位在上。

(3)完全流出式，全容量在上。这种吸量管可以从欲量取体积的分度线调节零点。不规定等待时间，即一旦确定液面已静止，吸量管即可与接收容器脱离接触。

3. 快流速和吹出式吸量管

这类吸量管的容量准确度均为 B 级。不规定等待时间，其形式为完全流出式，有零位在上和零位在下两种。快流速的产品上标示“快”字，吹出式产品上标示“吹”字。使用吹出式吸量管的全容量时，液面降至流液口静止后随机将最后一滴残留液一次性吹出。这两种吸量管流速快、准确度低，适于在仪器分析实验中添加试剂，一般不用其加标准溶液。

吸量管的使用方法与移液管大致相同，这里只强调几点：

(1)由于吸量管的容量精度低于移液管，所以在移取 2 mL 以上的固定量溶液时，应尽可能使用移液管。

(2)使用吸量管时，尽量在最高刻度线处调整零点。

(3)吸量管的种类较多，要根据所做实验的具体情况，合理地选用吸量管。

七、坩埚及坩埚钳

1. 坩埚

(1)铂金坩埚：铂是一种贵重金属，熔点为 1 774 ℃，可耐 1 200 ℃高温，质软。铂金坩埚用于高温下熔融或灼烧非金属样品。使用过的铂器皿，通常用 HCl 溶液(1+1)煮沸清洗。铂金坩埚变形时，可在木板上，一边滚动，一边用牛角匙压坩埚内壁整修。

(2)镍坩埚：镍的熔点为 1 450 ℃，镍坩埚的使用温度一般不得超过 700 ℃。镍对碱性物质抗腐蚀能力强，故常用作熔融碱性样品的容器，如 NaOH、Na_2O_2、Na_2CO_3、$NaHCO_3$，以及含有 KNO_3 的碱性溶剂熔融样品，但不适用于 $KHSO_4$、$NaHSO_4$、焦硫酸钾等酸性溶剂以及含硫的碱性硫化物熔融样品。新镍坩埚应先在马弗炉中灼烧成蓝紫色或灰黑色，除去表面的油污，并使表面生成氧化膜，然后用 HCl 溶液(1+20)煮沸片刻，用水冲洗干净。

(3)铁坩埚：铁的熔点为 1 535 ℃，铁坩埚使用温度不得超过 700 ℃。使用前，应按下述方法进行钝化处理：先用稀 HCl 溶液洗涤，后用细砂纸将坩埚擦净，用热水洗涤。然后将它置于 5% H_2SO_4 和 1% HNO_3 的混合液中浸泡数分钟，用水洗净，烘干后在 300～400 ℃的马弗炉中灼烧 10 min。铁坩埚的使用规则和镍坩埚基本相同。当铁的存在不影响分析工作时，采用铁坩埚较为合适。清洗铁坩埚时，一般用稀 HCl 溶液即可。

(4)银坩埚：银的熔点为 960 ℃，加热温度不得超过 700 ℃。新的银坩埚和镍坩埚处理方法相同，在 300～400 ℃的马弗炉中灼烧后，用热稀 HCl 溶液洗涤。因为银能被 HNO_3 和浓 H_2SO_4 溶解，故不能用 HNO_3 和较浓的 H_2SO_4 洗涤。银坩埚适用于 NaOH 溶剂熔融样品，不适用于 Na_2CO_3 溶剂(生成 Ag_2CO_3 沉淀)熔融样品。

(5)瓷坩埚：瓷可耐热 1 300 ℃。瓷坩埚适用于焦硫酸钾等酸性溶剂熔融样品。不宜使用 NaOH、Na_2O_2、Na_2CO_3 等碱性溶剂清洗，因为它们能腐蚀瓷坩埚。瓷坩埚一般用煮沸的稀 HCl 溶液清洗。

(6)石英坩埚：石英坩埚可在 1 700 ℃以下灼烧，但温度太高时，石英会变成不透明状态，因此一般加热温度不超过 800 ℃。石英坩埚适用于焦硫酸钾、$KHSO_4$ 熔融样品和用焦亚硫酸钠(212 ℃烘干)溶剂处理的样品。清洗时，除 HF 外，普通稀无机酸均可用作清洗液。

(7)刚玉坩埚：刚玉坩埚由多孔性熔融 Al_2O_3 制成，质地坚硬且耐高温(熔点 2 045 ℃)。刚玉坩埚适用于无水 Na_2CO_3 等一些弱碱性溶剂熔融样品，不适用于 NaOH、Na_2O_2 和酸性溶剂(如焦硫酸钾等)熔融样品。

(8)聚四氟乙烯坩埚：聚四氟乙烯坩埚可耐近 400 ℃高温，但一般控制在 200 ℃左右使用，最高不超过 280 ℃，否则它将分解出少量四氟乙烯，对人体有害。它耐酸耐碱，不受 HF 侵蚀，主要用于 HF 溶解样品。溶解样品时不会带入金属杂质，这是其最大的优点。

2. 坩埚钳

一般为镀铬的金属钳，用来夹取坩埚。

八、滴定管

滴定管分酸式和碱式两种。酸式滴定管用一玻璃活塞控制液体的流出；碱式滴定管用一段橡胶管里的玻璃珠进行控制，以代替玻璃活塞。碱性溶液应装在碱式滴定管中，其他溶液都使用酸式滴定管。

滴定管的使用方法如下：

1. 检漏

使用滴定管前应检查其是否漏水，活塞转动是否灵活。若酸式滴定管漏水或活塞转动不灵，就应给活塞重新涂凡士林；若碱式滴定管漏水，则需要更换橡胶管或换个稍大的玻璃珠。

涂凡士林的方法：将滴定管平放，取出活塞，用滤纸条将活塞和塞槽擦干净，在活塞粗的一端和塞槽小口端，全圈均匀地涂上一薄层凡士林。为了避免凡士林堵住塞孔，油层要尽量薄，尤其是小孔附近；将活塞插入槽时，活塞孔要与滴定管平行。转动活塞，直至活塞与塞槽接触的地方呈透明状态，即表明凡士林已涂均匀。

2. 洗涤

根据滴定管的污染情况，采用相应的洗涤方法将它洗净，为了使滴定管中溶液的浓度与滴定用的溶液相同，最后还应该用滴定用的溶液润洗三次（每次溶液用量约为滴定管容积的1/5），润洗液由滴定管下端排出。

3. 装液

将溶液加入滴定管时，要注意使下端出口管也充满溶液，特别是碱式滴定管，它下端的橡胶管内的气泡不易被察觉，这样，就会造成读数误差，如果是酸式滴定管，可迅速地旋转活塞，让溶液急骤流出以带走气泡；如果是碱式滴定管，向上弯曲橡胶管，使玻璃尖嘴斜向上方，向一边挤动玻璃珠，使溶液从尖嘴喷出，气泡便随之除去。排出气泡后，继续加入溶液到刻度“0.00”以上，放出多余的溶液，调整液面至刻度“0.00”处。

4. 读数

常用滴定管的容量为 50 mL，它的刻度分为 50 大格，每一大格又分为 10 小格，所以每一大格为 1 mL，每一小格为 0.1 mL。读数应读到小数点后两位。

注入或放出溶液后应稍等片刻，待附着在内壁的溶液完全流下后再读数。读数时，滴定管必须保持垂直状态，视线必须与液面在同一水平面。对于无色或浅色溶液，读取弯月面实线最低点处的刻度。为了便于观察和读数，可在滴定管后衬一张读数卡，读数卡是一张黑纸或中间涂有一黑长方形（约 3 cm×1.5 cm）的白纸。读数时，将读数卡放在滴定管后，使黑色部分在弯月面下约 1 cm 处，则弯月面反射呈黑色，读取此黑色弯月面最低点的刻度即可。若滴定管背后有一条蓝线（或蓝带），无色溶液就形成了两个弯月面，并且相交于蓝线的中线上，读数时就读此交点的刻度。对于深色溶液如 $KMnO_4$ 溶液、碘液等，弯月面不易看清，则读液面的最高点。

滴定时，最好每次都从 0.00 mL 开始，这样读数方便，且可以消除由于滴定管上下粗细不均匀而带来的误差。

5. 滴定

使用酸式滴定管时，必须用左手的拇指、食指及中指控制活塞，旋转活塞的同时稍稍向左扣住，这样可避免把活塞顶松而漏液；使用碱式滴定管时，应该用左手的拇指及食指在玻璃珠所在部位稍偏上处，轻轻地往一边挤压橡胶管，使橡胶管与玻璃珠之间形成一条缝隙，溶液即可流出，要能掌握手指用力的轻重来控制缝隙的大小，从而控制溶液的流出速度。

滴定时，将滴定管垂直地夹在滴定管架上，下端伸入锥形瓶口约 1 cm。左手按上述方法操作滴定管，右手的拇指、食指和中指拿住锥形瓶的瓶颈，沿同一方向旋转锥形瓶，使溶液混合均匀，不要前后、左右摇动。开始滴定时，无明显变化，溶液流出的速度可以快一些，但必须是成滴而不是成股流下。随后，滴落点周围出现暂时性的颜色变化，但随着旋转锥形瓶，颜色很快消失。当接近终点时，颜色消失较慢，这时就应该逐滴加入溶液。每加入一滴后都要摇匀，观察颜色的变化情况，再决定是否还要滴加溶液。最后应控制液滴悬液悬而不落，用锥形瓶内壁把液滴沾下来(这样加入的是半滴溶液)，用洗瓶以少量蒸馏水冲洗锥形瓶的内壁，摇匀。如此重复操作，直到颜色变化符合要求为止。

滴定完毕后，滴定管尖嘴外不应留有液滴，尖嘴内不应留有气泡。将剩余溶液弃去，依次用自来水、蒸馏水洗涤滴定管，滴定管中装满蒸馏水，罩上滴定管盖，以备下次使用或将滴定管收起。

九、玻璃漏斗

长颈漏斗一般用于称量分析，颈的内径不要太粗，以 3～5 mm 为宜，以便于在颈内保留水柱，由于水柱的重力吸引，可以加快过滤速度，出口处呈 45°。短颈漏斗用于一般过滤。

十、烧杯

烧杯容量为 25 mL、50 mL、100 mL、250 mL、500 mL、1 000 mL 等。

烧杯用于盛放基准物质、配制溶液、溶解样品、沉淀样品与滴定样品等。加热时应置于石棉网上。烧杯、表面皿、玻璃棒应配套使用。用于进行沉淀的烧杯，杯壁不应有划痕，当用烧杯做水浴加热时，应放去离子水，避免在杯壁结垢，破坏透明度。溶解样品搅拌时，注意玻璃棒要垂直，不要任意碰壁以免出现划痕。

十一、锥形瓶(三角烧瓶)

锥形瓶容量为 50 mL、100 mL、250 mL、500 mL、1 000 mL 等。

锥形瓶振荡比较方便，适用于滴定分析，盛放基准物质或待测液，常与表面皿配套使用。使用时应注意：

(1)加热至高温时，应注意勿使温度变化过于剧烈；

(2)加热时底部应垫石棉网，使其受热均匀。

第二节　常用仪器

一、电炉

电炉的构造很简单，一条电炉丝嵌在耐火泥炉盘的凹槽中，炉盘固定在一个铁盘座上，电炉丝两头套上多节小瓷管后，连接到瓷接线柱上与电源线相连，即成为一个普通的圆盘式电炉。

电炉为加热设备。按功率大小分为 600 W、1 000 W、1 500 W、2 000 W 几种。另有一种能调节发热量的电炉，称为可调电炉。

使用时切忌在电炉上面直接加热易燃试剂，以防失火。若加热的是玻璃容器，一定要垫上石棉网；若为金属容器，切记不要触及炉丝。炉盘内的凹槽要保持清洁，在断电的情况下清除污物，以保持炉丝散热良好；一次使用时间不宜过长；更换炉丝时，炉盘下的连接导线一定要套上绝缘瓷管，以免发生触电事故。

二、高温马弗炉

高温马弗炉常用于质量分析中灼烧沉淀，测定灰分等工作。其工作温度可高达 1 000 ℃以上，常配有自动控温仪，用来设定、控制、测量炉膛内的温度。

高温马弗炉的使用注意事项如下：

1. 高温马弗炉必须放置在稳固的台面上，将热电偶棒从高温马弗炉背后的小孔插入炉膛内，将热电偶的专用导线接至温度控制器的接线柱上。注意正、负极不要接错，以免温度指针反向而损坏。

2. 查明马弗炉所需电源电压，配置功率合适的插头插座和熔丝，并接好地线，避免危险。炉前地上应铺一块厚橡胶布，这样操作时较安全。

3. 灼烧完毕后，应先拉下电闸，切断电源，但不应立即打开炉门，以免炉膛骤然受冷破裂。一般可先开一条小缝，让其先降温，然后用长柄坩埚钳取出被烧物件。

4. 高温马弗炉在使用时，要经常照看，防止自控失灵，造成电炉丝烧断等事故。

5. 炉膛内要保持清洁，炉子周围不要堆放易燃易爆物品。

6. 高温马弗炉不用时，应切断电源，并将炉门关好，防止耐火材料受潮气侵蚀。

三、分析天平

分析天平是定量分析中最重要的精密衡量仪器之一，是完成定量分析工作的基本保证。

称量方法及操作：

1. 直接称量法

对某些在空气中没有吸湿性的试样或试剂，如金属、合金等，可以用直接称量法称样。即用牛角勺取试样放在已知质量的清洁而干燥的表面皿或硫酸纸上，一次称取一定质量的试样，然后将试样全部转移到接收容器中。

2. 指定质量称样法

指定质量称样法也称固定质量称样法，在分析检验中，当需要用直接称量法配制指定浓度的标准溶液时，常常用指定质量称样法来称取基准物质。此法只能用来称取不易吸湿的在空气中稳定的粉末状物质。

3. 差减称量法(递减称量法)

即称取试样的量是由两次称量之差求得的。差减称量法简便、快速、准确，在分析检测中常用来称取待测样品和基准物，是最常用的一种称量方法。

四、电热恒温干燥箱

俗称烘箱或干燥箱。电热恒温干燥箱主要用于烘干称量瓶、玻璃器皿、基准物、试样及沉淀等。根据烘干的对象不同,可以调节不同的温度。

使用电热恒温干燥箱时应注意,对于易燃、易爆等危险品及能产生腐蚀性气体的物质,不能放在恒温干燥箱内加热烘干;被烘干的物质不要洒落在箱内,防止其腐蚀内壁及隔板。使用过程中要经常检查箱内的温度是否在规定的范围内,温度控制是否良好,发现问题后及时修理。使用温度不能超过恒温干燥箱的最高允许温度,使用完毕后,应立即切断电源,待温度降到 200 ℃以下才可以开启箱门。

五、离心机

现在常用的是电动离心机。

1. 使用方法

(1)将装有被分离混合物的离心管放入离心机的一个套管中,离心管口稍高出套管。注意要在对称位置上放一装有等量水的离心管。以保持离心机平衡,否则在转动时发生震动,易损坏离心机。

(2)离心机应由慢速开始启动,运转平稳后再过渡到快速。

(3)转速和旋转时间,应视沉淀形状而定。对于晶形沉淀,以 1 000 r/min 转速旋转 1~2 min 即可;非晶形沉淀沉降较慢,以 2 000 r/min 转速旋转 3~4 min。若超出上述时间后仍未能使固相和液相分开,则继续旋转已无效,需加热或加电解质使沉淀凝聚。

(4)关机后,待离心机转动自行停止,然后小心地从两侧捏住离心管口边缘,将其从套管中取出(或用镊子夹取)。不得在离心机转动时用手使其停止,也不准用手指插入套管中拔取离心管。

2. 注意事项

(1)离心管要对称放置,如总数为单数时,应再加一装有相同质量的水的离心管调整对称。

(2)开动离心机时应逐渐加速,当发现声音不正常时,要停机检查,排除故障(如离心管不对称、质量不等、离心机位置不水平或螺母松动等)后再工作。

(3)关闭离心机时也要逐渐减速,直到自动停止,禁止强制停止。

(4)离心机的套管要保持清洁,管底应垫上橡胶、玻璃棉或泡沫塑料等物,以免试管破裂。

(5)密封式的离心机在工作时要盖好盖,确保安全。

六、pH 计与电极

pH 计即酸度计,是测量溶液中氢离子活度的仪器。酸度计是根据直接电位法测量原理设计的,在实际应用中,既可以测量各种溶液的酸度,又能配以离子选择电极测量溶液中各种离子活度或浓度。酸度计还可以测量电位。

酸度计测量溶液的 pH,先用标准缓冲溶液校准仪器。例如,用 pH=4.00 的标准缓冲溶液校准酸度计,这时酸度计的示数不一定正好在 4.00 上,须用“定位”钮来调节。测 pH 时,在上述电动势上再外加一个适当电动势,使酸度计示值与溶液的 pH 一致。这样酸度计与测量电池之间,建立了完全相适应的关系,测定时酸度计便可准确地显示溶液的 pH。

第三节　溶液的配制

一、溶液浓度的表示方法

表示溶液浓度大小的物理量有物质的量浓度、质量分数、滴定度等。

1. 物质的量浓度

物质的量浓度指单位体积溶液中所含溶质的物质的量。物质 B 的物质的量浓度，用符号 $c(\mathrm{B})$表示，即 $c(\mathrm{B})=n(\mathrm{B})/V$

2. 质量分数

溶液中溶质质量与溶液质量之比，也指混合物中某种物质质量占总质量的百分比(%)。

3. 滴定度

滴定度是滴定分析中的专用表示法，它是指每克标准溶液可滴定的或相当于可滴定的物质的质量，用符号 $T(\mathrm{B/A})$表示，A 为滴定剂，B 为被测物质，单位为 g/mL 或 mg/mL。如 $KMnO_4$ 标准溶液对 Fe 的滴定度用 $T(\mathrm{Fe}/KMnO_4)$来表示，当 $T(\mathrm{Fe}/KMnO_4)=0.005\ 682$ g/mL 时表示每毫升 $KMnO_4$ 标准溶液可以把 0.005 682 g 的 Fe^{2+} 滴定为 Fe^{3+}。有时滴定度也可以用每毫升标准溶液中所含溶质的质量(g)来表示，记为 $T(\mathrm{M})$。

二、一定浓度溶液的配制方法

配制时固体试剂用电子天平称量，称量的器皿通常用表面皿或烧杯；液体试剂及溶剂用量筒量取。有时，溶液的体积还可根据所用烧杯、试剂瓶的容积来估计。

称出的固体试剂，置于烧杯中先用适量水溶解，再稀释至所需的体积。试剂溶解时若有放热现象，或加热溶解时，应待冷却后，再转入试剂瓶中。配好的溶液，应马上贴好标签，注明液体的名称、浓度和配制日期。

对于易水解的盐，配制溶液时，需加入适量的酸，再用水或稀酸稀释。有些易被氧化或还原的试剂，常在使用前临时配制，或采取措施，防止氧化或还原。

易腐蚀玻璃的溶液，不能盛放在玻璃瓶内，如氟化物应保存在聚乙烯瓶中。装强碱的玻璃瓶应用橡胶塞，最好也盛在聚乙烯瓶中。

配制指示剂溶液时，需称取的指示剂量往往很少，这时可用分析天平称量，但只需读取两位有效数字即可。要根据指示剂的性质，采用合适的试剂，必要时还要加入适当的稳定剂，并注意其保存期。配好的指示剂一般储存于棕色瓶中。

经常并大量使用的溶液，可先配制成使用浓度 10 倍的储备液，需要用时取储备液稀释 10 倍即可。

1. 按质量(体积)分数配制

(1)用固体溶质按质量分数配制溶液：计算所需溶质的质量，在天平上称量，放入烧杯中。再求出溶剂的质量，称量溶剂，倒入烧杯中，使溶质溶解。

(2)用液体溶质按质量(体积)分数配制溶液：根据所配制的稀溶液的量计算所需浓溶液试剂的量。配制方法有两种：一种是称取液体溶质的质量；另一种是量取液体溶质的体积，再加入所需溶剂即可。

2. 按比例浓度配制

(1)容量比($V+V$):液体试剂相互混合或用溶剂稀释时的表示方法。如(1+4)的 H_2SO_4 是指 1 单位体积的浓硫酸与 4 单位体积的水相混合。

(2)质量比($m+m$):固体试剂相混合时的表示方法。如配制(1+100)的紫脲酸胺-NaCl 指示液 50 g,即取 0.5 g 紫脲酸胺于研钵中,再取经 100 ℃干燥过的 NaCl 50 g,充分研细,混匀即可。

入职培训专题六
农产品检测的程序

第一节　样品的采集

一、采样的定义及意义

1. 定义

所谓采样是指从整批被检农产品中抽取一部分有代表性的样品，供分析化验用。采样是农产品分析的首项工作。

2. 意义

采样的正确与否是检验工作成败的关键。

二、采样原则

1. 代表性原则

采集的样品能真正反映被采样本的总体水平，也就是通过对具体代表性样本的检测能客观推测食品的质量。

2. 典型性原则

采集能充分达到检测目的的典型样本，包括污染或怀疑污染的食品、掺假或怀疑掺假的食品、中毒或怀疑中毒的食品等。

3. 适时性原则

因为不少被检物质总是随时间发生变化，为了保证得到正确结论，应尽快进行检测。

4. 适量性原则

样品采集数量应满足检验要求，同时不应造成浪费。

5. 不污染原则

所采集样品应尽可能保持食品原有的品质及包装形态。所采集的样品不得掺入防腐剂、不得被其他物质或致病因素所污染。

6. 无菌原则

对于需要进行微生物项目检测的样品，采样必须符合无菌操作的要求，一件采样器具只能盛装一个样品，防止交叉污染。并注意样品的冷藏运输与保存。

7. 程序原则

采样、送检、留样和出具报告均按规定的程序进行，各阶段均应有完整的手续，交接清楚。

8. 同一原则

采集样品时，检测及留样、复检应为同一份样品，即同一单位、同一品牌、同一规格、同一生产日期、同一批号。

三、采样数量

根据检测项目来确定采样量，既要满足检测项目要求，又要满足产品确认及复检的需要量。

理化检测用样品采样数量如下：

(1)总量较大的食品：可按 0.5%～2%的比例抽样。

(2)小数量食品：抽样量约为总量的 1/10。

(3)包装固体样品：＞250 g 包装的，取样件数不少于 3 件；＜250 g 包装的，不少于 6 件。罐头食品或其他小包装食品，一般取样量 3 件，若在生产线上流动取样，则一般每批采样 3～4 次，每次采样 50 g，每生产班次取样数不少于 1 件，班后取样基数不少于 3 件；各种小包装食品(指每包 500 g 以下)，均可按照每一生产班次，或同一批号的产品，随机抽取原包装食品 2～4 包。

(4)肉类：采取一定质量作为一份样品，肉、肉制品每份取 100 g 左右；

(5)蛋、蛋制品：每份不少于 200 g；

(6)一般鱼类：采集完整个体，每份大鱼(0.5 kg 左右)三条，小鱼(虾)可取混合样本，每份 0.5 kg 左右。

微生物检测用样品采样数量(表 2-2)。

表 2-2　微生物检测用样品采样数量

检样种类	采样数量
肉及肉制品	生肉取 250 g、光禽一只；其他熟肉干制品取 250 g。
熟肉制品	如熟禽、烧烤肉、肉灌肠、酱卤肉、熏煮火腿取 250 g。
乳及乳制品	鲜乳、干酪、消毒灭菌乳、乳粉、稀奶油、奶油、酸奶、全脂炼乳、乳精粉取 250 g(mL)。
蛋品	每件采样 250 g。一日或一班生产的为一批，每批不少于三个检样。 测定菌落总数和大肠菌群：每批按装听过程前、中、后流动取样三次，每次 100 g，每批合为一个样品。
水产食品	鱼、虾、鱼丸、虾丸、鱿鱼、即食藻类食品取 250 g。
罐头	按生产批次抽样，每批每个品种不得少于三罐。
冷冻饮品	冰棍、雪糕，每批不得少于三件，每件不得少于三支。 冰激凌：原装四杯为一件，散装 250 g。 食用冰块：每件样品取 250 g。
饮料	桶(瓶)装饮用水，饮用纯净水：原装一瓶(不少于 250 mL)。 茶饮料，碳酸饮料，含乳饮料，乳酸菌固体饮料，果树汁饮料：原装一瓶(不少于 250 mL)。 固体饮料：原装一瓶和(或)袋(不少于 250 g)。

续表 2-2

检样种类	采样数量
茶叶	罐装取一瓶(不少于 250 g),散装取 250 g。
调味品	原装一瓶(不少于 250 mL)。
糕点、蜜饯、糖果	取 250 g 或 250 mL。
酒类	鲜啤酒、果啤、黄酒等瓶装两瓶为一件。
非发酵豆制品及面筋、发酵豆制品	非发酵豆制品及面筋:定性包装取一袋(不少于 250 g); 发酵豆制品:原装一瓶(不少于 250 g)。
粮谷及果蔬类食品	定型包装取一袋(不少于 250 g),散装取 250 g。 包括膨化食品、油炸小食品、淀粉类食品等。
方便面	定型包装取一袋和(或)碗(不少于 250 g)。
速冻预包装米面食品	定型包装取一袋(不少于 250 g);散装取 250 g。
酱腌菜	定型包装取一袋(不少于 250 g)。

四、采样用具

采样用具以适用、够用为原则,可参考备置以下物品:勺子、镊子、剪子、刀子、铲子、开罐器、尖嘴钳、吸管、吸球、量筒(杯);微生物检测采样需要备置消毒棉签、无菌棉拭子、运输培养基、一次性注射器、无菌采样容器、无菌采样袋、乳胶手套、规格板、酒精灯及酒精、75%酒精棉球、灭菌生理盐水、消毒纱布、记号笔、不干胶标签、皮筋、火柴、手电筒及样品冷藏运输设备。

五、采样方法

1. 随机性采样

均衡地、不加选择地从全部批次的各部分,按规定数量采样。采用随机性采样时,必须克服主观倾向性。

2. 针对性采样

根据已掌握的情况有针对性地选择。如怀疑某种食物可能是食物中毒的原因,或者感官上已初步判定出该食品存在卫生质量问题,而有针对性地选择采集样品。

3. 理化样品采样方法

(1)散装食品采样方法

①液体、半液体样品:采样前先检查样品的感官性状,然后将样品搅拌均匀后采样,采用三层五点法。对流动的液体样品,可定时定量,从输出口取样后混合,留取检验所需样品。

②固体食品采样方法:采用三层五点法。从各点采出的样品要做感官检查,感官性状基本一致,可以混合成一个样本,如果感官性状明显不同,则不要混合,要分别盛装。

(2)大包装食品采样方法

①液体、半液体食品:采样前摇动或搅拌液体,尽量使其达到均质。采样前应先将采样用具浸入液体内略加漂洗,然后再取所需量的样品;取样量不应超过其容器量的四分之三,以便

于检验前将样品摇匀。大包装食品常用铁桶或塑料桶，容器不透明，很难看清楚容器内物质的实际情况。采样前，应先将容器盖子打开，用采样管直通容器底部，将液体吸出，置于透明的玻璃容器内，做现场感官检查。检查液体是否均一，有无杂质和异味，然后将这些液体充分搅拌均匀，装入样本容器内。

②颗粒或粉末状的固体食品：每份样品应用采样器由几个不同部位分层采取，一起放入一个容器内。

(3)小包装食品采样方法

直接食用的小包装食品，尽可能取原包装，直到检验前不要开封，以防止污染。

4. 微生物样品采样方法

(1)微生物样品可分为大样、中样、小样三种。大样指一整批样品，中样是从样品各部分取得的混合样品，小样指检测用的样品。

(2)微生物采样必须遵循无菌操作原则。预先准备好的消毒采样工具和容器必须在采样时方可打开，采样时最好两人操作，一人负责取样，另一人协助打开采样瓶、包装和封口；尽量从未开封的包装内取样。

(3)采样前，操作人员先用75％酒精棉球消毒手，再用75％酒精棉球将采样开口处周围抹擦消毒，然后将容器打开。

(4)袋装、瓶装、罐装食品等包装食品，应采完整的未开封的样品。散装固体、半固体、粉末状样本，可用灭菌小勺或小匙进行采样；如果样品很大，则需用无菌采样器取样；固体粉末样品，应边取边混合；冷冻食品应保持冷冻状态采样。

(5)瓶装液体样本采样前，应先用灭菌玻璃棒搅拌均匀，有瓶塞的用75％酒精棉球将采样开口处周围抹擦消毒，然后打开瓶塞，先将内容物倒出一些后，再用灭菌样本容器接取样本，在酒精灯火焰上端高温区封口。散装液体样品通过振摇混匀用灭菌玻璃吸管采样，样本取出后，将其装入灭菌样本容器，在酒精灯上用火焰消毒后加盖密封。

(6)对生产工具、设备、食具表面的采样可采取刮涂法、涂抹法、滤纸贴附法、洗脱法。餐(饮)具消毒卫生状况采样检测可按GB 14934—2016执行。

六、采样记录

1. 现场采样记录

采样记录应采用固定格式，内容应包括：采样目的、被采样单位名称、采样地点、样本名称、编号、被采样产品产地、商标、数量、生产日期、批号或编号、样本状态、被采样产品数量、包装类型及规格、感官所见(有包装的食品包装有无破损、变形、受污染、无包装的食品外观有无发霉变质、生虫、污染等)、采样方式、采样现场环境条件(包括温度、湿度及一般卫生状况)、采样日期、采样单位(盖章)或采样人(签字)、被采样单位负责人签字。采样记录一式两份，一份交被采样单位，一份由采样单位保存。

2. 样本签封和编号

采样完毕整理好现场后，将采好的样本分别盛装在容器或牢固的包装内，在容器盖接处或包装上进行签封，明确标记品名、来源、数量、采样地点、采样人、采样日期等内容。如样本品种较少，应在每件样本上进行编号，注意编号应与采样记录上的样本名称或编号相符。

七、样品运输及保存

1. 采样结束后应尽快对样品进行检验或送往留样室，需要复检的应送往实验室。

2. 疑似急性细菌性食物中毒样品应无菌采样后立即送检，一般不超过 4 h；气温高时应将备检样品置于冷藏设备内冷藏运送，不得加入防腐剂。

3. 需要冷藏的食品，应采用冷藏设备在 0～5 ℃冷藏运输和保存，不具备冷藏条件时，食品可放在常温阴暗处，样品保存一般不超过 36 h。微生物检测项目样品常温保存不得超过 4 h。

4. 采集的冷冻和易腐烂食品，应置冰箱或在包装容器内加适量的冷却剂或冷冻剂保存和运送，为保证途中样品不升温或不融化，必要时可于途中补加冷却剂或冷冻剂。

5. 食品标签标明存放、运输条件的食品，采集的样品存放、运输条件要与之相符，如酸奶标识说明要冷藏，样品的运送及复检样品的保存都要做到冷藏。

6. 需做微生物检测的样品，保存和运送的原则是应保证样品中微生物状态不发生变化。微生物检测用的样本及不能冷藏保存的样本原则上不复检、不留样。采用快速检测方法检测出的超标样品，应随即采用国标方法进行确认。检测不合格的样品，要及时通知被采样单位和生产企业。处理样品时，禁止将有毒有害液体样本直接倒入下水道。

7. 采集的样品应在保质期内，尽量抽取保质期剩余 3 个月以上的产品(保质期限不足 3 个月的除外)。留样和需要确证的样品，按产品说明书要求存放，期限为检测结果出示后 3 个月。

8. 样本保存要保持样本原有状态，样本应尽量从原包装中采集，不要从已开启的包装内采集。从散装或大包装内采集的样本如果是干燥的，应保存在干燥清洁的容器内，不要同有异味的样本一同保存。

9. 根据检验样本的性状及检验的目的不同而选择不同的容器保存样本，一个容器装量不可过多，尤其液态样本不可超过容量的 80%，以防冻结时容器破裂。装入样本后必须加盖，然后用胶布或封箱胶带固封，如是液态样本，在胶布或封箱胶带外还须用融化的石蜡加封，以防液体外泄。如果选用塑料袋，则应用两层袋，分别封口，防止液体流出。

10. 特殊样本要在现场进行处理，如供霉菌检验的样本，要保持湿润，可放在 1%甲醛溶液中保存，也可储存在 5%乙醇溶液或稀乙酸溶液里。

第二节　样品的制备

为了确保分析结果的正确性，必须对采集到的样品进行适当的制备，以保证样品十分均匀，使在分析时采取任何部分都能代表全部样品的成分。

样品的制备是指对采取的样品进行分取、粉碎、混匀等处理工作。

样品的制备方法因产品类别不同而异。

1. 液体、浆体或悬浮液体

一般将样品摇匀，充分搅拌。常用的简便搅拌工具是玻璃搅拌棒，还有带变速的电动搅拌器，可以任意调节搅拌速度。

2. 互不相溶的液体

如油与水的混合物，应首先使不相溶的成分分离，然后分别进行采样；再制备成平均样品。

3. 固体样品

应用切细、粉碎、捣碎、研磨等方法将样品制成均匀可检状态。

水分含量少、硬度较大的固体样品(如谷类)可用粉碎机或研钵磨碎并均匀;水分含量较高、韧性较强的样品(如肉类)可取可食部分放入绞肉机中绞匀,或用研钵研磨。

质地软的样品(如水果、蔬菜)可取可食部分放入组织捣碎机中捣匀。各种机具应尽量选用惰性材料,如不锈钢、合金材料、玻璃、陶瓷、高强度塑料等。为控制颗粒度均匀一致,可采用标准筛过筛。标准筛为金属丝编制的不同孔径的配套过筛工具,可根据分析的要求选用。过筛时,要求全部样品都通过筛孔,未通过的部分应继续粉碎并过筛,直至全部样品都通过为止,而不应该把未过筛的部分随意丢弃,否则将造成食品样品中的成分构成改变,从而影响样品的代表性。经过磨碎过筛的样品,必须进一步充分混匀。固体油脂应加热熔化后再混匀。

4. 罐头

水果罐头在捣碎前必须清除果核;肉禽罐头应预先清除骨头;鱼类罐头要将调味品(葱、辣椒及其他)分出后再捣碎。常用捣碎工具有高速组织捣碎机等。在样品制备过程中,应注意防止易挥发成分的逸散和避免样品组成和理化性质发生变化。供微生物检验的样品,必须根据微生物学的要求,按照无菌操作规程制备。

所采样品在分析之前应妥善保存,不使样品发生受潮、挥发、风干、变质等现象,以保证其中的成分不发生变化。检品采集后应迅速化验。检验样品应装入具磨口玻璃塞的瓶中。易于腐败的食品,应放在冰箱中保存,容易失去水分的样品,应首先取样测定水分。一般样品在检验结束后应保留一个月,以备需要时复查,保留期限从检验报告单签发日起计算;易变质食品不予保留;保留样品应加封存放在适当的地方,并尽可能保持其原状。感官检验不合格产品不必进行理化检验,直接判为不合格产品。

第三节　样品的预处理

农产品的成分很复杂,既含有蛋白质、糖、脂肪、维生素及因污染引入的有机农药等大分子的有机化合物,又含有钾、钠、钙、铁等各种无机元素。这些组分之间往往通过各种作用力以复杂的结合态或络合态形式存在。当采用某种方法对其中某种组分的含量进行测定时,其他组分的存在常给测定带来干扰,为了保证分析工作的顺利进行,得到准确的分析结果,必须在测定前破坏样品中各组分之间的作用力,使被测组分游离出来,同时排除干扰组分;此外,有些被测微量组分,如污染物、农药、黄曲霉毒素等,由于含量甚少,很难检测出来,为了准确地测出它们的含量,必须在测定前对样品进行富集或浓缩。以上这些操作过程统称为样品预处理,是产品检验过程中的一个重要环节,直接关系着检验结果的客观和准确。

进行样品的预处理,要根据检测对象、检测项目选择合适的方法。总的原则是:排除干扰,完整保留被测组分并使之浓缩,以获得满意的分析结果。常用的方法有以下几种。

一、有机物破坏法

主要用于产品中无机元素的测定,产品中的无机盐或金属离子,常与蛋白质等有机物质结合,成为难溶、难离解的有机金属化合物,从而失去其原来的特性。欲测定其中金属离子或无机盐的含量,需在测定前破坏有机结合体,释放出被测组分,以便分析测定。通常可采用高温或高温及强氧化条件使有机物质分解，呈气态逸散，而被测组分残留下来，根据具体操作条件不同，又可分为干法灰化和湿法消化两大类。

1. 干法灰化

这是一种用高温灼烧的方式破坏样品中有机物的方法，因而又称为灼烧法。除汞外大多数金属元素和部分非金属的测定都可用此法处理样品。其原理是将一定量的样品置于坩埚中加热，使其中的有机物脱水、碳化、分解、氧化之后，再置于高温的灰化炉（马弗炉）中灼烧灰化（一般温度为 500～550 ℃），使有机成分彻底分解为二氧化碳、水和其他气体而挥发，直至残渣为白色或浅灰色为止，所得的残渣即为无机成分，可供测定用。

2. 湿法消化

此法是通过向样品中加入氧化性强酸（如浓硝酸、浓硫酸和高氯酸），并结合加热消煮，有时还要加一些氧化剂（如高锰酸钾、过氧化氢）或催化剂（硫酸铜、硫酸汞、二氧化硒、五氧化二钒等），使样品中的有机物质被完全分解、氧化，呈气态逸出，而待测成分则转化为离子状态存在于消化液中，供测试用。常用的强氧化剂有浓硝酸、浓硫酸、高氯酸、高锰酸钾、过氧化氢等。在实际工作中，经常需要多种试剂结合使用。

二、蒸馏法

蒸馏法是利用液体混合物中各组分挥发性不同所进行分离的方法。此法具有分离和净化双重效果。根据样品中待测定成分性质的不同，常采用以下几种蒸馏方式。

1. 常压蒸馏

当被蒸馏的物质受热后不发生分解或沸点不太高时，可在常压下进行蒸馏。常压蒸馏装置比较简单。加热方法要根据被蒸馏物质的沸点和特性来选择。如果沸点不高于 90 ℃，则需改用油浴、沙浴、盐浴或石棉浴；如果被蒸馏物质不易爆炸或燃烧，可直接加热，最好垫以石棉网，以保证加热均匀和安全。当被测物质的沸点高于 150 ℃时，则需使用空气冷凝管进行冷凝。

2. 减压蒸馏

当物质在常压下蒸馏容易发生分解或其沸点太高时，可以采用减压蒸馏。减压装置通常为水泵或真空泵。

3. 水蒸气蒸馏

某些物质沸点较高，直接加热蒸馏时，因受热不均易引起局部碳化；还有些被测成分，当加热到沸点时可能发生分解。这些成分的提取，可用水蒸气蒸馏。水蒸气蒸馏用水蒸气加热水和与水互不相溶的混合液体，使具有一定挥发度的被测组分与水蒸气按分压成比例地从溶液中一起蒸馏出来。

4. 分馏

当需要分离的两种或两种以上互溶组分而且沸点相差很小时，可用分馏的方法进行分离。分馏是蒸馏的一种，是将液体混合物在一个设备内进行多次部分气化和部分冷凝，将液体混合物分离为各组分的蒸馏过程。

三、溶剂提取法

在同一溶剂中，不同的物质具有不同的溶解度。利用样品各组分在某一溶剂中溶解度的差异，将各组分完全或部分地分离的方法，称为溶剂提取法或萃取。溶剂提取法很多，常用的方法是浸提法、溶剂萃取法。

1. 浸提法

用适当的溶剂从固体样品中将某种待测成分浸提出来的方法称为浸提法，又称液-固萃取法。

2. 萃取法

萃取法又称溶剂分层法，是利用某组分在两种互不相溶的溶剂中分配系数的不同，使其从一种溶剂转移到另一种溶剂中，而与其他组分分离的方法。此法分离迅速，分离效果好，应用广泛。但萃取试剂通常易燃、易挥发，且有毒性。

四、色谱分离法

色谱分离法是在载体上进行物质分离的一系列方法的总称。根据分离原理的不同，色谱分离可分为吸附色谱分离、分配色谱分离和离子交换色谱分离等。此类分离方法分离效果好，尤其对一系列有机物质的分析测定，色谱分离具有独特的优点，近年来其在农产品分析中应用越来越广泛。

1. 吸附色谱分离

利用经活化处理的聚酰胺、硅胶、硅藻土、氧化铝等吸附剂所具有的适当的吸附能力，对被测成分或干扰组分进行选择性吸附从而进行分离称为吸附色谱分离。

2. 分配色谱分离

分配色谱分离是根据不同物质在两相间的分配比不同而进行的。两相中，流动的称为流动相，固定不动的称为固定相，被分离的组分在流动相沿着固定相移动的过程中，由于不同物质在两相中的分配比不同，当作为流动相的溶剂在固定相中渗透展开时，这些物质在两相中的分配作用反复进行，从而达到分离的目的。

3. 离子交换色谱分离

离子交换分离法是利用离子交换剂与溶液中的离子之间所发生的交换反应来进行分离的色谱分离方法，可分为阳离子交换和阴离子交换两种。在样品分析中，可应用离子交换分离法制备无氨水、无铅水。离子交换分离法还常用于分离较为复杂的样品。

五、磺化法和皂化法

磺化法和皂化法是除去油脂或处理含脂肪样品时常用的方法，也用于农药分析中样品的净化。

1. 硫酸磺化法

此法的原理是油脂遇到浓硫酸就发生磺化，浓硫酸与脂肪和色素中的不饱和键起加成作用，形成可溶于硫酸和水的强极性化合物，不再被弱极性的有机溶剂所溶解，从而使脂肪被分离出来，达到分离净化的目的。用浓硫酸处理样品提取液，再用水清洗，可有效地除去脂肪、色素等干扰杂质。

此法简单、快速、净化效果好，但用于农药分析时，仅限于在强酸介质中稳定的农药（如有机氯农药六六六、DDT）提取液的净化，其回收率在80%以上。但不能用于狄氏剂和一般有机磷农药，个别有机磷农药控制在一定的酸度条件下也可应用。

利用浓硫酸处理过的硅藻土作层析柱，使待净化的样品抽提液通过，以磺化其中的油脂，这是比较常用的净化方法。也可以不使用硅藻土而把浓硫酸直接加在样品溶液里振摇和分层处理，以磺化除去其中的油脂，称为直接磺化法。

2. 皂化法

本法是用热碱溶液处理样品提取液，以除去脂肪等干扰杂质。其原理是利用氢氧化钾乙醇溶液将脂肪等杂质皂化除去，以达到净化目的。此法仅适于对碱稳定的农药（如狄氏剂、艾氏剂）提取液的净化。在用荧光光度法测定肉、鱼、禽类及其熏制品的 3，4-苯并芘时，也可使用皂化法（向样品中加入氢氧化钾回流皂化 2 h）除去样品中的脂肪。

六、沉淀分离法

沉淀分离法是利用沉淀反应进行分离的方法。在试样中加入适应的沉淀剂，使被测组分沉淀下来，或将干扰组分沉淀下来，经过过滤或离心将沉淀与母液分开，从而达到分离目的。例如，测定冷饮中糖精钠含量时，可在试剂中加入碱性硫酸铜，将蛋白质等干扰杂质沉淀下来，而糖精钠仍留在试液中，经过滤除去沉淀后，取滤液进行分析。又如，用氢氧化铜或碱性乙酸铅将蛋白质从水溶液中沉淀下来，将沉淀消化并测定其中的氮量，据此可以断定样品中的纯蛋白质的含量。

在进行沉淀分离时，应注意溶液中所要加入的沉淀剂的选择。所选沉淀剂应该是不会破坏溶液中所要沉淀析出的物质，否则达不到分离提取的目的。沉淀后，要选择适当的分离方法，如过滤、离心分离或蒸发等。这要根据溶液、沉淀剂、沉淀析出物质的性质和实验要求来决定。沉淀操作中，经常伴随有 pH、温度等条件要求，这一点应注意。

七、掩蔽法

此法是利用掩蔽剂与样品溶液中干扰成分作用，使干扰成分转变为不干扰测定状态，即被掩蔽起来。运用这种方法可以不经过分离干扰成分的操作而消除其干扰作用，简化分析步骤，因而在农产品分析中应用十分广泛，常用于金属元素的测定。如二硫腙比色法测定铅时，在测定条件（pH＝9）下，Cu^{2+}、Cd^{2+}等离子对测定有干扰，可加入氰化钾和柠檬酸铵进行掩蔽，消除它们的干扰。

八、浓缩法

农产品的样品经提取、净化后，有时净化液的体积较大，在测定前需进行浓缩，以提高被测成分的浓度。常用的浓缩方法有常压浓缩法和减压浓缩法两种。

1. 常压浓缩法

此法是最常用的方法，主要用于待测组分为非挥发性的样品净化液的浓缩，通常采用蒸发皿直接挥发，若要回收溶剂，则可用一般蒸馏装置或旋转蒸发器。该法的优点是简便、快速、易推广。

2. 减压浓缩法

此法主要用于待测组分为热不稳定性或易挥发的样品净化液的浓缩，通常采用 K-D 浓缩器。浓缩时，水浴加热并抽气减压。此法浓缩温度低、速度快、被测组分损失少，特别适用于农药残留量分析中样品净化液的浓缩。

第四节　分析的误差与数据处理

一、分析检验的结果

（一）检验结果的单位表示

农产品分析检验的结果将报告出被测物质的含量，根据被测试样的状态及被测物质的含量范围，检验结果可用不同的单位表示。

(1)对常量组分检验的结果可用以下单位表示：

①百分含量：g/100 g 或 mg/100 mL；

②千分含量：g/kg 或 g/L。

(2)对微量或痕量组分检验的结果可用以下单位表示：

①百万分含量：mg/kg 或 mg/L；

②十亿分含量：μg/kg 或 μg/L；

③万亿分含量：ng/kg 或 ng/L。

（二）检验报告

农产品分析检验的结果，最后必须以检验报告的形式表达出来，检验报告单必须列出各个项目的测定结果，并与相应的质量标准相对照比较，从而对产品做出合格或不合格的判断。报告单的填写需认真负责、实事求是、一丝不苟、准确无误，按照有关标准进行公正的判定。检验报告的形式见表 2-3、表 2-4。

表 2-3　检测报告单

<table>
<tr><td colspan="2">样品名称</td><td colspan="2"></td><td colspan="2">商标</td><td colspan="2"></td></tr>
<tr><td colspan="2">样品规格</td><td colspan="2"></td><td colspan="2">检验目的</td><td colspan="2"></td></tr>
<tr><td colspan="2" rowspan="2">样品来源及
封样单位</td><td colspan="2" rowspan="2"></td><td colspan="2">生产厂名</td><td colspan="2"></td></tr>
<tr><td colspan="2">生产日期</td><td colspan="2"></td></tr>
<tr><td colspan="2">检测所依据
的标准编号</td><td></td><td>取(收)样
日期</td><td colspan="2"></td><td>完成
日期</td><td></td></tr>
<tr><td colspan="8">检验结果</td></tr>
<tr><td>检测项目</td><td>单位</td><td>标准值</td><td>实测值</td><td>检测项目</td><td>单位</td><td>标准值</td><td>实测值</td></tr>
<tr><td></td><td></td><td></td><td></td><td></td><td></td><td></td><td></td></tr>
<tr><td></td><td></td><td></td><td></td><td></td><td></td><td></td><td></td></tr>
<tr><td></td><td></td><td></td><td></td><td></td><td></td><td></td><td></td></tr>
<tr><td></td><td></td><td></td><td></td><td></td><td></td><td></td><td></td></tr>
<tr><td></td><td></td><td></td><td></td><td></td><td></td><td></td><td></td></tr>
<tr><td></td><td></td><td></td><td></td><td></td><td></td><td></td><td></td></tr>
<tr><td colspan="2">检测
结论</td><td colspan="6"></td></tr>
</table>

检验员：　　　　　　　　　　　校核：　　　　　　　　技术负责人：

表 2-4 检验报告书

检品名称		收检日期	
生产单位		检验日期	
生产日期		报告日期	
检验来源		检品包装	
检品数量		检验编号	
检验结果： 评价：			

注：1. 本报告书系根据抽检品的检验结果所做的报告。
2. 本报告书仅对本批产品负责。

二、分析结果的误差及其评价

在分析检验工作中，不论用什么分析方法，不管怎样精心操作，所得的分析结果与真实值并不完全一致，也就是说，测量值与真实值之间始终存在着差异，这种差异称为误差。

随着检测技术、检测水平的不断提高，分析工作者的分析技巧、经验不断丰富，可以将误差控制得越来越小，但始终不可能消除，这是为实践所证实的。

为使分析结果的数据符合要求的准确度，对分析工作者来说，了解误差、掌握其规律，以达到控制和减少误差是非常必要的。另外，在检验操作完成后，如何正确进行数据处理，以便准确、简练、清晰地表达检验结果也是分析工作者应熟练掌握的。

（一）误差及其产生的原因

误差根据其来源及性质可以分成两类：系统误差及偶然误差。

1. 系统误差

系统误差是在一定的试验条件下，由某些固定因素所引起的，在测定过程中重复出现，其大小可以测定出来。

系统误差主要来源于仪器误差、试剂误差、方法误差及主观误差。系统误差可以通过采取一定的措施而消除或减少。

2. 偶然误差

偶然误差是由一些偶然因素引起的，其产生的原因不固定，如仪器本身的不稳定，环境温度、气压的偶然波动等。若在一定的条件下进行无限次重复测定，可发现偶然误差服从统计规律。小误差出现的概率大，大误差出现的概率小，正负误差出现的概率几乎相等，并遵从正态分布规律，见图 2-1。

根据偶然误差产生原因及特点，可通过严格控制试验条件、严格操作规程及增加平行测定次数来减少偶然误差。

至于检测过程中由于粗枝大叶而造成过失，如读错、记错数据，样品损失等，严重歪曲测定结果，这类过失不属于误差，相关数据应予剔除。

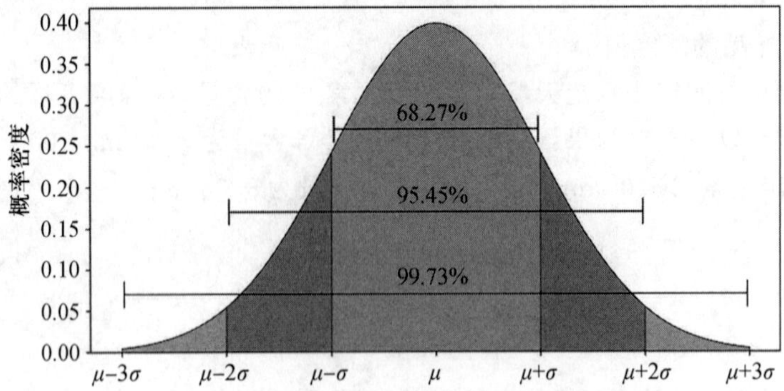

图 2-1　误差的正态分布

（二）分析结果的评价

在常规的分析检验中，通常是采用某一标准方法进行某一项测定，得到一组分析数据。这组分析结果其可靠性如何，必须进行科学的综合性的评价。通常评价的指标有准确度与精密度，而准确度通常通过测定回收率的方法来进行确定，下面分别进行介绍。

1. 准确度

准确度是指测定值与真实值的符合程度，它是主要反映测定系统中存在的系统误差及偶然误差的综合性指标，决定了检验结果的可靠程度。

准确度通常用误差来表示：

$$\text{绝对误差}=\overline{X}-X_t$$

$$\text{相对误差}=\frac{\overline{X}-X_t}{X_t}\times 100\%$$

式中：

$\overline{X}$——多次测定的算术平均值；

X_t——真实值。

而对某一未知试样的测定来说，实际上真实值是不可能知道的，通常可以通过回收率的测定来确定真实值。

2. 回收率

回收率是广泛用于评价检验方法和测定准确度的指标。

在未知样品中加入已知量的标准物质，称加标样品，同时测定未知样品和加标样品，可测出加入的标准物质的回收率。测定回收率是目前实验室常用而又方便的确定准确度的方法。多次回收试验后还可以发现检验方法的系统误差。

加入的标准物质的回收率，可按下式计算：

$$P=\frac{X_1-X_0}{m}\times 100\%$$

式中：

P——加入的标准物质的回收率；

m——加入标准物质的量；

X_1——加标样品的测定值；

X_0——未知样品的测定值。

例题：用二氯靛酚滴定法测定天然果汁中维生素 C 的含量，准确取等量的果汁样品，分别进行多次测定，得到以下测定结果：(1)果汁中维生素 C 含量为 3.51 mg/100 g；(2)在果汁样品中加入标准物质维生素 C 5.00 mg，测得维生素 C 含量为 8.36 mg/100 g。计算该测定方法的回收率(P)。

$$P=\frac{8.36-3.51}{5.00}\times 100\%=97\%$$

利用回收率可按下式对测定值加以校正，以消除系统误差：

$$X=\frac{X_0}{P}$$

故上例的测定结果经校正应为：

$$X=\frac{X_0}{P}=\frac{3.51}{97\%}=3.61(\text{mg}/100\ \text{g})$$

即果汁中维生素 C 含量应为 3.61 mg/100 g。

3. 精密度

精密度是指在相同条件下进行多次测定，每次测定结果相互接近的程度。它反映了测定方法中存在的偶然误差的大小。可以说精密度是由偶然误差决定的，它表示了各次测定值与平均值的偏离程度。

精密度通常用偏差来表示：

$$\text{平均偏差}\quad d=\frac{1}{n}\sum|x_i-\bar{x}|$$

$$\text{标准偏差}\quad S=\sqrt{\frac{\sum(x_i-\bar{x})^2}{n-1}}$$

$$\text{变异系数}\quad CV=\frac{s}{\bar{x}}\times 100\%$$

式中：

x_i—— 各次测定值，$i=1,2,\cdots\cdots,n$；

$\bar{x}$——多次测定值的算术平均值；

n ——测定次数。

例题：用原子吸收分光光度法测定菠萝罐头中铅含量(Pb^{2+})，6 次测定结果为 0.105、0.115、0.115、0.116、0.116、0.128(mg/kg)，分别计算平均值($\bar{x}$)、平均偏差(d)和标准偏差(S)

$$\bar{x}=\frac{0.105+0.115+0.115+0.116+0.116+0.128}{6}=0.116$$

$$d=\frac{0.011+0.001+0.001+0+0+0.012}{6}=0.004\ 16$$

$$S=\sqrt{\frac{0.000\ 267}{5}}=0.007$$

即测定结果应为 0.116±0.007 mg/kg;精密度为 6%。

4. 准确度和精密度的关系

准确度和精密度是评价分析结果的两种不同的方法,是两个不同的概念,但两者间有一定的关系。前者说明测定结果准确与否,后者说明测定结果稳定与否。精密度高不一定准确度高,而想要准确度高一定需要精密度高。精密度是保证准确度的先决条件,精密度低说明所测结果不可靠,在这种情况下,自然失去了衡量准确度的前提。

三、分析结果的数据处理

在一般的分析工作中,多采用简便的算术平均偏差或标准偏差表示精密度。而在需要对一组分析结果的分散程度进行判断,或对一种分析方法所能达到的精密程度进行考察时,就需要对一组分析数据进行处理,校正系统误差,按一定的规则剔除可疑数据,计算数据的平均值和各数据对平均值的偏差,最后按要求的置信度求出平均值的置信区间。

1. 数据的记录、运算

在分析数据的记录、运算与报告时,要注意有效数字问题,有效数字就是实际能测量到的数字,它表示了数字的有效意义及准确程度。那种认为在一个数值中,小数点后的位数越多就越准确,或者在结果计算中,保留的数字位数越多准确度就越高的想法都是错误的,因此在数据处理中必须遵守下列基本规则:

(1)记录测量数值时,只保留一位可疑数字,在结果报告中,也只能保留一位可疑数字,不能列入后面无意义的数字。

(2)可疑数后面的数字可根据四舍五入或奇进偶舍的原则修约。

(3)数据相加减时,各数所保留的小数点后的位数,应与所给的各数中小数点后位数最少的相同。

(4)在乘除运算中,各因子保留的位数应以有效数字位数最少的为标准。

(5)在计算平均值时,若为 4 个或超过 4 个数相平均时,则平均值的有效数字可增加一位。

(6)在所有计算式中,常数、稀释倍数,以及乘数为 $\sqrt{2}$、1/3 等的有效数字,可认为无限制。

(7)表示分析方法的准确度与精密度时大都取 1～2 位有效数字。

(8)对常量组分测定一般要求分析结果为 4 位有效数字;对微量组分测定,一般要求分析结果为 2 位有效数字。通常以此报出分析结果。

2. 置信度与平均值的置信区间

在多次测定中,测定值 X 将随机地分布在其平均值 $\overline{X}$ 的两边,若以测定值的大小为横坐标,以其相应的重现的次数为纵坐标作图,可得到一个正态分布曲线,见图 2-1,曲线与横坐标 $-\infty$～$+\infty$ 所包围的面积,代表了具有各种大小的误差的测定值出现的概率的总和,设为 100%。由数字计算可知:

测定值在 $\overline{X}\pm\sigma$ 区间的占 68.27%;

测定值在 $\overline{X}\pm2\sigma$ 区间的占 95.45%;

测定值在 $\overline{X}\pm3\sigma$ 区间的占 99.73%。

由此可见，偏离平均值$\overline{X}$越大的测定值，出现的概率越小。这个概率我们称为置信度，而测定值所处的区间称置信区间。

四、提高分析结果准确度与精密度的方法

为了获得准确可靠的测定结果，必须提高分析检验的准确度和精密度，这就要求必须消除或减少分析检验过程中的系统误差和偶然误差。通常可以采取以下措施。

1. 选择合适的分析方法

各种分析方法的灵敏度（指检验方法和仪器所能测到的最低限度）和所能达到目的的准确度是不相同的。如质量分析及滴定分析，灵敏度虽然不高，但对高含量组分的测定能获得满意的结果，相对误差一般是千分之几。相反，对于低含量组分的测定，质量法和滴定法的灵敏度一般达不到。仪器分析法灵敏度较高，而相对误差较大，但对低含量组分允许有较大的相对误差，所以，这时采用仪器分析法是适宜的。一般工业分析中允许相对误差的大致范围，供选择分析方法时参考（表 2-5）。

表 2-5　一般工业分析的允许相对误差　%

含量	允许相对误差	含量	允许相对误差
80～90	0.4～0.1	20～40	1.0～0.6
40～80	0.6～0.4	10～20	1.2～1.0
5～10	1.6～1.2	0.01～0.1	50～20
1～5	5.0～1.6	0.001～0.01	100～50
0.1～1	20～5.0		

2. 正确选取样品量

样品量的多少与分析结果的准确度关系很大。在常量分析中，滴定量过多或过少都直接影响准确度。在比色分析中，含量与吸光度之间往往只在一定范围内呈线性关系，这就要求测定时读数在此范围内，并尽可能在仪器读数较灵敏的范围内，以提高准确度。这可以通过增减取样量或改变稀释倍数等来达到。

3. 对各种试剂、仪器、器皿进行鉴定或校正

各种计量测试仪器，如天平、温度计、分光光度计等，都应按规定定期送计量管理部门鉴定，以保证仪器的灵敏度和准确度。用作标准容量的容器或移液管等，最好经过标定，按校正值使用。各种标准试剂（尤其是容易变化的试剂）应按规定定期标定，以保证试剂的浓度或质量。

4. 增加测定次数

一般来说，测定次数越多，则平均值越接近真实值，结果就越可靠。但实际上不能对一个样品进行很多次测定，因为这会造成人力、物力和时间的浪费，而且往往是不必要的。一般每个样品应平行测定 2 次，误差在规定范围内，取其平均值计算。若误差较大，则应增加 1 次或 2 次测定。根据单次测定报告的结果是不可靠的。对于精密的测定还应当额外增加测定次数。

5. 做空白试验

在测定同时做空白试验，即在不加试样的情况下，按同样方法，在同样的条件下进行测定。在样品测定值中扣除空白值，就可以抵消许多未知因素的影响。如试剂及测定过程发生的干

扰或变化所造成的影响，可通过空白试验消除。

6. 做对照试验

在样品测定的同时，进行一系列标准溶液的对照测定。样品和标准品按完全相同的步骤、在完全相同的条件下进行测定，最后将结果进行比较。这样，也可以抵消许多未知因素的影响。

7. 做回收试验

在样品中加入已知量的标准物质，然后进行对照试验，看加入的标准物质能否定量地回收，根据回收率的高低可检验分析方法的准确度，并判断分析过程是否存在系统误差。

8. 标准曲线的回归

在用比色、荧光、色谱等方法分析时，常需配制一套标准系列，测定其参数（吸光度、荧光强度、峰高等），绘制参数与浓度之间的关系曲线，称为标准曲线。在正常情况下，标准曲线应该是一条穿过原点的直线。但在实际测定中，常出现偏离的情况，此时可用回归法求出该曲线的方程，就能最合理地代表此标准曲线。

利用回归法不仅可以求出回归方程，还可检验结果的可靠性。实际上可以应用回归方程进行测定结果的计算，而不必绘制标准曲线。

入职培训专题七

微生物检验

第一节　食品微生物检验样品的采集和处理

一、食品微生物检验样品的采集

在食品的检验中，样品的采集是极为重要的一个步骤。所采集的样品必须具有代表性。

1. 食品微生物检验的取样方案

采用什么样的取样方案主要取决于检验的目的。检验的目的可以是用食品卫生学微生物检验去判定一批食品合格与否，也可以是查找食物中毒病原微生物，还可以是鉴定畜禽产品中是否含有人兽共患病病原体等。目的不同，取样方案也不同。表 2-6 是我国的食品样品取样方案。

表 2-6　各种样品采集数量

检样种类	采样数量
进口粮油	粮：按三层五点法进行(表、中、下三层)； 油：重点采取表层和底层油，每增加 10 000 t，增加一个混样。
肉及肉制品	生肉：取屠宰后两腿内侧肌或背最长肌，100 g/只； 脏器：根据检验目的而定； 家禽：用棉拭子取样 50 cm^2，要在容器的不同部位取样。
乳及乳制品	生乳、消毒乳：1 瓶；奶酪：1 个；奶粉：1 袋或 1 瓶，大包装取 200 g； 奶油：1 包，大包装取 200 g；炼乳、酸奶：1 瓶或 1 罐； 淡炼乳：1 罐，每批样品按千分之一采样，不足千件者抽一件。
蛋品	全蛋粉、巴氏消毒全蛋粉、蛋黄粉、冰全蛋、冰蛋黄、冰蛋白：每件取 200 g，一日或一班生产的为一批，检验沙门菌按 5% 抽样，但每批不少于 3 个检样。测菌落总数、大肠菌群，每批按装听过程前、中、后流动取样 3 次，每次取样 50 g，每批合为一个样品。在装听时流动采样，检验沙门菌，每 250 g 取样一件。

续表 2-6

检样种类	采样数量
水产品	鱼:一条;虾:200 g;蟹:2 只;鱼松:1 袋; 贝壳类:按检验目的而定,不足 200 g 者加量。
罐头	a. 按生产班次取样,取样数为 1/3 000,尾数超过 1 000 罐者增取一罐,但每班每个品种取样基数不得少于 3 罐。 b. 若此产品生产量较低,则按班次产量总罐数 20 000 罐为基数,取样量为 1/3 000;超过 20 000 罐时,其取样数可为 1/10 000,尾数超过 1 000 罐者,增取一罐。 c. 个别产品生产量过少,同样品种、同规格者可合并班次取样,但并班总罐数不应超过 5 000 罐。每生产班次取样数不少于 1 罐,并班后取样不少于 3 罐。 d. 按杀菌锅取样,每锅采取一罐,但每批每个品种不得少于 3 罐,违反操作规程或卫生制度生产的罐头,应适当增加抽样数量。 e. 在仓库或商店储存的成批罐头中有变形、膨胀、凹陷、罐壁裂缝、生锈和破损等可疑情况时,应根据具体情况决定抽样数量。
冷冻饮品	冰棍:每批不得少于 3 件,每件不得少于 3 支; 冰激凌:原装 4 杯为一件,散装取 200 g; 食用冰块、散装饮料:500 g/mL 为一件;
饮料	汽水、果汁等:原装 2 瓶为一件,散装取 500 mL; 固体饮料:原装一袋,每班产量 20 万支以下者,一班为一批,20 万支以上者以工作台为一批,每批 3 件,每件 2 瓶。
调味品	酱油、酱类、醋等:原装一瓶,散装 500 mL; 味精:取 100 g,或取 1 袋; 冷食菜、豆制品,取 200 g。
糕点、果脯、糖果等	糕点、果脯:取 200 g; 糖果:取 100 g。
酒类	取 2 瓶为一件,散装取 500 mL。

2. 食品微生物检验的取样方法

按照上述采样方案,能采取最小包装的食品就采取完整包装,必须拆包装取样的应按无菌操作进行。不同类型的食品应采用不同的工具和方法进行取样。

(1)液体食品:充分混匀,用无菌操作开启包装,用 100 mL 无菌注射器抽取,注入无菌盛样容器。

(2)半固体食品:用无菌操作开启包装,用无菌勺子从不同部位挖取样品,放入无菌盛样容器。

(3)固体样品:大块整体食品应用无菌刀具和镊子从不同部位割取,割取时应兼顾表面与深部,注意样品的代表性,小块大包装食品应从不同部位的小块上切取样品,放入无菌盛样容器。

(4)冷冻食品:大包装小块冷冻食品按小块个体采取样品;大块冷冻食品可以用无菌刀从不同部位削取样品或用无菌小手锯从冰块上锯取样品,也可以用无菌钻头钻取碎屑状样品,放入无菌盛样容器。

另外，还应注意检验目的。若需检验食品污染情况，可取表层样品；若需检验其品质情况，应取深层样品。

二、食品微生物检验样品的预处理方法

由于食品检验样品种类繁多，来源复杂，各类预检样品并不是取来就能进行检验，要根据食品不同种类的不同性状，经过预处理后，制备成稀释液才能进行有关的各项检验。

1. 液体样品

液体样品指黏度不超过牛奶的非黏性食品，可直接用灭菌吸管准确吸取 25 mL 样品加入 225 mL 蒸馏水或生理盐水及有关检验的增菌液中，制成 1∶10 的稀释液。吸取前要将样品充分混合，取样的吸管插入样品的深度一般不要超过 25 mm。除此之外，在开瓶、开罐等打开样品容器时，一定要注意表面消毒，无菌操作。用点燃的酒精棉球烧灼瓶口灭菌，用苯酚纱布盖好，再用灭菌开瓶器将盖启开。含有 CO_2 的液体饮料先倒入灭菌的小瓶中，之后覆盖灭菌纱布，轻轻摇荡，待无气体后再进行检验。酸性食品用 10%灭菌的 $NaCO_3$ 调 pH 至中性后再进行检验。

2. 半固体或黏性液体样品

此类样品无法用吸管吸取，可用灭菌容器称取检样 25 g，加入预温至 45 ℃的灭菌生理盐水或蒸馏水 225 mL 中，摇荡溶解或使用恒温振荡器溶解，溶解后尽快检验。从样品稀释到接种，一般不要超过 15 min。

3. 固体样品

固体食品的处理相对较复杂，处理方法主要有以下几种：

(1)捣碎均质方法：将 100 g 或 100 g 以上的样品剪碎混匀，从中取 25 g 放入带有 225 mL 稀释液的无菌均质杯中，以 8 000～10 000 r/min 的转速均质 1 min。这是对大部分食品样品都适用的方法。

(2)剪碎振摇法：将 100 g 或 100 g 以上的样品剪碎混匀，从中取 25 g 进一步剪碎，放入带有 225 mL 稀释液和适量直径 5 mm 左右玻璃珠的稀释瓶中，盖紧瓶盖，用力快速振摇 50 次，振幅不小于 40 cm。

(3)研磨法：将 100 g 或 100 g 以上的样品剪碎混匀，取 25 g 放入无菌研钵中充分研磨后再放入带有 225 mL 无菌稀释液的稀释瓶中，盖紧盖后充分摇匀。

(4)整粒振摇法：有完整自然保护膜的颗粒状样品(如蒜瓣、青豆等)，可以直接称取 25 g 整粒样品置入带有 225 mL 无菌稀释液和适量玻璃珠的无菌稀释瓶中，盖紧瓶盖，用力快速振摇 50 次，振幅在 40 cm 以上。

三、送检

样品处理好后，应尽快检验。

第二节　常用微生物检验器皿

一、玻璃器皿的洗涤

微生物学实验中，常有的玻璃器皿、三角烧瓶、试管、吸管等，洗涤是否干净，灭菌是否彻

底，对实验结果的正确性有直接的影响。洗涤后的器皿应达到玻璃壁能被水均匀润湿而无条纹和水珠。

1. 新玻璃器皿的洗涤

新玻璃器皿常略带碱性，使用前应先用1%～2% HCl溶液（体积分数）浸泡数小时或过夜，再用洗衣粉或洗洁精洗涤，然后用清水洗净，必要时再用蒸馏水冲洗，倒立于晾干架上或烘干。

2. 一般玻璃器皿的洗涤

一般器皿用完后，立即用洗洁精浸泡，用毛刷刷洗，并用清水冲净。如沾有细菌培养物的器皿应进行高压灭菌后再刷洗。灭菌前不要随意堆放。

3. 难洗器皿的洗涤

难洗的器皿不要与易洗涤的器皿混在一起。有油的器皿不要与无油的器皿混在一起，否则使本来无油的器皿也沾上油污，浪费洗涤剂和时间。

二、器皿的包扎

为了使灭菌后仍保持无菌状态，各种玻璃器皿均需包扎。

1. 培养皿

洗涤烘干后的培养皿每5～8套作为一包，用牢固的纸卷成一筒，外面用绳子捆扎，以免散开，然后进行灭菌。至使用时才能在无菌室中打开取出。

2. 吸管

洗净烘干后的吸管，在吸管的粗头顶端用尖头镊子或针塞入少许脱脂棉花，约1.5 cm长，以防止菌体误吸入口中或口中的微生物吹入吸管而进入培养物中造成污染。塞入棉花的量要适宜，棉花不宜露在吸管外面，多余的棉花可用酒精灯的火焰烧掉。每根吸管用一条宽4～5 cm的纸条，以45°左右的角度螺旋形卷起来。吸管的尖端在头部，吸管的另一端用剩余的纸条折叠打结以免散开，标上容量。灭菌后，使用时从吸管中间拧断纸条抽取吸管，或用双层白棉布做成长度适宜的袋子，若干支吸管装成一袋，吸管的尖端在布袋的封口处，吸口在袋口处，装好后将袋口扎紧，灭菌。

注意：布袋装吸管时不宜用加热灭菌法灭菌。

3. 试管和三角烧瓶

试管要用合适的硅胶塞，硅胶塞起过滤作用，避免空气中的微生物进入试管。要求使硅胶塞紧贴玻璃壁，没有皱纹和缝隙，不能过紧也不能过松。过紧易挤破管口，过松易掉落和污染。棉花塞的长度不小于直径的2倍，约2/3塞进管中。若干支试管用绳扎在一起，在棉花塞部分用牛皮纸包裹，在纸外用绳扎紧后灭菌。每个三角瓶用双层牛皮纸将瓶口包裹然后用棉绳扎紧。

三、无菌操作的基本原则

1. 无菌室应当经常打扫，用来苏儿擦洗桌面、台面及墙壁。无菌室在使用前，用紫外线灯照射30 min进行空气消毒。

2. 进入无菌室前先洗手，在缓冲间内换上干净并经紫外线灯照射过的工作衣、工作帽、口罩及工作鞋。工作鞋只准在无菌室内使用，不准穿到其他地方去。

3. 样品及无菌物打开后，操作者在操作时应与样品及无菌物保持一定的距离；未经消毒的手及物品不可直接接触样品及无菌样品；样品及无菌物不可在空气中暴露过久，操作要正确、迅速；取样时必须用无菌钳或无菌镊子，手臂不可从样品及无菌物面上横过；从无菌容器中或样品中取出的物品即使未被污染，也不能放回原处。

4. 无菌物品应分类放置于固定地点，并定期检查，不可与未灭菌的物品混放在一起。

5. 不能在无菌室内闲聊，尽量少走动。

6. 无菌室应定期熏蒸消毒。

第三节　微生物检验常用仪器

一、电热恒温水浴锅

1. 使用方法

(1)关闭放水阀门，水浴箱内注入清水至适当深度。

(2)安装地线，接通电源线。

(3)调节调温旋钮到适当位置。

(4)开启电源，红灯亮显示电阻丝通电加热。

(5)电阻丝加热后温度计的指数上升到离预定温度约 2 ℃时，应反向转动调温旋钮至红灯熄灭，此后红灯不断熄灭和亮起，表示温控系统在起作用，这时再略微调节调温旋钮即可达到预定温度。

2. 注意事项

(1)水位要保持不低于电热管，否则会烧坏电热管。

(2)控制箱内部不可受潮湿，以防漏电。

(3)使用时注意水箱是否有渗漏现象。

二、培养箱

培养箱也称保温箱，是培养微生物的主要仪器。

操作与维护方法：

(1)先开箱门，接通电源，加热到所需温度，待用。

(2)箱内不应放入过热或过冷之物，取放物品时，应随手关闭箱门，以维持恒温。

(3)箱内可放入装水容器一只，以维持箱内湿度和减少培养物中的水分蒸发。

(4)培养箱最底层温度较高，培养物不应直接与之接触。箱内培养物不应放置过挤，以保证受热均匀。各层金属孔架上放置物品不应过重，以免将金属孔架压弯，使培养标本滑脱、打碎。

(5)可每月进行箱内消毒一次。方法为断电后先用 3%(体积分数)的来苏儿溶液涂布消毒，再用蘸清水的抹布擦净。

(6)培养用恒温箱，不准作烘干衣帽等其他用途。

三、超净工作台

超净工作台是一种局部层流(平行流)装置，它能在局部形成高洁净度的环境。超净工作台的操作方法与注意事项如下：

1. 超净工作台用三相四线 380 V 电源，通电后检查风机转向是否正确，风机转向不对，则风速很小，将电源输入线做调整即可。

2. 使用前 30 min 打开紫外线杀菌灯，对工作区域进行照射，把细菌、病毒全部杀死。

3. 使用前 10 min 将通风机启动。台面用海绵或白纱布擦干净。

4. 操作时把控制按钮拨在照明处，操作室杀菌灯即熄灭。

5. 操作区为层流区，因此物品的放置不应妨碍气流的正常流动，工作人员应尽量避免做能扰乱气流的动作，以免造成污染。

6. 操作者应穿着洁净工作服、工作鞋，戴好口罩。

7. 工作完毕后停止风机运行，把防尘门放下。

8. 使用过程如发现问题应立即切断电源，报修理人员检查维修。

9. 超净工作台安装的地方应远离有震动及噪声大的地方，以防止震动对它的影响，若周围有震动，应采取措施。

10. 搬运时必须十分小心，防止碰撞，并注意将通风机底座托起，以免损伤。

四、显微镜

1. 光学显微镜的构造

显微镜的基本构造包括光学部分和机械部分。

(1)光学部分

①目镜：装在镜筒上端，其上刻有放大倍数，常用的有 5 倍(5×)、10 倍(10×)及 15 倍(15×)。为了指示物像，镜中可自装黑色细丝一条，作为指针。

②物镜：显微镜最主要的光学装置位于镜筒下端。普通光学显微镜一般装有三个物镜，分别为低倍镜(4～10 倍)、高倍镜(40～45 倍)和油镜 (90～100 倍)。各物镜的放大倍数也可由外形辨认，镜头长度越长，放大倍数越大；反之，放大倍数越小。

③集光器：位于载物台下方，可上下移动，起调节和集中光线的作用。

④反光镜：装在显微镜下方，有平凹两面，可自由转动方向，以便将最佳光线反射至集光器。

(2)机械部分

①镜座：用来支持显微镜，呈马蹄形，在显微镜的底部。

②镜臂：在镜座上面和镜筒后面，呈圆弧形，为显微镜移动时的握持部分。

③镜筒：在显微镜的前方上部，是一个金属制空心圆筒，光线可从此通过。圆筒的上端可插入目镜。

④旋转器：在镜筒下端与螺纹口相接，有 3～4 个孔，用于装备不同放大倍数的物镜。

⑤载物台：在镜筒下方，呈圆形或方形，中间有孔可透过光线。台上有用来固定标本的弹簧夹，弹簧夹连接推进器，捻动其上的螺旋，能使标本前后左右移动。

⑥升降调节器：在镜筒后方两侧，分粗、细调节两组，用来调节镜筒高低位置，使物镜聚焦准确。

⑦倾斜开关：介于镜臂和镜座之间，为镜筒做前后变化时的支撑点。

⑧光圈：在集光器下方，可以任意开闭，用来调节射入集光器的光线。

⑨次台:位于载物台下,次台上安有集光器、光圈。

2. 光学显微镜的工作原理

普通光学显微镜利用目镜和物镜两组透镜系统来放大成像。一般微生物检验使用的显微镜有三个物镜,其中油镜对微生物检验最为重要。油镜的分辨力可达到 0.2 μm 左右。大部分细菌的直径在 0.5 μm 以上,所以油镜更能看清细菌的个体形态。

3. 暗视野显微镜的原理

暗视野显微镜的名称源于它使用一种特殊的暗视野聚光器。在此聚光器中央有一光挡。使光线仅由边缘进入并汇聚于载玻片上,斜照物体,使物体表面的反射光进入物镜。所以我们在黑暗的背景中看到的只是物体受光的侧面,是它边缘发亮的轮廓。

使用暗视野显微镜的时候,只需将光学显微镜上的聚光器取下,换上暗视野聚光器即可。暗视野显微镜的分辨力比普通光学显微镜大。暗视野显微镜适于观察视野中由于反差过小不易观察而折射率很强的物体,以及观察一些小于显微镜分辨极限的微小颗粒或鞭毛等。故常用于观察未染色活菌的运动和鞭毛。

4. 显微镜的使用

(1)观察前的准备

显微镜的使用应按以下顺序进行:安置→调光源→调目镜→调聚光器→低倍镜→高倍镜→油镜→擦镜→复原

①显微镜的安置:置显微镜于平整的实验台上,镜座距实验台边缘约 10 cm,镜检时检验员姿势要端正。

②光源调节:镜座内装有光源灯,可通过调节电压获得适当的照明亮度。使用反光镜采集自然光或灯光作为照明光源时,应根据光源的强度及所用物镜的放大倍数选用凹面或平面反光镜并调节其角度,使视野内光线均匀、亮度适宜。

③双筒显微镜的目镜调节:根据使用者的个人情况,双筒显微镜的目镜间距可以适当调节,而左目镜上一般还配有屈光度调节环,可以适应眼距不同或两眼视力有差异的不同观察者。

④聚光器数值孔径的调节:正确使用聚光镜才能提高镜检效果。聚光镜的主要参数是数值孔径,它有一定的可变范围。一般聚光镜边框上的数字代表它的最大数值孔径,通过调节聚光镜下面可变光栏的开放程度,可以得到各种不同的数值孔径,以适应不同物镜的需要。

(2)显微观察:进行显微观察时应遵守从低倍镜到高倍镜再到油镜的观察顺序。

①低倍镜观察:将金黄色葡萄球菌染色标本玻片置于载物台上,用标本夹夹住,移动推进器使观察对象处在物镜的正下方。下降 10 倍物镜,使其接近标本,用粗调节器慢慢升起镜筒,使标本在视野中初步聚焦,再用细调节器调节使物像清晰。通过玻片夹推进器慢慢移动玻片,认真观察标本各部位,找到合适的目的物,仔细观察并记录所观察到的结果。

②高倍镜观察:在低倍镜下找到合适的观察目标,并将其移至视野中心后,将高倍镜移至中心位置。对聚光器光圈及视野亮度进行适当调节后微调细调节器使物像清晰,利用推进器移动标本找到需要观察的部位,并移至视野中心仔细观察或准备用油镜观察。

③油镜观察:在高倍镜或低倍镜找到要观察的样品区域后,用粗调节器将镜筒升高,然后将油镜转到工作位置。在待观察的样品区域加一滴香柏油,从侧面注视,用粗调节器将镜筒小心地降下,使油镜浸在油中,并几乎与标本接触时止(注意:切不可使油镜压到标本,否则不仅

压碎玻片，还会损坏镜头）。将聚光器升至最高位置并开足光圈（若所用聚光器的数值孔径值超过 1.0，还应在聚光镜与载玻片之间也加一滴香柏油，保证其达到的效能），调节照明使视野的亮度合适，用粗调节器将镜筒徐徐上升，直至视野中出现物像并用细调节器使其清晰为止。

（3）显微镜用后的处理及维护

①上升镜筒，取下载玻片。先用擦镜纸擦去镜头上的油，再用擦镜纸蘸取少许二甲苯擦去镜头上的残留油迹，然后用擦镜纸擦去残留的二甲苯，最后用绸布清洁显微镜的金属部件。将各部分还原，反光镜垂直于镜座，将物镜转成"八"字形，再向下旋。同时把聚光镜降下以免接物镜与聚光镜发生碰撞，套上镜套，放回原处。

②显微镜是很贵重和精密的仪器，使用时要十分爱惜，各部件不要随意拆卸。搬动显微镜时应一手托镜座，一手握镜臂，放于胸前，以免损坏。

③显微镜放置的地方要干燥，以免镜片生霉；也要避免灰尘，在箱外放置暂时不用时，要用纱布等盖住镜体。显微镜应避免阳光暴晒，并须远离热源。

第四节　无菌操作

一、消毒与灭菌

1. 灭菌

杀灭物体中或物体上所有微生物（包括病原微生物和非病原微生物）的繁殖体和芽孢的过程称为灭菌。灭菌的方法有物理灭菌法和化学灭菌法两种。

2. 消毒

用物理、化学或生物学的方法杀死病原微生物的过程称为消毒。具有消毒作用的药物称为消毒剂。一般消毒剂在常用浓度下，只对细菌的繁殖体有效，对于细菌芽孢则无杀灭作用。

3. 防腐

防止或抑制微生物生长繁殖的方法称为防腐。用于防腐的药物称为防腐剂。某些药物在低浓度时是防腐剂，在高浓度时则为消毒剂。

4. 无菌及无菌操作

无菌是指物体中没有活的微生物存在。防止微生物进入人体或物体的操作方法，称为无菌技术或无菌操作。

食品微生物的检验操作，必须在无菌环境中用无菌操作进行。

二、常用的灭菌方法

（一）加热灭菌

加热灭菌是通过高温使菌体内蛋白质变性凝固、酶失活，从而达到杀菌的目的。蛋白质的凝固变性与其自身含水量有关，含水量越高，其凝固所需要的温度越低。

加热灭菌法包括湿热灭菌和干热灭菌两种。在同一温度下，湿热灭菌的效力比干热灭菌大，湿热灭菌的穿透力比干热灭菌强，可增加灭菌的效力；湿热灭菌的蒸汽有潜热存在，这种潜热能迅速提高被灭菌物体的温度。

1. 干热灭菌法

通过使用干热空气杀灭微生物的方法叫干热灭菌法。一般是把带菌的物品包装好后，放入干燥箱中加热至160 ℃，维持2 h。常用于空玻璃仪器、金属器具的灭菌。凡带有橡胶的物品、液体及固体培养基等都不能用此法进行灭菌。

(1)灭菌前的准备：玻璃仪器等在灭菌前必须经正确包裹和加塞，以保证玻璃仪器灭菌后不被外界杂菌所污染。

常用玻璃仪器包装和加塞的方法：平皿用纸包扎或装在金属平皿筒内；三角瓶在棉塞与瓶口外再包以厚纸，用棉绳以活结扎紧，以防灭菌后瓶口被外界杂菌所污染；吸管用拉直的曲别针将棉花轻轻地捅入管口，松紧必须适中，管口外露的棉花可统一通过火焰烧去，灭菌时将吸管装入金属筒内进行灭菌，也可用纸条斜着从吸管尖端包起，逐步向上卷，头端的纸条捏扁并拧几下，再将包好的吸管集中灭菌。

(2)干燥箱灭菌：将包扎好的物品放入干燥箱内，注意不要摆放太密，以免妨碍空气流通；不得使器皿与烘箱的内层底板直接接触。将烘箱的温度升至160 ℃并恒温2 h，注意勿使温度过高，若超过170 ℃，器皿外包裹的纸张、棉花会被烧焦。如果是为了烘干玻璃仪器，温度为120 ℃持续30 min即可。温度降至50～60 ℃时方可打开箱门，取出物品，否则玻璃仪器会因骤冷而爆裂。

另外，被污染的纸张、实验用动物尸体等无经济价值的物品可以焚烧掉；对于接种环、接种针或其他金属用具等耐燃物品，可用火焰灼烧灭菌法直接在酒精灯火焰上烧至红热进行灭菌，灭菌迅速彻底。此外，在接种的过程中，试管或三角瓶口，也可采用灼烧灭菌法通过火焰灼烧而达到灭菌的目的。

2. 湿热灭菌法

常用的湿热灭菌法有巴氏消毒法、煮沸消毒法、流通蒸汽消毒法及高压蒸汽灭菌法。

(1)巴氏消毒法：某些物质在高温下易被破坏，巴斯德首先提出把液体物质在较低的温度下进行消毒，这样既可杀死液体中致病菌的繁殖体，又不破坏液体物质中原有的营养成分。牛奶或酒类常用此法消毒。典型的温度、时间的组合有两种：一种是61.1～62.8 ℃，30 min；另一种是72 ℃，15～30 min，现多用后一种。

(2)煮沸消毒法：此方法适用于器材、器皿、衣物及小型日用物品的消毒。

(3)间歇灭菌法：此方法适用于不宜高温灭菌的物质，如不耐热的药品、含血清的培养基等。为了消灭其中的芽孢，须用间歇灭菌法。方法是用阿诺氏灭菌器、水浴锅或蒸笼100 ℃加热约30 min，每天进行一次，连续两天。为了达到彻底灭菌，可照上法再进行第三次加热，这样所有的芽孢将被全部杀死。必要时，加热温度可低于100 ℃(如75～95 ℃)，而延长每次加热的时间至30～60 min，或增加加热次数，也可收到同样的效果。

(4)高压蒸汽灭菌法：高压蒸汽灭菌是微生物实验中最常用的灭菌方法。这种灭菌方法是利用水的沸点随着蒸汽压力的升高而升高的原理。当蒸汽压力达到103.4 kPa时，水蒸气的温度升高到121 ℃，经15～20 min，可全部杀死锅内物品上的各种微生物和它们的孢子或芽孢。此法适用于耐高温而又不怕蒸汽的物品的灭菌，一般培养基和敷料、生理盐水、耐热药品、金属器材、玻璃仪器以及传染性标本和工作服等都可应用此法灭菌。

(二)过滤除菌法

凡不能耐受高温或化学药物灭菌的药液、毒素、血液等，可使用过滤除菌法除菌。

（三）紫外线杀菌法

日光中杀菌的主要成分是紫外线。紫外线波长 10～400 nm，具有杀菌作用，其中以 253.7 nm 的作用最强，这与 DNA 的吸收光谱范围一致。紫外线的穿透力不强，普通玻璃、尘埃、水蒸气均能阻挡紫外线，故只能用于手术室、无菌室等的空气消毒，也可用于不耐热物品或包装材料的表面消毒。在消毒照射时，工作人员应佩戴防护镜，以防紫外线损害角膜而引起急性角膜炎。

三、常用的消毒灭菌试剂

实验室中常用的消毒灭菌化学试剂见表 2-7。

表 2-7 实验室中常用的消毒灭菌化学试剂

类别	试剂	常用浓度	用途
烷化剂	福尔马林（甲醛）	370～400 g/L	熏蒸空气（接种室、培养室）2～6 mL/m^3
去污剂	新洁尔灭肥皂	1 g/L	皮肤及器皿消毒；浸泡用过的玻片
碱类	烧碱（NaOH）	40 g/L	病毒性传染病
	石灰水[$Ca(OH)_2$]	10～30 g/L	粪便消毒，畜舍消毒
酸类	无机酸（如 HCl）	2%（质量分数）	玻璃器皿的浸泡
	有机酸（如乳酸）	80%（体积分数）	熏蒸空气，1 mL/m^3
	乙酸	20%（质量分数）	熏蒸空气，3～5 mL/m^3
	食醋	20%（质量分数）	熏蒸空气，预防流感
酚类	苯酚	3%～5%（质量分数）	室内喷雾消毒，擦洗被污染的桌，地面
	来苏儿	3%～5%（体积分数）	皮肤消毒，浸泡用过的吸管等玻璃器皿
醇类	乙醇	70%～75%（体积分数）	皮肤消毒（对芽孢无效）或器皿表面消毒
氧化剂	$KMnO_4$	1～30 g/L	皮肤，水果，茶具消毒
	漂白粉	10～50 g/L	洗刷培养室，饮水消毒（对噬菌体有效）
染料	结晶紫	20～40 g/L	体表及伤口消毒

四、影响灭菌与消毒的因素

1. 微生物的特性

不同的微生物对热的抵抗力和对消毒剂的敏感性不同，细菌、酵母菌的营养体、霉菌的菌丝体对热较敏感，放线菌、酵母、霉菌的孢子比营养细胞耐热性强。

不同菌龄的细胞，其耐热性、抗毒力也不同，在同一温度下，对数生长期的菌体细胞耐热性、抗毒力较小，稳定期的老龄细胞抗性较强。

2. 灭菌处理剂量

灭菌处理剂量是指处理强度和处理方法对微生物的作用时间。所谓强度，在加热灭菌中指灭菌的温度；在辐射灭菌中指辐射的剂量；在化学药剂消毒中指的是药物的浓度，一般来说，强度越高，作用时间越长，对微生物的影响越大，灭菌越彻底。

3. 微生物污染程度

待灭菌的物品中含菌数较多时，灭菌也较困难，灭菌所采用的时间和强度均应增加。这是因为微生物群集在一起，加强了机械保护作用，而且抗性强的个体增多，也增加了灭菌的难度。

4. 温度

温度越高，灭菌效果越好。菌液被冰冻时，灭菌效果则显著降低。

5. 湿度

熏蒸消毒、喷洒干粉、喷雾都与空气的相对湿度有关。相对湿度合适时，灭菌效果最好。此外，在干燥的环境中，微生物常被介质包裹而受到保护，使电离辐射的作用受到限制，这时必须加强灭菌所需的电离辐射剂量。

6. 酸碱度

大多数的微生物在酸性或碱性溶液中比在中性溶液中容易被杀死。

7. 介质

微生物所依附的介质对灭菌效果的影响较大。介质成分越复杂，灭菌所需的强度越大。

8. 穿透条件

杀菌因子只有同微生物细胞接触，才可以发挥作用。在灭菌时，必须创造穿透条件，保证杀菌因子的穿透，例如，湿热蒸汽的穿透能力比干热蒸汽强，环氧己烷的穿透能力比甲醛强。

9. 氧

氧的存在能加强电离辐射的杀菌作用。当有氧存在时，氢可与氧产生有强氧化作用的 H_2O_2，与无氧照射时相比，杀菌作用要强 2.5～4 倍。

五、微生物的接种和培养

将微生物的纯种或含有微生物的材料（如水、食品、空气、土壤、排泄物等）转移到培养基上的过程叫微生物接种。经微生物接种后的培养基被放置在一定环境条件下，使微生物在培养基上生长繁殖，这一过程称为微生物的培养。

1. 微生物的接种方法

（1）涂布法：将纯菌或含菌材料（包括固形物或液体）均匀地分布在固体培养基表面，或者将含菌材料在固体培养基的表面仅做局部涂布，然后再用划线法使它分散在整个培养基的表面。

（2）划线法：将纯菌或含菌材料用微生物接种法在固体培养基表面进行划线，使微生物细胞能分散在培养基的表面，并在培养基表面起稀释作用，即在培养基的单位面积内的接种量从多量逐渐依次减少为少量。划线法是进行微生物分离时的一种常规接种法。

（3）倾注法：取少许纯菌或少许纯菌材料（一般是液体材料），先放入培养皿中，而后倾入已溶化并冷却至 46 ℃左右含有琼脂的灭菌培养基，与含菌材料均匀混合后，冷却使其凝固。

（4）点植法：将纯菌或含菌材料用接种针在固体培养基表面的几个点接触一下。点植法常用于霉菌的接种。

（5）穿刺法：用接种针使微生物纯种经穿刺而进入培养基中。穿刺法常应用于半固体深层培养基，通过穿刺进行培养，有助于探知这种菌种对氧的需要情况以及有无动力产生。

（6）浸洗法：用接种针挑取接种材料后，即插入液体培养基中，将菌体洗入培养基内。有时也可将某些固形含菌材料直接浸入培养液中，把附着在表面的菌体洗下。

(7)活体接种：活体接种应用于病毒培养，因为病毒必须接种在生活的组织细胞中才能生长繁殖。如果要分离某些病原微生物或检查某些病原微生物的致病特性以及进行毒力测定时，一般用活的动物进行接种。

2. 微生物的培养

人工培养微生物的过程中，除了供给一定的营养物质外，还必须提供微生物生长繁殖的条件，但因不同种类的微生物需要的条件不完全相同，所以就有好氧培养、厌氧培养等不同的方式。

(1)好氧培养：对好氧微生物的培养必须在有氧的环境中进行，在实验中，液体或固体培养基经接种微生物后，一般将其置于保温箱中，在有氧的条件下培养。有时为了加快繁殖的速度或进行大量的液体培养时，可用通气搅拌或振荡的方法来充分供氧，但通入的空气必须经过净化或无菌处理。

(2)厌氧培养：培养厌氧微生物时，要除去培养基中的氧或使氧化还原点位降低，并在培养过程中一直保持与外界氧隔绝以使厌氧微生物生长。在培养中保持无氧环境的方法有物理除氧、化学除氧和生物除氧。

第三部分

学徒工作学习任务

The third part

The third part

The third part

The third part

项目一
小麦粉检测

一、定义

1. 小麦粉：由小麦经过碾磨制粉，部分或全部去除麸皮和胚，用于制作面制食品的产品。
2. 加工精度：小麦粉中残留麸皮碎片的程度。
3. 精制粉：加工精度高，麸皮碎片小，含量少，且灰分含量不高于0.7%的小麦粉。
4. 标准粉：加工精度中等，麸皮碎片较小，含量较少，且灰分含量不高于1.1%的小麦粉。
5. 普通粉：加工精度低，麸皮碎片大，含量多，且灰分含量不高于1.6%的小麦粉。

二、小麦粉的检验项目和质量指标

（一）小麦粉的检验项目

小麦粉的发证检验、监督检验、出厂检验分别按照表3-1中所列出的相应标准进行。

表3-1　小麦粉质量检验项目表

序号	检验项目	依据标准
1	加工精度	GB/T 5504 或 GB/T 27628
2	色泽、气味	GB/T 5492
3	水分含量	GB 5009.3
4	灰分含量	GB 5009.4 或 GB/24872
5	外观形态	GB/T 1355
6	含砂量	GB/T 5508
7	脂肪酸值	GB/T 5510 或 GB/T 15684
8	磁性金属物	GB/T 5509
9	湿面筋含量	GB/T 5506.1 或 GB/T 5506.2

（二）小麦粉的质量指标

小麦粉的质量指标见表3-2。

表 3-2 小麦粉的主要质量指标

项目	质量指标		
	精制粉	标准粉	普通粉
加工精度	按标准样品或仪器测定对照检验麸星		
外观形态	粉状或微粒,无结块		
色泽、气味	正常		
水分含量/%	≤14.5		
含砂量/%	≤0.02		
脂肪酸值(湿基,以 KOH 计)/(mg/100 g)	≤80		
灰分含量(以干基计)/%	≤0.7	≤1.10	≤1.60
磁性金属物/(g/kg)	≤0.003		
湿面筋含量/%	≥22.0		

任务一 小麦粉中水分含量的测定

【任务目标和质量要求】

1. 熟悉小麦粉中水分含量的质量指标,能根据检测结果判断产品是否合格。

2. 熟知小麦粉中水分含量测定的国家标准,培养实事求是、遵规守纪、科学严谨的职业品质。

3. 掌握分析天平、鼓风干燥箱、干燥器的正确使用方法,培养学生认真负责的实验态度和严谨规范的操作能力。

4. 掌握数据记录及数据处理的方法,培养学生耐心细致、一丝不苟、严谨务实的工作态度。

【学习产出目标】

1. 学会使用直接干燥法测定小麦粉中水分含量。

2. 完成小麦粉中水分含量测定的检测报告,并通过企业师傅的考核。

【专业知识准备】

1. 原理

利用食品中水分的物理性质,在 101.3 kPa(1 个标准大气压),温度 101～105 ℃下采用挥发法测定样品中干燥减失的质量,包括吸湿水、部分结晶水和该条件下能挥发的物质,再通过干燥前后的称量数值计算出水分的含量。

2. 仪器和用具

(1)扁形铝制或玻璃制称量瓶。

(2)电热恒温干燥箱。

(3)干燥器:内附有效干燥剂。

(4)分析天平:感量 0.1 mg。

【工作程序】

1. 称量瓶的恒重

取洁净铝制或玻璃制的扁形称量瓶,置 101～105 ℃干燥箱中,瓶盖斜支于瓶边,加热 1.0 h,取出盖好,置干燥器内冷却 0.5 h,称量,并重复干燥至前后两次质量差不超过 2 mg,即为恒重。

2. 样品的恒重

称取 2～10 g 混合均匀的试样(精确至 0.000 1 g)置于称量瓶中,试样厚度不超过 5 mm,加盖,精密称量后置于 101～105 ℃干燥箱中,瓶盖斜支于瓶边,干燥 2～4 h,盖好取出,放入干燥器内冷却 0.5 h 后称量。然后再放入 101～105 ℃干燥箱中干燥 1 h 左右,取出,放入干燥器内冷却 0.5 h 后再称量。重复以上操作至前后两次质量差不超过 2 mg,即为恒重,读取称量瓶和试样干燥后的质量(m_2)。

3. 结果计算

试样中的水分含量按下式计算:

$$X=\frac{m_1-m_2}{m_1-m_3}\times 100$$

式中:

X—— 试样中的水分含量,%;

m_1—— 称量瓶和试样的质量,g;

m_2—— 称量瓶和试样干燥后的质量,g;

m_3—— 称量瓶的质量,g;

100 ——换算系数。

结果表示:水分含量≥1%时,计算结果保留三位有效数字;水分含量<1%时,计算结果保留两位有效数字。

精密度:在重复性条件下获得的两次独立测定结果的绝对差值不得超过算术平均值的 10%。

【注意事项】

1. 本法测得的水分还包括微量的芳香油、醇、有机酸等挥发性物质。

2. 测定过程中,称量瓶从干燥箱取出后,应迅速放入干燥器内冷却,否则不易达到恒重。

3. 干燥器内一般用硅胶作干燥剂,硅胶吸湿后效能会降低,故当硅胶蓝色变浅或变红时,需及时换出,置 135 ℃下烘 2～3 h 使其再生后再用。

4. 水分蒸发完全与否,只能依靠恒重来判断。恒重是指两次称量的质量差不超过 2 mg,依食品种类和测定要求而定。

5. 测定水分后的试样,可供测脂肪或灰分含量用。

【工作任务实施记录与评价】

1. 原始记录

原始记录					
样品名称		检测项目	水分	检测依据	
仪器名称及编号		电子分析天平			环境温度： ℃
		电子恒温干燥箱			相对湿度： %
平行测定		1	2		3(备用)
称量瓶的质量/g					
称量瓶＋试样的质量/g					
称量瓶＋试样烘至恒重/g					
测定结果/%					
平均值/%					
标准值/%					
单项结论		□ 合格　　□ 不合格			
计算公式		$X=\frac{m_1-m_2}{m_1-m_3}\times 100$			
校核		检测		检测日期	

2. 学徒关键职业能力评价

评价项目	标准分值	评定值
天平的使用是否正确规范	10	
称量方法是否正确	10	
电热恒温鼓风干燥的操作是否正确	10	
原始数据的记录是否准确	10	
计算及数据处理是否准确	20	
实验误差是否在允许范围之内	20	
操作熟练程度	10	
是否做到文明操作	5	
是否注意操作安全	5	
总体评价		

3. 学徒职业品质、工匠精神评价

项目	标准分值	评定值
工作态度	15	
吃苦耐劳	15	
团队协作	10	
沟通交流	15	
学习钻研	15	
认真负责	15	
诚实守信	15	
总体评价		

任务二　小麦粉中灰分含量的测定

【任务目标和质量要求】

1. 熟悉小麦粉中灰分含量的质量指标，能根据检测结果判断产品是否合格。

2. 熟知小麦粉中灰分含量测定的国家标准，培养遵规守纪、科学严谨的职业品质。

3. 掌握分析天平、电热板、高温炉、干燥器的正确使用方法，培养学生执着专注、精益求精的工匠精神，强化学生的安全意识。

4. 掌握数据记录及处理的方法，培养学生实事求是、一丝不苟、严谨认真的科学态度。

【学习产出目标】

1. 学会小麦粉中灰分含量测定的操作方法。

2. 完成小麦粉中灰分含量测定的检测报告，并通过企业师傅的考核。

【专业知识准备】

1. 原理

食品经灼烧后残留的无机物质称为灰分。灰分含量可通过灼烧、称重并计算得出。

2. 仪器和设备

(1)高温炉：最高使用温度≥950 ℃。

(2)分析天平：感量为 0.000 1 g。

(3)石英坩埚或瓷坩埚。

(4)干燥器(内有干燥剂)。

(5)电热板。

【工作程序】

1. 坩埚恒重

取大小适宜的石英坩埚或瓷坩埚置高温炉中，在 550 ℃±25 ℃下灼烧 30 min，冷却至

200 ℃左右，取出，放入干燥器中冷却 30 min，准确称量。重复灼烧至前后两次称量相差不超过 0.5 mg 为恒重。

2. 称样

灰分含量小于或等于 10％的试样称取 3～10 g(精确至 0.000 1 g)，对于灰分含量更低的样品可适当增加称样量。

3. 样品测定

先在电热板上以小火加热使试样充分炭化至无烟，然后置于高温炉中，在 550 ℃±25 ℃下灼烧 4 h，冷却至 200 ℃左右，取出，放入干燥器中冷却 30 min，称量前如发现灼烧残渣中有炭粒时，应向试样中滴入少许水湿润，使结块松散，蒸干水分并再次灼烧至无炭粒即表示灰化完全，方可称量。重复灼烧至前后两次称量相差不超过 0.5 mg 为恒重。

4. 结果计算

小麦粉中灰分的含量按下式计算：

$$X=\frac{m_1-m_2}{m_3-m_2}\times 100$$

式中：

X—— 试样中灰分的含量，％；

m_1—— 坩埚和灰的质量，g；

m_2—— 坩埚的质量，g；

m_3—— 坩埚和试样的质量，g；

100 —— 换算系数。

结果表示：试样中灰分含量≥10％ 时，保留三位有效数字；试样中灰分含量＜10％ 时，保留两位有效数字。

精密度：在重复性条件下获得的两次独立测定结果的绝对差值不得超过算术平均值的 5％。

【注意事项】

1. 灰化时间。一般要求灼烧至灰分显白色或浅灰色并达到恒重为止。灰化至达到恒重的时间因样品的不同而异，一般需要灰化 2～5 h。通常是根据经验在灰化一定时间后，观察一次残灰的颜色，以确定第一次取出冷却、称量的时间，然后再放入炉中灼烧，直至达到恒重为止。

2. 淀粉含量高的样品，在加热过程中容易向外溢，因此先要用小火加热，待到开始炭化时，再增高温度，使其充分炭化。炭化时一定要小火缓慢进行，不要起火，以免带走试样中的灰分。炭化时若发生膨胀，可滴植物油数滴。炭化时应先用小火，避免样品溅出。

3. 灰化过程中，如发现灼烧残渣有炭粒时，应向试样中滴入少许水湿润，使结块松散，蒸干水分再次灼烧至无炭粒即表示灰化完全，方可称量。

4. 把坩埚放入高温炉或从炉中取出时，要放在炉口停留片刻，使坩埚预热或冷却，防止因温度剧变而使坩埚破裂。

5. 用过的坩埚经初步洗刷后，可用粗盐酸或废盐酸浸泡 10～20 min，再用水冲刷洁净。

6. 灼烧后的坩埚应冷却到 200 ℃以下再移入干燥器中，否则因热的对流作用，易造成残灰飞散，且冷却速度慢，冷却后干燥器内形成较大真空，盖子不易打开。

【工作任务实施记录与评价】

1. 原始记录

<table>
<tr><td colspan="6">原始记录</td></tr>
<tr><td>样品名称</td><td></td><td>检测项目</td><td>灰分(干基)</td><td>检测依据</td><td></td></tr>
<tr><td colspan="2" rowspan="2">仪器名称及编号</td><td>电子分析天平</td><td colspan="2">环境温度：　　℃</td><td>相对湿度：　　%</td></tr>
<tr><td>高温电炉</td><td colspan="2"></td><td></td></tr>
<tr><td colspan="2">平行测定</td><td>1</td><td colspan="2">2</td><td>3(备用)</td></tr>
<tr><td colspan="2">坩埚的质量/g</td><td></td><td colspan="2"></td><td></td></tr>
<tr><td colspan="2">坩埚和试样的质量/g</td><td></td><td colspan="2"></td><td></td></tr>
<tr><td colspan="2">坩埚和灰分质量/g</td><td></td><td colspan="2"></td><td></td></tr>
<tr><td colspan="2">测定结果/%</td><td></td><td colspan="2"></td><td></td></tr>
<tr><td colspan="2">平均值/%</td><td></td><td colspan="2"></td><td></td></tr>
<tr><td colspan="2">标准值/%</td><td></td><td colspan="2"></td><td></td></tr>
<tr><td colspan="2">单项结论</td><td colspan="4">☐ 合格　　☐ 不合格</td></tr>
<tr><td colspan="2">计算公式</td><td colspan="4">$X=\frac{m_1-m_2}{m_3-m_2}\times 100$</td></tr>
<tr><td>校核</td><td></td><td>检测</td><td></td><td>检测日期</td><td></td></tr>
</table>

2. 学徒关键职业能力评价

评价项目	标准分值	评定值
天平的使用是否正确规范	10	
称量方法是否正确	10	
马弗炉的使用是否正确	10	
原始数据的记录是否准确	20	
计算及数据处理是否准确	20	
实验误差是否在允许范围之内	10	
操作熟练程度	10	
是否做到文明操作	5	
是否注意操作安全	5	
总体评价		

3. 学徒职业品质、工匠精神评价

项目	标准分值	评定值
工作态度	15	
吃苦耐劳	15	
团队协作	10	
沟通交流	15	
学习钻研	15	
认真负责	15	
诚实守信	15	
总体评价		

任务三　小麦粉中磁性金属物的测定

【任务目标和质量要求】

1. 熟悉小麦粉中磁性金属物含量的质量指标,能根据检测结果判断样品中的磁性金属物含量是否合格。

2. 熟知小麦粉中磁性金属物测定的国家标准,培养实事求是、遵规守纪、科学严谨的职业品质。

3. 掌握分析天平、磁性金属物测定仪的正确使用方法,培养学生坚持不懈、精雕细琢的敬业精神。

4. 掌握数据记录及处理的方法,培养学生诚实守信、客观公正的工作态度。

【学习产出目标】

1. 学会小麦粉中磁性金属物测定的操作方法。

2. 完成小麦粉中磁性金属物测定的检测报告,并通过企业师傅的考核。

【专业知识准备】

1. 原理

采用电磁铁或永久磁铁,通过磁场的作用将具有磁性的金属物从试样中粗分离,再用小型永久磁铁将磁性金属物从残留试样的混合物中分离出来,计算磁性金属物的含量。

2. 仪器和用具

(1)磁性金属物测定仪：磁感应强度应不小于 120 mT(毫特斯拉)。

(2)分离板:210 mm×210 mm×6 mm,磁感应强度应不小于 120 mT。

(3)分析天平:分度值 0.000 1 g。

(4)天平:分度值 1 g,最大称量大于 1 000 g。

(5)称量纸:硫酸纸或不易吸水的纸。

(6)白纸:约 200 mm×300 mm。

(7)毛刷、大号洗耳球、称样勺等。

【工作程序】

1. 称样

称取试样约 1 kg,精确至 1 g。

2. 测定

(1)测定仪分离:开启磁性金属物测定仪的电源,将试样倒入测定仪盛粉斗,按下通磁开关。调节流量控制板旋钮,控制试样流量在 250 g/min 左右,使试样匀速通过淌样板进入储粉箱内。待试样流完后,用洗耳球将残留在淌样板上的试样吹入储粉箱,然后用干净的白纸接在测定仪淌样板下面,关闭通磁开关,立即用毛刷刷净吸附在淌样板上的磁性金属物(含有少量试样),并收集到放置的白纸上。

(2)分离板分离:将收集有磁性金属物和残留试样混合物的纸放在事先准备好的分离板上,用手拉住纸的两端,沿分离板前后左右移动,使磁性金属物与分离板充分接触并集中在一处,然后用洗耳球轻轻吹去纸上的残留试样,最后将留在纸上的磁性物收集到称量纸上。

(3)重复分离:将第一次分离后的试样,再按照(1)和(2)中的方法重复分离,直至分离后在纸上观察不到磁性金属物,将每次分离的磁性金属物合并到称量纸上。

(4)检查:将收集有磁性金属物的称量纸放在分离板上,仔细观察是否还有试样粉粒,如有试样粉粒则用洗耳球轻轻吹去。

3. 称量

将磁性金属物和称量纸一并称量,精确至 0.000 1 g,然后弃去磁性金属物再称量,精确至 0.000 1 g。

4. 结果计算

磁性金属物含量按下式计算:

$$X=\frac{m_1-m_0}{m}\times 1\ 000$$

式中:

X—— 磁性金属物含量,g/kg;

m_1——磁性金属物和称量纸质量,g;

m_0——称量纸质量,g。

m—— 试样质量,g。

结果表示:重复试验测定值以较高值为该试样的测定结果。

【工作任务实施记录与评价】

1. 原始记录

<table>
<tr><td colspan="6">原始记录</td></tr>
<tr><td>样品名称</td><td></td><td>检测项目</td><td>磁性金属物</td><td>检测依据</td><td></td></tr>
<tr><td colspan="2" rowspan="2">仪器名称及编号</td><td>电子分析天平</td><td colspan="2"></td><td>环境温度：　℃</td></tr>
<tr><td>磁性金属测定仪</td><td colspan="2"></td><td>相对湿度：　%</td></tr>
<tr><td colspan="2">平行测定次数</td><td colspan="2">1</td><td>2</td><td>3(备用)</td></tr>
<tr><td colspan="2">试样质量/g</td><td colspan="2"></td><td></td><td></td></tr>
<tr><td colspan="2">称量纸质量/g</td><td colspan="2"></td><td></td><td></td></tr>
<tr><td colspan="2">磁性金属物和称量纸质量/g</td><td colspan="2"></td><td></td><td></td></tr>
<tr><td colspan="2">测结果/(g/kg)</td><td colspan="2"></td><td></td><td></td></tr>
<tr><td colspan="2">平均值/(g/kg)</td><td colspan="2"></td><td></td><td></td></tr>
<tr><td colspan="2">标准值/(g/kg)</td><td colspan="2"></td><td></td><td></td></tr>
<tr><td colspan="2">单项结论</td><td colspan="4">□ 合格　　□ 不合格</td></tr>
<tr><td colspan="2">计算公式</td><td colspan="4">$X=\frac{m_1-m_0}{m}\times 1\,000$</td></tr>
<tr><td>校核</td><td></td><td>检测</td><td></td><td>检测日期</td><td></td></tr>
</table>

2. 学徒关键职业能力评价

评价项目	标准分值	评定值
天平的使用是否正确规范	10	
称量方法是否正确	10	
磁性金属物测定仪的使用是否正确	10	
原始数据的记录是否准确	15	
计算及数据处理是否准确	20	
实验误差是否在允许范围之内	15	
操作熟练程度	10	
是否做到文明操作	5	
是否注意操作安全	5	
总体评价		

3. 学徒职业品质、工匠精神评价

项目	标准分值	评定值
工作态度	15	
吃苦耐劳	15	
团队协作	10	
沟通交流	15	
学习钻研	15	
认真负责	15	
诚实守信	15	
总体评价		

任务四　小麦粉中面筋含量的测定

【任务目标和质量要求】

1. 熟悉小麦粉中面筋含量的质量指标，能根据检测结果判断样品中的面筋含量是否合格。

2. 熟知小麦粉中面筋含量测定的国家标准，培养实事求是、遵规守纪、科学严谨的职业品质。

3. 掌握分析天平、移液管的正确使用方法，培养学生认真负责的实验态度和严谨规范的操作能力。

4. 掌握数据记录及处理的方法，培养学生耐心细致、一丝不苟、严谨务实的工作态度。

【学习产出目标】

1. 学会手洗法测定小麦粉中湿面筋含量的操作方法，并通过企业师傅的考核。

2. 完成小麦粉中湿面筋含量测定的检测报告。

【专业知识准备】

1. 定义

湿面筋：主要由小麦的两种蛋白质组分（谷蛋白和醇溶蛋白）经水合而成的未经脱水干燥的具有黏弹性的物质。

2. 原理

小麦粉、颗粒粉或全麦粉加入氯化钠溶液制成面团，静置一段时间以形成面筋网络结构。用氯化钠溶液手洗面团，去除面团中淀粉等物质及多余的水，使面筋分离出来。

3. 仪器和用具

(1)玻璃板或牛角匙。

(2)移液管:容量为 2 mL,最小刻度为 0.1 mL。

(3)烧杯:容量为 250 mL 和 100 mL。

(4)挤压板:面积 9 cm×16 cm,厚 3～5 cm 的玻璃板或不锈钢板,周围贴 0.3～0.4 mm 胶布(纸),共两块。

(5)带磨口的玻璃瓶:5 L。

(6)手套:表面光滑的橡胶手套。

(7)带筛绢的筛具:30 cm×40 cm,底部绷紧 CQ20 号绢筛,筛框为木质或金属。

(8)秒表。

(9)天平:分度值 0.01 g。

(10)毛玻璃盘:约 40 cm×40 cm。

4. 试剂

(1)20 g/L 氯化钠溶液:将 200 g 氯化钠(NaCl)溶解于水中配制成 10 L 溶液。

(2)碘化钾/碘溶液:将 2.54 g 碘化钾(KI)溶解于水中,加入 1.27 g 碘(I_2),完全溶解后定容至 100 mL。

【工作程序】

1. 称样

称量待测样品 10 g,准确至 0.01 g,置于小搪瓷碗或 100 mL 烧杯中。

2. 面团制备和静置

(1)用玻璃棒或牛角匙不停搅动样品的同时,用移液管一滴一滴地加入 4.6～5.2 mL 氯化钠溶液。

(2)拌合混合物,使其形成球状面团,注意避免造成样品损失,同时黏附在器皿壁上或玻璃棒或牛角匙上的残余面团也应收到面团球上。

(3)面团样品制备时间不能超过 3 min。

3. 洗涤

(1)洗涤操作应该在带筛绢的筛具上进行,以防止面团损失。操作过程中,实验人员应该戴橡皮手套,防止面团吸收手的热量和手部排汗的污染。

(2)将面团放在手掌中心,用容器中的氯化钠溶液以每分钟约 50 mL 的流量洗涤 8 min,同时用另一只手的拇指不停地揉搓面团。将已经形成的面筋球继续用自来水冲洗、揉捏,直至面筋中的淀粉洗净为止(洗涤需要 2 min 以上,测定全麦粉面筋时应适当延长时间)。

(3)当从面筋球上挤出的水无淀粉时表示洗涤完成。为了测试洗出液是否无淀粉,可以从面筋球上挤出几滴洗出液到表面皿上,加入几滴碘化钾/碘溶液,若溶液颜色无变化,表明洗涤已经完成。若溶液颜色变蓝,说明仍有淀粉,应继续进行洗涤直至检测不出淀粉为止。

4. 排水

(1)将面筋球用一只手的几个手指捏住并挤压 3 次,以去除在其上的大部分洗涤液。

(2)将面筋球放在洁净的挤压板上,用另一块挤压板压挤面筋,排出面筋中的游离水 。每压一次后取下并擦干挤压板。反复挤压直到稍感面筋粘手或粘板为止(挤压约 15 次)。

5. 测定湿面筋的质量

排水后取出面筋,放在预先称重的表面皿或滤纸上称重,准确至 0.01 g,湿面筋质量记录为m_2。同一个样品做两次试验。

6. 结果计算

按下式计算试样的湿面筋含量：

$$G_{wet}=\frac{m_2}{m_1}\times 100\%$$

式中：

G_{wet}—— 试样的湿面筋含量(以质量分数表示),%；

m_1—— 测试样品质量,g；

m_2—— 湿面筋的质量,g。

结果表示：测定结果保留一位小数。重复试验允许偏差不超过1.0%,求其平均数,即为测定结果。测定结果准确至0.1%。

注：氯化钠溶液的相对密度与1.00的偏差与本标准方法本身的标准误差相比可以忽略不计。

【工作任务实施记录与评价】

1. 原始记录

<table>
<tr><td colspan="8">原始记录</td></tr>
<tr><td>样品名称</td><td></td><td colspan="2">检测项目</td><td>湿面筋</td><td>检测依据</td><td colspan="2"></td></tr>
<tr><td colspan="2">仪器名称及编号</td><td colspan="2">电子分析天平</td><td></td><td>环境温度：　℃</td><td colspan="2">相对湿度：　%</td></tr>
<tr><td colspan="2">平行测定</td><td>1</td><td colspan="3">2</td><td colspan="2">3(备用)</td></tr>
<tr><td colspan="2">试样质量/g</td><td></td><td colspan="3"></td><td colspan="2"></td></tr>
<tr><td colspan="2">湿面筋质量/g</td><td></td><td colspan="3"></td><td colspan="2"></td></tr>
<tr><td colspan="2">测定结果/%</td><td></td><td colspan="3"></td><td colspan="2"></td></tr>
<tr><td colspan="2">平均值/%</td><td></td><td colspan="3"></td><td colspan="2"></td></tr>
<tr><td colspan="2">标准值/%</td><td></td><td colspan="3"></td><td colspan="2"></td></tr>
<tr><td colspan="2">单项结论</td><td colspan="6">□ 合格　□ 不合格</td></tr>
<tr><td colspan="2">计算公式</td><td colspan="6">$G_{wet}=\frac{m_2}{m_1}\times 100\%$</td></tr>
<tr><td>校核</td><td></td><td>检测</td><td colspan="2"></td><td>检测日期</td><td colspan="2"></td></tr>
</table>

2. 学徒关键职业能力评价

评价项目	标准分值	评定值
天平的使用是否正确规范	15	
称量方法是否正确	15	
原始数据的记录是否准确	15	
计算及数据处理是否准确	25	
实验误差是否在允许范围之内	20	
是否关注实验安全	10	

3. 学徒职业品质、工匠精神评价

项目	标准分值	评定值
工作态度	15	
吃苦耐劳	15	
团队协作	10	
沟通交流	15	
学习钻研	15	
认真负责	15	
诚实守信	15	
总体评价		

任务五 小麦粉中脂肪酸值的测定

【任务目标和质量要求】

1. 熟悉小麦粉脂肪酸值的质量指标，能根据检测结果判断样品中的脂肪酸值是否超标。

2. 熟知小麦粉脂肪酸值测定的国家标准，培养实事求是、遵规守纪、科学严谨的职业品质。

3. 掌握分析天平、移液管、碱式滴定管、振荡器的正确使用方法，培养学生认真负责的实验态度和严谨规范的操作能力。

4. 掌握数据记录及处理的方法，培养学生耐心细致、一丝不苟、严谨务实的工作态度。

【学习产出目标】

1. 学会测定小麦粉脂肪酸值的操作方法，并通过企业师傅的考核。

2. 完成小麦粉脂肪酸值测定的检测报告。

【专业知识准备】

1. 定义

脂肪酸值：中和 100 g 干物质试样中游离脂肪酸所需氢氧化钾的质量(mg)。

2. 原理

用石油醚振荡提取出小麦粉中的游离脂肪酸，静置过滤后加入乙醇溶液，以酚酞作指示剂，用氢氧化钾标准滴定液滴定，根据下层溶液的颜色变化确定滴定终点，由消耗的氢氧化钾标准滴定液的体积计算脂肪酸值。

3. 试剂与材料

除非另有规定，所用试剂均为分析纯，试验用水应符合 GB/T 6682 中三级水的规格。

(1)石油醚：沸程为 60～90 ℃。

(2)无水乙醇。

(3)酚酞指示剂：称取 1.0 g 酚酞溶于 100 mL 体积分数为 95%的乙醇中。

(4)50%乙醇溶液：无水乙醇与水按 1∶1(体积比)混合。

(5)0.01 mol/L 氢氧化钾标准滴定液：先按 GB/T 601 配制和标定 0.5 mol/L 氢氧化钾标准滴定液，再用无二氧化碳(CO_2)的蒸馏水稀释。

(6)快速定性滤纸：预先折叠。

警告：石油醚极易燃烧，其蒸气或雾对眼睛、黏膜和呼吸道有刺激性，尽可能在通风橱内使用，附近不能有明火。

4. 仪器和用具

(1)粉碎机。

(2)天平：感量 0.01 g。

(3)具塞磨口锥形瓶：250 mL。

(4)移液管：50 mL、25 mL。

(5)振荡器：往返式，振荡频率为 100 次/min。

(6)短颈玻璃漏斗。

(7)具塞比色管：25 mL。

(8)锥形瓶：容量 150 mL。

(9)量筒：100 mL。

(10)滴定管：5 mL，最小刻度为 0.02 mL；10 mL，最小刻度为 0.05 mL；25 mL，最小刻度为 0.1 mL。

【工作程序】

1. 样品中水分的测定

按小麦粉中水分含量的测定方法(直接干燥法)执行。

2. 试样处理

称取约 10 g 样品，准确到 0.01 g，置于 250 mL 锥形瓶中，用移液管加 50.00 mL 石油醚，加塞摇动几秒钟后，打开塞子放气，再盖紧瓶塞置振荡器上振摇 10 min。取下锥形瓶，倾斜静置 1～2 min，在短颈玻璃漏斗中放入滤纸过滤。弃去最初几滴滤液，用比色管收集滤液 25 mL 以上，盖上塞备用。

收集的滤液来不及测定时，应盖紧比色管瓶塞，于 4～10 ℃条件下保存，放置时间不宜超过 24 h。

3. 样品测定

用移液管移取 25.00 mL 滤液于 150 mL 锥形瓶中，用量筒加入 50%乙醇溶液 75 mL，滴加 4～5 滴酚酞指示剂，摇匀，用氢氧化钾标准滴定溶液，滴定至下层乙醇溶液呈微红色，且 30 s 不褪色为止。记下耗用的氢氧化钾标准滴定溶液体积。

4. 空白测定

用 25.00 mL 石油醚代替滤液，按样品测定步骤进行空白试验，记下耗用的氢氧化钾标准滴定溶液体积。

滴定接近终点时滴定速度不宜过快，应剧烈振摇让两相充分接触，使反应完全，分层后应在白色背景下辨别下层溶液色泽的变化。

5. 结果计算

脂肪酸值按式计算：

$$A_K=(V_1-V_0)\times c\times 56.1\times\frac{50}{25}\times\frac{100}{m\times(100-w)}\times 100$$

式中：

A_K—— 脂肪酸值，mg/100 g；

V_1—— 滴定试样滤液所耗氢氧化钾标准滴定溶液体积，mL；

V_0—— 滴定空白液所耗氢氧化钾标准滴定溶液体积，mL；

c —— 氢氧化钾标准滴定溶液的浓度，mol/L；

56.1——氢氧化钾的摩尔质量，g/mol；

50 ——提取试样所用提取液的体积，mL；

25 ——用于滴定的试样提取液体积，mL；

100 ——换算为 100 g 干试样的质量，g；

m —— 试样的质量，g；

w —— 试样水分质量分数，即每 100 g 试样中含水分的质量，g。

结果表示：每份试样取两个平行样进行测定，两个测定结果之差的绝对值符合重复性要求时，以其平均值为测定结果，保留三位有效数字。

精密度：在同一实验室，由同一操作者使用相同的设备，按相同的测试方法，在短时间内对同一份被测样品进行两次测定，当测定结果大于 10 mg/100 g 时，获得的两个独立测定结果的绝对差值应不大于 2 mg/100 g；当测定结果小于或等于 10 mg/100 g 时，获得的两个独立测定结果的绝对差值应不大于这两个测定值的算术平均值的 15%。

【工作任务实施记录与评价】

1. 原始记录

<table>
<tr><td colspan="6">原始记录</td></tr>
<tr><td>样品名称</td><td></td><td>检测项目</td><td>脂肪酸值</td><td>检测依据</td><td></td></tr>
<tr><td>仪器名称及编号</td><td>电子分析天平</td><td></td><td colspan="2">环境温度：　℃</td><td>相对湿度：　%</td></tr>
<tr><td>标准溶液名称</td><td colspan="2"></td><td>标定日期</td><td colspan="2"></td></tr>
<tr><td>平行测定</td><td colspan="2">1</td><td>2</td><td colspan="2">3(备用)</td></tr>
<tr><td>取样量/g</td><td colspan="2"></td><td></td><td colspan="2"></td></tr>
<tr><td>标准溶液浓度/(mol/L)</td><td colspan="2"></td><td></td><td colspan="2"></td></tr>
<tr><td>滴定管末读数/mL</td><td colspan="2"></td><td></td><td colspan="2"></td></tr>
<tr><td>滴定管初读数/mL</td><td colspan="2"></td><td></td><td colspan="2"></td></tr>
<tr><td>实际消耗量/mL</td><td colspan="2"></td><td></td><td colspan="2"></td></tr>
<tr><td>空白值/mL</td><td colspan="2"></td><td></td><td colspan="2"></td></tr>
<tr><td>实测结果/(mg/100 g)</td><td colspan="2"></td><td></td><td colspan="2"></td></tr>
<tr><td>平均值/(mg/100 g)</td><td colspan="2"></td><td></td><td colspan="2"></td></tr>
<tr><td>标准值/(mg/100 g)</td><td colspan="2"></td><td></td><td colspan="2"></td></tr>
<tr><td>单项结论</td><td colspan="5">□ 合格　　□ 不合格</td></tr>
<tr><td>计算公式</td><td colspan="5">$A_K=(V_1-V_0)\times c\times 56.1\times\frac{50}{25}\times\frac{100}{m\times(100-w)}\times 100$</td></tr>
<tr><td>校核</td><td></td><td>检测</td><td></td><td>检测日期</td><td></td></tr>
</table>

2. 学徒关键职业能力评价

评价项目	标准分值	评定值
天平的使用是否正确规范	10	
称量方法是否正确	10	
滴定操作是否规范	10	
操作的熟练程度	10	
原始数据的记录是否准确	20	
计算及数据处理是否正确	20	
检测结果的准确性	10	
是否做到文明操作	5	
是否注意操作安全	5	
总体评价		

3. 学徒职业品质、工匠精神评价

项目	标准分值	评定值
工作态度	15	
吃苦耐劳	15	
团队协作	10	
沟通交流	15	
学习钻研	15	
认真负责	15	
诚实守信	15	
总体评价		

任务六　小麦粉的色泽、气味鉴定

【任务目标和质量要求】

1. 熟悉小麦粉色泽、气味鉴定的质量指标，能根据检测结果判断样品的色泽、气味是否合格。

2. 熟知小麦粉色泽、气味鉴定测定的国家标准，培养学生求真务实、客观公正、科学严谨的职业品质。

3. 掌握评价结果的正确描述方法，培养学生具备良好的语言表述及沟通能力。

【学习产出目标】

1. 学会小麦粉色泽、气味等的感官鉴定方法，并通过企业师傅的考核。

2. 完成小麦粉色泽、气味等的感官鉴定的检测报告。

【专业知识准备】

1. 原理

取一定量的样品，去除其中的杂质，在规定条件下，按照规定方法借助感觉器官鉴定其色泽、气味、口味，以“正常”或“不正常”表示。

2. 用具

(1)天平：分度值 1 g。

(2)贴有黑纸的平板：20 cm×40 cm。

(3)广口瓶。

(4)水浴锅。

【工作程序】

1. 色泽鉴定

(1)分取 20～50 g 样品，放在手掌中均匀地摊平，在散射光线下仔细观察样品的整体颜色和光泽。

(2)对色泽不易鉴定的样品，根据不同的粮种，取 100～150 g 样品，在黑色平板上均匀地摊成 15 cm×20 cm 的薄层，在散射光线下仔细观察样品的整体颜色和光泽。

(3)正常的小麦粉应具有固有的颜色和光泽。

2. 气味鉴定

(1)分取 20～50 g 样品，放在手掌中用哈气或摩擦的方法，提高样品的温度后，立即嗅其气味。

(2)对气味不易鉴定的样品，分取 20 g 样品，放入广口瓶中，置于 60～70 ℃的水浴锅中，盖上瓶塞，保温 3～5 min，开盖嗅辨气味 。

(3)正常的小麦粉应具有固有的气味。

3. 结果表示

小麦粉的色泽、气味鉴定结果以“正常”或“不正常”表示，对“不正常”的应加以说明。

【工作任务实施记录与评价】

1. 原始记录

<table>
<tr><td colspan="6">原始记录</td></tr>
<tr><td>样品名称</td><td></td><td>检测项目</td><td>感官检验</td><td>检测依据</td><td></td></tr>
<tr><td colspan="2">仪器名称及编号</td><td></td><td>环境温度：　℃</td><td colspan="2">相对湿度：　%</td></tr>
<tr><td colspan="2">气味(实测)</td><td colspan="4"></td></tr>
<tr><td colspan="2">气味(标准)</td><td colspan="4"></td></tr>
<tr><td colspan="2">色泽(实测)</td><td colspan="4"></td></tr>
<tr><td colspan="2">色泽(标准)</td><td colspan="4"></td></tr>
<tr><td colspan="2">结论</td><td colspan="4"></td></tr>
<tr><td>校核</td><td></td><td>检测</td><td></td><td>检测日期</td><td></td></tr>
</table>

2. 学徒关键职业能力评价

评价项目	标准分值	评定值
感官评价方法是否正确规范	25	
感官评价的描述是否准确	25	
评价结果的记录是否准确	20	
操作熟练程度	10	
是否做到文明操作	10	
是否注意操作安全	10	
总体评价		

3. 学徒职业品质、工匠精神评价

项目	标准分值	评定值
工作态度	15	
吃苦耐劳	15	
团队协作	10	
沟通交流	15	
学习钻研	15	
认真负责	15	
诚实守信	15	
总体评价		

任务七　小麦粉加工精度的检验

【任务目标和质量要求】

1. 熟悉小麦粉加工精度的质量指标，能根据检测结果判断样品的加工精度是否合格。

2. 熟知小麦粉加工精度测定的几种国家标准，培养实事求是、遵规守纪、科学严谨的职业品质。

3. 掌握分析天平、水浴锅、保温箱、电炉、蒸锅的正确使用方法，培养学生认真负责的实验态度和严谨规范的操作能力。

4. 掌握数据记录及处理的方法，培养学生耐心细致、一丝不苟、严谨务实的工作态度。

【学习产出目标】

1. 学会测定小麦粉加工精度的操作方法，并通过企业师傅的考核。

2. 完成小麦粉加工精度测定的检测报告。

【专业知识准备】

1. 术语和定义

(1)小麦粉加工精度：小麦粉中留存的麸皮碎片的程度，以粉色和麸星的大小及分布的密集程度表示。

(2)粉色:小麦粉的颜色。

(3)麸星:小麦粉中的麸皮碎片。

2. 原理

将小麦粉试样与标准样品置于同一条件下,以目测方法比较两者的粉色和麸星的大小及分布状态,确定试样的加工精度等级。

3. 试剂和材料

(1)小麦粉加工精度标准样品。

(2)酵母液:称取 5 g 鲜酵母或 2 g 干酵母,加入 100 mL 约 35 ℃温水,搅拌均匀,备用。

4. 仪器和设备

(1)天平:感量 0.1 g。

(2)粉刀。

(3)粉板:5 cm × 30 cm 平整木板。

(4)水浴锅。

(5)保温箱。

(6)电炉、蒸锅、小瓷碗、玻璃棒等。

5. 小麦粉加工精度的测定方法

(1)干样法:用洁净的粉刀取少量小麦粉加工精度标准样品置于粉板上,用粉刀压平,将右边切齐,刮净粉刀右侧的粉末。再取少量试样置于标准样品右侧压平,将左边切齐,并刮净粉刀左侧的粉末。用粉刀将试样慢慢向左移动,使试样与标准样品相连接。再用粉刀把两个粉样紧紧压平(标准样品与试样不得互混),打成上厚下薄的坡度(上厚约 6 mm,下与粉板拉平),切齐各边,刮去标准样品左上角,目测比较试样表面与标准样品表面的颜色与麸星的大小及密集度。按上述方法,可同一粉板上检验多个试样。

(2)干烫样法:按干样法的操作步骤,制备试样和标准样品粉板。将制备好的粉板倾斜插入加热的沸水浴中,约 1 min 后取出,用粉刀轻轻刮去粉样表面受烫浮起部分,目测比较试样表面与标准样品表面的颜色与麸星的大小及密集度。

如果干样法和干烫样法判定比较困难,可采用湿样法和湿烫样法进行比较。

(3)湿样法:按干样法的操作步骤,制备试样和标准样品粉板。将制备好的粉板倾斜插入常温水中,直至不起气泡为止,取出粉板,待粉样表面微干时,目测比较试样表面与标准样品表面的颜色与麸星的大小及密集度。

(4)湿烫样法:按湿样法的操作步骤,制备湿状试样和标准样品粉板。将制备好的粉板倾斜插入加热的沸水浴中,约 1 min 后取出,用粉刀轻轻刮去粉样表面受烫浮起部分,目测比较试样表面与标准样品表面的颜色与麸星的大小及密集度。

(5)蒸馒头法:分别称取 30 g 试样和小麦粉加工精度标准样品于不同瓷碗中,各加入 15 mL 酵母液,和成面团,并揉至无干面,表面光滑后为止,碗上盖一块干净的湿布,放在 38 ℃左右的保温箱内发酵至面团内部略呈蜂窝状(约 30 min)。将已发酵的面团用少许干面揉和至软硬适度后,做成圆形馒头放入碗中,用干布盖上,置 38 ℃左右的保温箱中醒发约 20 min,取出并放入沸水蒸锅内蒸 15 min。从蒸锅中取出馒头后,目测比较试样和标准样品馒头表皮颜色和麸星的大小及密集度。

【工作程序】

1. 制备试样

将试样置于广口瓶中，用样品匙或玻璃棒充分搅拌，使试样混合均匀。

2. 检验

在满足 GB/T 22505 的照明要求下，采用干样法、干烫样法、湿样法、湿烫样法和蒸馒头法中任何一种方法，测定样品加工精度等级。

3. 结果表示

若试样粉色、麸星与标准样品相当，则试样加工精度与该等级标准样品加工精度相同。

若试样粉色差于标准样品，或麸星的大小或数量大于或多于标准样品，则试样加工精度低于该等级标准样品加工精度。反之，则试样加工精度高于该等级标准样品的加工精度。若需进一步确定该试样的加工精度等级，可选择不同的标准样品，按干样法、干烫样法、湿样法、湿烫样法和蒸馒头法中的任何一种或几种方法进行检验，直到确定该试样的加工精度等级为止。

【工作任务实施记录与评价】

1. 原始记录

原始记录

样品名称		检测项目	加工精度	检测依据	
检测方法			环境状况：　℃	相对湿度：　%	
加工精度(实测)					
加工精度(标准)					
结论					
校核		检测		检测日期	

2. 学徒关键职业能力评价表

评价项目	标准分值	评定值
天平的使用是否正确规范	15	
称量方法是否正确	15	
操作的熟练程度	20	
原始数据的记录是否准确	20	
检测结果的准确性	20	
是否做到文明操作	5	
是否注意操作安全	5	
总体评价		

3. 学徒职业品质、工匠精神评价

项目	标准分值	评定值
工作态度	15	
吃苦耐劳	15	
团队协作	10	
沟通交流	15	
学习钻研	15	
认真负责	15	
诚实守信	15	
总体评价		

任务八　小麦粉中含砂量的测定

【任务目标和质量要求】

1. 熟悉小麦粉含砂量的质量指标，能根据检测结果判断样品的含砂量是否超标。

2. 熟知小麦粉含砂量测定的国家标准，培养实事求是、遵规守纪、科学严谨的职业品质。

3. 掌握分析天平、电炉子、干燥器的正确使用方法，培养学生认真负责、严谨规范的实验态度，树立安全用电的意识。

4. 掌握数据记录及处理的方法，培养学生耐心细致、一丝不苟、严谨务实的工作态度。

【学习产出目标】

1. 学会测定小麦粉含砂量的操作方法，并通过企业师傅的考核。

2. 完成小麦粉中含砂量测定的检测报告。

【专业知识准备】

1. 定义

含砂量：粉类粮食中所含的无机砂尘的量，以砂尘占试样总质量的质量分数表示(%)。

2. 原理

在四氯化碳中，由于粉类粮食与砂尘的相对密度不同，粉类粮食悬浮于四氯化碳表层，砂尘沉于四氯化碳底层，从而将粉类粮食与砂尘分开。

3. 试剂和材料

四氯化碳：分析纯。

警告：四氯化碳有特殊气味，在吸入或与皮肤接触时有毒，操作应在通风橱中进行。四氯化碳对环境有害，使用后的废液不得直接排放，应收集并按相关规定处理。

4. 仪器和用具

(1)分析天平：感量 0.000 1 g。

(2)天平：感量 0.01 g。

(3)细砂分离漏斗、漏斗架。

(4)量筒:100 mL。

(5)电炉:500 W。

(6)干燥器:内置有效的变色硅胶。

(7)坩埚:30 mL。

(8)玻璃棒、石棉网等。

【工作程序】

1. 样品测定

量取 70 mL 四氯化碳注入细砂分离漏斗,加入试样 10 g±0.01 g,用玻璃棒在漏斗的中上部轻轻搅拌后静置,然后每隔 5 min 搅拌一次,共搅拌三次,再静置 30 min。将浮在四氯化碳表面的粉类用角勺取出,再把分离漏斗中的四氯化碳和沉于底部的砂尘放入 100 mL 烧杯中,用少许四氯化碳冲洗漏斗 2 次,收集四氯化碳于同一烧杯中。静置 30 s 后,倒出烧杯内的四氯化碳,然后用少许四氯化碳将烧杯底部的砂尘转移至已恒重(±0.000 1 g)的坩埚内,再用吸管小心将坩埚内的四氯化碳吸出,将坩埚放在电炉的石棉网上烘约 20 min,然后放入干燥器冷却至室温后称量,得坩埚和砂尘的质量(±0.000 1 g)。

2. 结果计算

粉类粮食含砂量按下式计算:

$$X=\frac{m_1-m_0}{m}\times 100\%$$

式中:

X——粉类粮食含砂量,以质量分数计,%;

m_1——坩埚及砂尘质量,g;

m_0—— 坩埚质量,g;

m—— 试样质量,g。

结果表示:每份样品应平行测试两次,两次测定结果符合重复性要求时,取其算术平均值作为最终测定结果,保留到小数点后第二位。平行试验测定结果不符合重复性要求,应重新测定。

重复性:在同一实验室,由同一操作者使用相同设备,按相同的测试方法,在短时间内对同一被测对象相互独立进行测试获得的两次独立测试结果的绝对差值不大于 0.005%。

【工作任务实施记录与评价】

1. 原始记录

<table>
<tr><td colspan="6">原始记录</td></tr>
<tr><td>样品名称</td><td></td><td>检测项目</td><td>含砂量</td><td>检测依据</td><td></td></tr>
<tr><td>仪器名称及编号</td><td>电子分析天平</td><td></td><td></td><td>环境温度: ℃</td><td>相对湿度: %</td></tr>
<tr><td>平行测定次数</td><td colspan="2">1</td><td colspan="2">2</td><td>3(备用)</td></tr>
<tr><td>试样质量/g</td><td colspan="2"></td><td colspan="2"></td><td></td></tr>
<tr><td>坩埚质量/g</td><td colspan="2"></td><td colspan="2"></td><td></td></tr>
<tr><td>坩埚及砂尘质量/g</td><td colspan="2"></td><td colspan="2"></td><td></td></tr>
</table>

续表

实测结果/(g/kg)					
平均值/(g/kg)					
标准值/(g/kg)					
单项结论	□ 合格 □ 不合格				
计算公式	$X=\frac{m_1-m_0}{m}\times 1\ 000$				
校核		检测		检测日期	

2. 学徒关键职业能力评价

评价项目	标准分值	评定值
天平的使用是否正确规范	10	
分离漏斗的使用是否正确	10	
操作的熟练程度	10	
原始数据的记录是否准确	20	
计算及数据处理是否正确	20	
检测结果的准确性	20	
是否做到文明操作	5	
是否注意操作安全	5	
总体评价		

3. 学徒职业品质、工匠精神评价

项目	标准分值	评定值
工作态度	15	
吃苦耐劳	15	
团队协作	10	
沟通交流	15	
学习钻研	15	
认真负责	15	
诚实守信	15	
总体评价		

项目二
植物油脂检测

一、植物油脂的质量检验项目和主要指标

（一）植物油脂的检验项目

植物油脂的发证检验、监督检验、出厂检验分别按照表 3-3 中所列出的相应检验项目进行。

表 3-3　植物油脂质量检验项目表

序号	检验项目	依据标准	对应产品
1	透明度、气味、滋味	GB/T 5525	成品油和原油
2	色泽	GB/T 5009.37	成品油和原油
3	水分及挥发物	GB 5009.236	成品油和原油
4	不溶性杂质	GB/T 15688	成品油和原油
5	酸价	GB 5009.229	成品油和原油
6	加热试验	GB/T 5531	成品油和原油
7	含皂量	GB/T 5533	成品油和原油
8	过氧化值	GB 5009.227	成品油和原油
9	溶剂残留	GB 5009.262	成品油和原油
10	冷冻试验	GB/T 35877	成品油和原油
11	烟点	GB/T 20795	成品油和原油

（二）植物油脂的主要质量指标

植物油脂的主要质量指标见表 3-4 至表 3-13。

表 3-4　大豆原油质量指标

项目	质量指标
气味、滋味	具有大豆原油固有的气味和滋味，无异味
水分及挥发物含量/%	≤0.20
不溶性杂质含量/%	≤0.20
酸价(以 KOH 计)/(mg/g)	按照 GB 2716 执行
过氧化值/(mmol/kg)	
溶剂残留/(mg/kg)	≤100

表 3-5 成品大豆油质量指标

项目	质量指标		
	一级	二级	三级
色泽	淡黄色至浅黄色	浅黄色至橙黄色	橙黄色至棕红色
透明度(20 ℃)	澄清、透明	澄清	允许微浊
气味、滋味	无异味,口感好	无异味,口感良好	具有大豆油固有气味和滋味,无异味
水分及挥发物含量/%	≤0.10	≤0.15	≤0.20
不溶性杂质含量/%	≤0.05	≤0.05	≤0.05
酸价(以 KOH 计)/(mg/g)	≤0.50	≤2.0	按照 GB 2716 执行
过氧化值/(mmol/kg)	≤5.0	≤6.0	按照 GB 2716 执行
加热试验(280 ℃)	—	无析出物,油色不得变深	允许微量析出物和油色变深,但不得变黑
含皂量/%	—	≤0.03	
冷冻试验(0 ℃≤储藏 5.5 h)	澄清、透明	—	
烟点/℃	≥190	—	
溶剂残留量/(mg/kg)	不得检出	按照 GB 2716 执行	

注:1. "—"表示不做该项检测。
2. 过氧化值的单位换算:当以 g/100 g 表示时,如 5.0 mmol/kg≈0.13 g/100 g。

表 3-6 葵花籽原油质量指标

项目	质量指标
气味、滋味	具有葵花籽原油固有的气味和滋味,无异味
水分及挥发物含量/%	≤0.20
不溶性杂质含量/%	≤0.20
酸价(以 KOH 计)/(mg/g)	按照 GB 2716 执行
过氧化值/(mmol/kg)	按照 GB 2716 执行
溶剂残留/(mg/kg)	≤1 100

表 3-7 压榨葵花籽油(包括葵花仁油)质量指标

项目		质量指标	
		一级	二级
色泽		淡黄色至橙黄色	橙黄色至棕红色
透明度(20 ℃)		澄清、透明	澄清
气味、滋味	压榨葵花籽油	无异味,口感好	具有葵花籽油固有的气味和滋味,无异味
	葵花仁油	具有熟葵花仁特有的气味和滋味,无异味	
水分及挥发物含量/%		≤0.10	≤0.15
不溶性杂质含量/%		≤0.05	≤0.05
酸价(以 KOH 计)/(mg/g)		≤1.5	按照 GB 2716 执行
过氧化值/(mmol/kg)		≤7.5	按照 GB 2716 执行
溶剂残留量/(mg/kg)		不得检出	

表 3-8 浸出葵花籽油质量指标

项目	质量指标		
	一级	二级	三级
色泽	淡黄色至浅黄色	浅黄色至橙黄色	橙黄色至棕色
透明度(20 ℃)	澄清、透明	澄清	允许微浊
气味、滋味	无异味,口感好	无异味,口感良好	具有葵花籽油固有气味和滋味,无异味
水分及挥发物含量/%	≤0.10	≤0.15	≤0.20
不溶性杂质含量/%	≤0.05	≤0.05	≤0.05
酸价(以 KOH 计)/(mg/g)	≤0.50	≤2.0	按照 GB 2716 执行
过氧化值/(mmol/kg)	≤5.0	≤7.5	按照 GB 2716 执行
加热试验(280 ℃)	—	无析出物,油色不得变深	允许微量析出物和油色变深,但不得变黑
含皂量/%	—	≤0.03	
冷冻试验(0 ℃≤储藏 5.5 h)	澄清、透明	—	
烟点/ ℃	≥190	—	
溶剂残留量/(mg/kg)	不得检出	按照 GB 2716 执行	

注:1. “—”表示不做该项检测,下同。

2. 过氧化值的单位换算:当以 g/100 g 表示时,如 5.0 mmol/kg≈0.13 g/100 g。

表 3-9 菜籽原油质量指标

项目	质量指标
气味、滋味	具有菜籽原油固有的气味和滋味,无异味
色泽	黄色至棕红色
水分及挥发物含量/%	≤0.20
不溶性杂质含品/%	≤0.20

表 3-10 压榨菜籽油质量指标

项目	质量指标	
	一级	二级
色泽	淡黄色至浅黄色	浅黄色至橙黄色
透明度(20 ℃)	澄清、透明	允许微浊
气味、滋味	具有菜籽原油固有的气味和滋味,无异味	具有菜籽原油固有的气味和滋味,无异味
水分及挥发物含量/%	≤0.10	≤0.15
不溶性杂质含量/%	≤0.05	≤0.05
酸价(以 KOH 计)/(mg/g)	≤1.50	≤3.0
过氧化值/(mmol/kg)	≤0.125	≤0.24
加热试验(280 ℃)	无析出物,油色不得变深	允许微量析出物和油色变深

表 3-11　浸出菜籽油质量指标

<table>
<tr><th rowspan="2">项目</th><th colspan="3">质量指标</th></tr>
<tr><th>一级</th><th>二级</th><th>三级</th></tr>
<tr><td>色泽</td><td>淡黄色至浅黄色</td><td>浅黄色至橙黄色</td><td>橙黄色至棕褐色</td></tr>
<tr><td>透明度(20 ℃)</td><td>澄清、透明</td><td>澄清</td><td>允许微浊</td></tr>
<tr><td>气味、滋味</td><td>无异味,口感好</td><td>无异味,口感良好</td><td>具有菜籽油固有气味和滋味,无异味</td></tr>
<tr><td>水分及挥发物含量/%</td><td>≤0.10</td><td>≤0.15</td><td>≤0.20</td></tr>
<tr><td>不溶性杂质含量/%</td><td>≤0.05</td><td>≤0.05</td><td>≤0.05</td></tr>
<tr><td>酸价(以 KOH 计)/(mg/g)</td><td>≤0.50</td><td>≤2.0</td><td>≤3.0</td></tr>
<tr><td>过氧化值/(mmol/kg)</td><td>≤0.125</td><td colspan="2">≤0.25</td></tr>
<tr><td>加热试验(280 ℃)</td><td>—</td><td>无析出物,油色不得变深</td><td>允许微量析出物和油色变深,但不得变黑</td></tr>
<tr><td>含皂量/%</td><td>—</td><td colspan="2">≤0.03</td></tr>
<tr><td>冷冻试验(≤0 ℃储藏 5.5 h)</td><td>澄清、透明</td><td colspan="2">—</td></tr>
<tr><td>烟点/℃</td><td>≥190</td><td colspan="2">—</td></tr>
<tr><td>溶剂残留量/(mg/kg)</td><td>不得检出</td><td colspan="2">≤20</td></tr>
</table>

表 3-12　棉籽原油质量指标

项目	质量指标
气味、滋味	具有棉籽原油固有的气味和滋味,无异味
水分及挥发物含量/%	≤0.20
不溶性杂质含量/%	≤0.20

表 3-13　成品棉籽油质量指标

<table>
<tr><th rowspan="2">项目</th><th colspan="3">质量指标</th></tr>
<tr><th>一级</th><th>二级</th><th>三级</th></tr>
<tr><td>色泽</td><td>淡黄色至浅黄色</td><td>浅黄色至橙黄色</td><td>橙黄色至棕红色</td></tr>
<tr><td>透明度(20 ℃)</td><td>透明</td><td>透明</td><td>—</td></tr>
<tr><td>气味、滋味</td><td colspan="3">无异味,口感好</td></tr>
<tr><td>水分及挥发物含量/%</td><td></td><td>≤0.10</td><td>≤0.20</td></tr>
<tr><td>不溶性杂质含量%</td><td colspan="3">≤0.05</td></tr>
<tr><td>酸价(以 KOH 计)/(mg/g)</td><td>≤0.30</td><td>≤0.5</td><td>≤1.0</td></tr>
<tr><td>过氧化值/(mmol/kg)</td><td colspan="2">≤0.12</td><td>≤0.16</td></tr>
<tr><td>加热试验(280 ℃)</td><td></td><td>—</td><td>允许微量析出物和油色变深</td></tr>
<tr><td>含皂量/%</td><td></td><td>—</td><td>≤0.01</td></tr>
<tr><td>冷冻试验(≤0 ℃储藏 5.5 h)</td><td>澄清、透明</td><td colspan="2">—</td></tr>
<tr><td>烟点/(℃)</td><td>≥190</td><td colspan="2">—</td></tr>
<tr><td>游离棉酚/(mg/kg)</td><td colspan="2">≤50</td><td>≤200</td></tr>
</table>

任务一　植物油脂透明度、气味、滋味的检验

【任务目标和质量要求】

1. 熟悉植物油脂透明度、气味、滋味的质量指标，能根据检测结果判断样品的透明度、气味、滋味是否合格。

2. 熟知植物油脂透明度、气味、滋味鉴定的国家标准，培养学生求真务实、客观公正、科学严谨的职业品质。

3. 掌握评价结果的正确描述方法，培养学生具备良好的语言表述及沟通能力。

【学习产出目标】

1. 学会植物油脂透明度、气味、滋味等感官鉴定方法，并通过企业师傅的考核。

2. 完成植物油脂透明度、气味、滋味等感官鉴定的检测报告。

【专业知识准备】

1. 原理

油脂透明度是指油脂在一定温度下，静置一定时间，人体视觉观察到的油脂可透过光的程度。

2. 仪器及用具

(1)比色管：100 mL，直径 25 mm。

(2)乳白色灯泡。

(3)烧杯：100 mL。

(4)玻璃棒。

(5)封闭式可调电炉或微波炉。

【工作程序】

1. 透明度鉴定

(1)量取 100 mL 油样注入比色管中，在 20 ℃下静置 24 h(蓖麻油静置 48 h)。

(2)移至光亮处或在比色管后衬以白纸，观察油样透明程度。

(3)记录观察结果，结果以透明、微浊、混浊表示。

2. 气味、滋味

(1)取少量试样于烧杯中。

(2)在电炉上加热到 50 ℃(或在微波炉内高火加热 1 min)，取出。

(3)用玻璃棒边搅拌边闻气味，同时尝辨滋味。

(4)凡具有该油固有的气味和滋味且无异味的为合格。

【注意事项】

1. 所用烧杯应干燥、洁净，尤其是测油脂透明度时，烧杯内、外壁均不能有影响透明度的任何物质。

2. 检测气滋味时应严格控制加热的火力及时间。

【工作任务实施记录与评价】

1. 原始记录

<table>
<tr><td colspan="8">原始记录</td></tr>
<tr><td>样品名称</td><td></td><td>检测项目</td><td colspan="2">感官检验</td><td>检测依据</td><td colspan="2"></td></tr>
<tr><td colspan="2">仪器名称及编号</td><td colspan="2"></td><td colspan="2">环境温度：　　℃</td><td colspan="2">相对湿度：　　%</td></tr>
<tr><td colspan="2">气味(实测)</td><td colspan="6"></td></tr>
<tr><td colspan="2">气味(标准)</td><td colspan="6"></td></tr>
<tr><td colspan="2">滋味(实测)</td><td colspan="6"></td></tr>
<tr><td colspan="2">滋味(标准)</td><td colspan="6"></td></tr>
<tr><td colspan="2">透明度</td><td colspan="6"></td></tr>
<tr><td colspan="2">透明度(标准)</td><td colspan="6"></td></tr>
<tr><td colspan="2">结论</td><td colspan="6"></td></tr>
<tr><td>校核</td><td></td><td>检测</td><td></td><td>检测日期</td><td colspan="3"></td></tr>
</table>

2. 学徒关键职业能力评价

评价项目	标准分值	评定值
感官评价方法是否正确规范	20	
感官评价的描述是否准确	20	
评价结果的记录是否准确	20	
操作熟练程度	20	
是否做到文明操作	10	
是否注意操作安全	10	
总体评价		

3. 学徒职业品质、工匠精神评价

项目	标准分值	评定值
工作态度	15	
吃苦耐劳	15	
团队协作	10	
沟通交流	15	
学习钻研	15	
认真负责	15	
诚实守信	15	
总体评价		

任务二　植物油脂色泽的测定

【任务目标和质量要求】

1. 熟悉植物油脂色泽的质量指标,能根据检测结果判断样品的色泽是否合格。

2. 熟知植物油脂色泽测定的国家标准,培养实事求是、遵规守纪、科学严谨的职业品质。

3. 掌握罗维朋比色计的正确使用方法,培养学生认真负责、严谨规范的实验态度。

4. 掌握数据记录及处理的方法,培养学生耐心细致、一丝不苟、严谨务实的工作态度。

【学习产出目标】

1. 学会测定植物油脂色泽的操作方法,并通过企业师傅的考核。

2. 完成植物油脂色泽测定的检测报告。

【专业知识准备】

1. 检测原理

在同一光源下,由透过已知光程的液态油脂样品的光的颜色与通过标准玻璃色片的光的颜色进行匹配,用罗维朋色值表示其测定结果。

2. 仪器及用具

(1)罗维朋比色计。

(2)25.4 mm 比色槽和 133.4 mm 比色槽(按不同油品色泽要求选用比色槽)。

【工作程序】

1. 取澄清(或过滤)的试样注入比色槽中，至距槽口约 5 mm。

2. 将比色槽置于比色计中,使其靠近观察筒。

3. 按光源,用食指和大拇指按 10 倍关系同时拉动红、黄玻片。

4. 至油样的颜色与标准玻片的颜色相匹配,记录数值。

【注意事项】

1. 目视镜片要保持干净,不要沾上油脂及污物,以免影响测定结果。

2. 比色槽要保持干净,测完高熔点的油样的色泽后,要用石油醚或乙醚及时将比色槽清洗干净,清洗时切勿用硬质物体接触两透光面。

3. 测定时油样必须是干净、透明的液体。如果油样在室温下不完全是液体,可将样品进行加热,使其温度超过熔点 10 ℃左右。

4. 使用时蓝色值不能超过 9.0,灰色值不能超过 3.0。灰、蓝色玻片不能同时使用。灰色玻片是调油的亮度,蓝色玻片是滤去油中的绿色干扰。

5. 不能用某一尺寸的玻璃比色槽测得的数值来计算其他尺寸玻璃比色槽的颜色值。

6. 双试验结果允许误差不超过 0.2,用值较高的做记录。

【工作任务实施记录与评价】

1. 原始记录

<table>
<tr><td colspan="7">原始记录</td></tr>
<tr><td>样品名称</td><td></td><td>检测项目</td><td>色泽</td><td>检测依据</td><td colspan="2"></td></tr>
<tr><td colspan="2" rowspan="2">仪器名称及编号</td><td>罗维朋比色计</td><td colspan="2"></td><td colspan="2">环境温度：　　℃</td></tr>
<tr><td>比色槽</td><td colspan="2"></td><td colspan="2">相对湿度：　　%</td></tr>
<tr><td colspan="3">平行测定次数</td><td>1</td><td>2</td><td colspan="2">3(备用)</td></tr>
<tr><td colspan="2">黄色</td><td>Y</td><td></td><td></td><td colspan="2"></td></tr>
<tr><td colspan="2">红色</td><td>R</td><td></td><td></td><td colspan="2"></td></tr>
<tr><td colspan="2">蓝色</td><td>B</td><td></td><td></td><td colspan="2"></td></tr>
<tr><td colspan="2">标准</td><td></td><td></td><td></td><td colspan="2"></td></tr>
<tr><td colspan="2">单项结论</td><td colspan="5">□ 合格　　　□ 不合格</td></tr>
<tr><td>校核</td><td></td><td>检测</td><td></td><td>检测日期</td><td colspan="2">.</td></tr>
</table>

2. 学徒关键职业能力评价

评价项目	标准分值	评定值
罗维朋比色计的使用是否正确	20	
原始数据的记录是否准确	20	
检测结果的准确性	20	
操作熟练程度	20	
是否做到文明操作	10	
是否注意操作安全	10	
总体评价		

3. 学徒职业品质、工匠精神评价

项目	标准分值	评定值
工作态度	15	
吃苦耐劳	15	
团队协作	10	
沟通交流	15	
学习钻研	15	
认真负责	15	
诚实守信	15	
总体评价		

任务三　油脂中水分及挥发物含量的测定

【任务目标和质量要求】

1. 熟悉油脂中水分及挥发物含量的质量指标，能根据检测结果判断样品中水分及挥发物含量是否合格。

2. 熟知油脂中水分及挥发物含量测定的国家标准，培养实事求是、遵规守纪、科学严谨的职业品质。

3. 掌握分析天平、电热鼓风干燥箱、干燥器的正确使用方法，培养学生认真负责、严谨规范的实验态度，树立用电安全意识。

4. 掌握数据记录及处理的方法，培养学生耐心细致、一丝不苟、严谨务实的工作态度。

【学习产出目标】

1. 学会测定油脂中水分及挥发物含量的操作方法，并通过企业师傅的考核。

2. 完成油脂中水分及挥发物含量测定的检测报告。

【专业知识准备】

1. 检测原理

在(103±2) ℃的条件下，对测试样品进行加热，至水分及挥发物完全散尽，测定样品损失的质量。

2. 仪器和用具

(1)电子天平：感量 0.000 1 g。

(2)称量皿：60 mm×30 mm。

(3)电热恒温烘箱。

(4)干燥器。

【工作程序】

1. 称量皿在(103±2) ℃烘箱中烘至恒重，称重前于干燥器中冷却至室温。

2. 取混匀试样约 5 g 或 10 g(准确至 0.000 1 g)于称量皿中。

3. 在(103±2) ℃下烘 1 h，取出，干燥冷却至室温，称重。

4. 每次复烘 30 min，直至前后两次称量差不超过 2 mg 为止，如后一次称重的质量大于前一次的质量，则取前一次的质量。

5. 结果计算

$$X=\frac{(m+m_0)-m_1}{m}\times 100\%$$

式中：

X——样品中水分及挥发物，%；

m_0——烘至恒重的称量皿，g；

m——试样的质量，g；

m_1——烘后称量皿的质量，g。

结果表示：测定结果保留小数点后两位。当水分及挥发物含量约为0.3%时，两个独立测定结果的绝对差值大于0.03%的情况不得超过5%。

【工作任务实施记录与评价】

1. 原始记录

<table>
<tr><td colspan="8">原始记录</td></tr>
<tr><td>样品名称</td><td colspan="2"></td><td colspan="2">检测项目</td><td>水分及挥发物</td><td>检测依据</td><td></td></tr>
<tr><td colspan="3" rowspan="2">仪器名称及编号</td><td colspan="2">分析天平</td><td></td><td colspan="2">环境温度：　℃</td></tr>
<tr><td colspan="2">电热鼓风干燥箱</td><td></td><td colspan="2">相对湿度：　%</td></tr>
<tr><td colspan="3">平行测定</td><td colspan="2">1</td><td>2</td><td colspan="2">3(备用)</td></tr>
<tr><td colspan="3">称量皿的质量/g</td><td colspan="2"></td><td></td><td colspan="2"></td></tr>
<tr><td colspan="3">称量瓶＋试样烘至恒重/g</td><td colspan="2"></td><td></td><td colspan="2"></td></tr>
<tr><td colspan="3">样品的质量/g</td><td colspan="2"></td><td></td><td colspan="2"></td></tr>
<tr><td colspan="3">测定结果/%</td><td colspan="2"></td><td></td><td colspan="2"></td></tr>
<tr><td colspan="3">平均值/%</td><td colspan="2"></td><td></td><td colspan="2"></td></tr>
<tr><td colspan="3">标准值/%</td><td colspan="2"></td><td></td><td colspan="2"></td></tr>
<tr><td colspan="3">单项结论</td><td colspan="5">□ 合格　　□ 不合格</td></tr>
<tr><td colspan="3">计算公式</td><td colspan="5">$X=\frac{(m+m_0)-m_1}{m}\times 100\%$</td></tr>
<tr><td>校核</td><td></td><td>检测</td><td colspan="2"></td><td>检测日期</td><td colspan="2"></td></tr>
</table>

2. 学徒关键职业能力评价

评价项目	标准分值	评定值
天平的使用是否正确规范	10	
电热鼓风干燥箱的使用是否正确	10	
操作的熟练程度	10	
原始数据的记录是否准确	20	
计算及数据处理是否正确	20	
检测结果的准确性	20	
是否做到文明操作	5	
是否注意操作安全	5	
总体评价		

3. 学徒职业品质、工匠精神评价

项目	标准分值	评定值
工作态度	15	
吃苦耐劳	15	
团队协作	10	
沟通交流	15	
学习钻研	15	
认真负责	15	
诚实守信	15	
总体评价		

任务四　植物油脂中杂质的测定

【任务目标和质量要求】

1. 熟悉植物油脂中杂质含量的质量指标，能根据检测结果判断样品中杂质含量是否合格。

2. 熟知植物油脂中杂质含量测定的国家标准，培养实事求是、遵规守纪、科学严谨的职业品质。

3. 掌握分析天平、电热鼓风干燥箱、干燥器、抽气泵的正确使用方法，培养学生认真负责、严谨规范的实验态度，树立用电安全意识。

4. 掌握数据记录及处理的方法，培养学生耐心细致、一丝不苟、严谨务实的工作态度。

【学习产出目标】

1. 学会测定植物油脂中杂质含量的操作方法，并通过企业师傅的考核。

2. 完成植物油脂中杂质含量测定的检测报告。

【专业知识准备】

1. 原理

利用相似相溶的原理，不溶于石油醚的物质通过洗涤、过滤被分离，再通过干燥和称重测定杂质含量。

2. 仪器及用具

(1)抽气泵，抽气瓶，安全瓶。

(2)2 号玻璃砂芯漏斗，胶管。

(3)分析天平：感量 0.000 1 g。

(4)电热鼓风干燥箱。

3. 试剂及耗材

(1)石油醚(沸程 30～60 ℃)。

(2)95%乙醇。

(3)酸洗石棉。

(4)定量滤纸。

【工作程序】

1. 准备抽气装置:用胶管连接抽气泵、安全瓶和抽气瓶。

2. 用水将石棉分成粗、细两部分,先用粗的,后用细的石棉铺垫玻璃砂芯漏斗(约 3 mm 厚)。

3. 先用水沿玻璃棒倾入漏斗中抽洗,后用少量乙醇和石油醚先后抽洗。

4. 待石油醚挥净后,将铺有脱脂棉的漏斗放入 105 ℃电热鼓风干燥箱中,烘至前后两次质量差不超过 0.001 g 为止。

5. 称取混匀试样 15～20 g 于烧杯中。

6. 加入 20～25 mL 石油醚(蓖麻油用 95%乙醇),用玻璃棒搅拌使试样溶解,倾入漏斗中,用石油醚将烧杯中的杂质干净地洗入漏斗内,再用石油醚分数次抽洗杂质,洗至无油迹为止。

7. 待石油醚挥净后,用脱脂棉揩净漏斗外部后,在 105 ℃电热鼓风干燥箱中烘至恒重。

8. 结果计算

$$X=\frac{m_1-m_0}{m}\times 100\%$$

式中:

X——样品中杂质的含量,%;

m_0——铺好石棉的漏斗质量,g;

m_1——杂质加漏斗质量,g;

m——试样质量,g。

结果表示:计算结果保留小数点后两位。

精密度:平行试验结果允许误差不超过 0.04%,取平均值为试验结果。

【工作任务实施记录与评价】

1. 原始记录

<table>
<tr><td colspan="6">原始记录</td></tr>
<tr><td>样品名称</td><td></td><td>检测项目</td><td>水分及挥发物含量</td><td>检测依据</td><td></td></tr>
<tr><td colspan="2" rowspan="2">仪器名称及编号</td><td>电子分析天平</td><td></td><td colspan="2">环境温度:　℃</td></tr>
<tr><td>抽滤泵</td><td></td><td colspan="2">相对湿度:　%</td></tr>
<tr><td colspan="3">平行测定</td><td>1</td><td>2</td><td>3(备用)</td></tr>
<tr><td colspan="3" rowspan="3">铺好石棉的漏斗质量/g</td><td></td><td></td><td></td></tr>
<tr><td></td><td></td><td></td></tr>
<tr><td></td><td></td><td></td></tr>
<tr><td colspan="3" rowspan="3">杂质加漏斗重/g</td><td></td><td></td><td></td></tr>
<tr><td></td><td></td><td></td></tr>
<tr><td></td><td></td><td></td></tr>
<tr><td colspan="3">试样质量/g</td><td></td><td></td><td></td></tr>
</table>

续表

实测结果/%			
平均值/%			
标准值/%			

结论		□ 合格　□ 不合格			
计算公式		$X=\frac{m_1-m_0}{m}\times 100$			
校核		检测		检测日期	

2. 学徒关键职业能力评价

评价项目	标准分值	评定值
天平的使用是否正确规范	10	
电热鼓风干燥箱的使用是否正确	10	
抽气泵的使用是否正确	10	
操作的熟练程度	10	
原始数据的记录是否准确	15	
计算及数据处理是否正确	20	
检测结果的准确性	15	
是否做到文明操作	5	
是否注意操作安全	5	
总体评价		

3. 学徒职业品质、工匠精神评价

项目	标准分值	评定值
工作态度	15	
吃苦耐劳	15	
团队协作	10	
沟通交流	15	
学习钻研	15	
认真负责	15	
诚实守信	15	
总体评价		

任务五　植物油中酸值和酸度的测定

【任务目标和质量要求】

1. 熟悉植物油酸值和酸度的质量指标，能根据检测结果判断样品中酸值和酸度是否合格。
2. 熟知植物油酸值和酸度测定的国家标准，培养实事求是、遵规守纪、科学严谨的职业品质。

3. 掌握分析天平、碱式滴定管的正确使用方法，培养学生认真负责、严谨规范的实验态度。

4. 掌握数据记录及处理的方法，培养学生耐心细致、一丝不苟、严谨务实的工作态度。

【学习产出目标】

1. 学会测定植物油酸值和酸度的操作方法，并通过企业师傅的考核。

2. 完成植物油酸值和酸度测定的检测报告。

【专业知识准备】

1. 定义

(1)酸值(酸价)：中和 1 g 油脂中游离脂肪酸所需氢氧化钾的质量，用 mg/g 表示。

(2)酸度(游离脂肪酸含量)：测定出的游离脂肪酸的含量，用质量分数表示。当分析结果中写的是“酸度”而又无详细说明时，这个“酸度”通常用油酸来表示。

2. 原理

有机溶剂将油脂试样溶解成样品溶液，再用氢氧化钾或氢氧化钠标准溶液中和滴定样品溶解中的游离脂肪酸，以指示剂相应的颜色变化来判定滴定终点，最后通过滴定终点消耗的标准滴定溶液的体积计算油脂试样的酸价。

3. 试剂

(1)氢氧化钾 95%乙醇标准溶液：$c(\mathrm{KOH})=0.1$ mol/L 或必要时 $c(\mathrm{KOH})=0.05$ mol/L。

(2)乙醚-异丙醇混合液(乙醚∶异丙醇＝1∶1)：量取 500 mL 乙醚与 500 mL 异丙醇充分互溶混合，用时现配，并调至中性。

(3)酚酞指示剂：称取 1 g 酚酞，加入 100 mL 95%乙醇并搅拌至完全溶解。

(4)百里香酚酞指示剂：称取 2 g 百里香酚酞，加入 100 mL 95%乙醇并搅拌至完全溶解。

(5)碱性蓝 6B 指示剂：称取 2 g 碱性蓝 6B，加入 100 mL 95%乙醇并搅拌至完全溶解。

4. 仪器

(1)微量滴定管：10 mL，最小刻度 0.02 mL。或用数显滴定仪。

(2)分析天平：感量 0.001 g。

(3)锥形瓶：250 mL。

【工作程序】

1. 试样制备

(1)食用油脂试样的制备

①若食用油脂样品在常温下呈液态，且为澄清液体，则充分混匀后直接取样；若样品不澄清、有沉淀(如罐底毛油)，则取适量样品离心，取上层清液作为试样。若样品不澄清，有硬脂或蜡析出，则应将样品水浴加热至 50 ℃并充分振摇以熔化油脂结晶。

②若食用油脂样品在常温下呈固态，将样品置于比其熔点高 10 ℃左右的水浴中，加热完全熔化固态油脂试样，若熔化后的油脂试样完全澄清，则可混匀后直接取样。若熔化后的油脂样品浑浊或有沉淀，按①执行。

(2)植物油料试样的制备

①先用高速粉碎机将植物油料粉碎至粒径为 0.8～3 mm 的细小颗粒。

②将试样装入索氏脂肪抽提器中，再加入适量石油醚，加热并回流提取 4 h，最后收集并

合并所有的提取液于一个烧瓶中，置于水浴温度不高于 45 ℃的旋转蒸发仪内，0.08～0.1 MPa 负压条件下，将其中的溶剂彻底旋转蒸干，取残留的液体油脂作为试样进行酸价测定。

2. 试样称量

根据试样的颜色和估计的酸价，按表 3-14 取样。

表 3-14　试样取样表

估计的酸价/(mg/g)	试样的最小称样量/g	使用滴定液的浓度/(mol/L)
0～1	20	0.1
1～4	10	0.1
4～15	2.5	0.1
15～75	0.5～3.0	0.1 或 0.5
＞75	0.2～1.0	0.5

注：试样的量和滴定液的浓度应使得滴定液的用量不超过 10 mL。

3. 试样测定

(1)准确称重后的试样放到 250 mL 锥形瓶中。

(2)将样品加入 50～100 mL 预先中和过的混合溶剂或乙醚异丙醇溶剂中溶解，滴加 3～4 滴酚酞指示剂，充分振摇溶解试样。

(3)用 0.1 mol/L(或 0.05 mol/L)氢氧化钾溶液边摇动边滴定，直到指示剂指示终点(酚酞变为粉红色且维持 15 s 不褪色)。

注：如果滴定所需 0.1 mol/L 氢氧化钾溶液体积超过 10 mL，可用浓度为 0.5 mol/L 的氢氧化钾溶液。滴定中溶液发生浑浊可补加适量混合溶剂至澄清。

(4)测定次数：同一试样进行两次测定。

(5)对于深色泽的油脂样品，可用百里香酚酞指示剂和碱性蓝 6B 指示剂取代酚酞指示剂，滴定时当颜色变为蓝色时为百里香酚酞的滴定终点，碱性蓝 6B 指示剂的滴定终点为由蓝色变红色。米糠油只能用碱性蓝 6B 指示剂。

4. 结果计算

(1)酸值

$$X=\frac{V\times c\times 56.1}{m}$$

式中：

X—— 样品的酸值，mg/g；

V——所用氢氧化钾溶液体积，mL；

c——所用氢氧化钾标准溶液的准确浓度，mol/L；

m——试样质量，g；

56.1——氢氧化钾的摩尔质量，g/mol。

(2)酸度

根据脂肪酸的类型，酸度以质量分数表示，数值以百分数计。

$$X_1=V\times c\times\frac{M}{1\,000}\times\frac{100}{m}=\frac{V\times c\times M}{10\times m}$$

式中：

X_1—— 样品的酸度，%；

V—— 所用氢氧化钾溶液体积，mL；

c—— 所用氢氧化钾标准溶液的准确浓度，mol/L；

M—— 表示结果选用的酸的摩尔质量，g/mol；

m—— 试样质量，g。

结果表示：酸价≤1 mg/g，计算结果保留 2 位小数；1 mg/g＜酸价≤100 mg/g，计算结果保留 1 位小数；酸价＞100 mg/g，计算结果保留整数位。

精密度：酸价≤1 mg/g 时，在重复条件下获得的两次独立测定结果的绝对差值不得超过算术平均值的 15%，当≥1 mg/g 时，在重复条件下获得的两次独立测定结果的绝对差值不得超过算术平均值的 12%。

【工作任务实施记录与评价】

1. 原始记录

原始记录					
样品名称		检测项目	脂肪酸值和酸度	检测依据	
仪器名称及编号	电子分析天平			环境温度： ℃	相对湿度： %
标准溶液名称			标定日期		
平行测定		1	2	3(备用)	
试样质量/g					
标准溶液浓度/(mol/L)					
滴定管末读数/mL					
滴定管初读数/mL					
实际消耗量/mL					
样品的酸值/(mg/g)					
平均值/(mg/g)					
标准值/(mg/100 g)					
单项结论		□ 合格　□ 不合格			
计算公式		$X=\frac{V\times c\times 56.1}{m}$			
表示结果选用的酸的摩尔质量/(g/mol)					
样品的酸度/%					
平均值/%					
标准值/%					
单项结论		□ 合格　□ 不合格			
计算公式		$X_1=V\times c\times\frac{M}{1\,000}\times\frac{100}{m}=\frac{V\times c\times M}{10\times m}$			
校核		检测		检测日期	

2. 学徒关键职业能力评价

评价项目	标准分值	评定值
天平的使用是否正确规范	10	
滴定操作是否规范	20	
操作的熟练程度	10	
原始数据的记录是否准确	15	
计算及数据处理是否正确	20	
检测结果的准确性	15	
是否做到文明操作	5	
是否注意操作安全	5	
总体评价		

3. 学徒职业品质、工匠精神评价

项目	标准分值	评定值
工作态度	15	
吃苦耐劳	15	
团队协作	10	
沟通交流	15	
学习钻研	15	
认真负责	15	
诚实守信	15	
总体评价		

任务六　植物油脂过氧化值的测定

【任务目标和质量要求】

1. 熟悉植物油脂过氧化值的质量指标，能根据检测结果判断样品中过氧化值是否超标。
2. 熟知植物油脂过氧化值测定的国家标准，培养实事求是、遵规守纪、科学严谨的职业品质。
3. 掌握分析天平、酸式滴定管的正确使用方法，培养学生认真负责、严谨规范的实验态度。
4. 掌握数据记录及处理的方法，培养学生耐心细致、一丝不苟、严谨务实的工作态度。

【学习产出目标】

1. 学会测定植物油脂过氧化值的操作方法，并通过企业师傅的考核。
2. 完成植物油脂过氧化值测定的检测报告。

【专业知识准备】

1. 原理

在乙酸和三氯甲烷溶液中溶解试样，用碘化钾与试样反应，反应完成后用硫代硫酸钠标准溶液滴定析出的碘。反应方程式：

$$\mathrm{H+R-CH=CH-\underset{\displaystyle |\atop OOH}{CH}-CH_2-R' + 2KI \longrightarrow R-CH=CH-\underset{\displaystyle |\atop OH}{CH}-CH_2-R' + I_2 + K_2O}$$

$$\mathrm{I_2 + 2Na_2S_2O_3 \longrightarrow Na_2S_4O_6 + 2NaI} \quad \text{(间接碘量法)}$$

用过氧化物相当于碘的质量分数或 1 kg 样品中活性氧的摩尔质量(mmol)表示过氧化值。

2. 仪器及用具

(1)分析天平:感量 0.1 mg 或 0.01 g。

(2)碘量瓶:250 mL。

(3)移液管:1 mL。

(4)量筒:100 mL。

(5)滴定管:10 mL,最小分度值 0.05 mL。

(6)电热恒温干燥箱。

(7)旋转蒸发仪。

3. 试剂和溶液

(1)本标准所列试剂均为分析纯,水为蒸馏水。

(2)三氯甲烷($CHCl_3$)。

(3)冰乙酸(CH_3COOH)。

(4)碘化钾(KI)。

(5)石油醚:沸程为 30～60 ℃。

(6)无水硫酸钠(Na_2SO_4)。

(7)重铬酸钠($K_2Cr_2O_7$):工作基准试剂。

(8)饱和碘化钾溶液:称取 20.0 g 碘化钾,加入 10 mL 新煮沸冷却的水,摇匀后贮于棕色瓶中,存放于避光处备用。要确保溶液中有饱和碘化钾结晶存在。临用时现配,暂时储存于棕色试剂瓶中于冰箱中冷藏保存。使用前检查:在 30 mL 三氯甲烷-冰乙酸混合溶液中加 1.00 mL 碘化钾饱和溶液和 2 滴 1%淀粉溶液,若出现蓝色,并需用 1 滴以上 0.01 mol/L 硫代硫酸钠溶液才能消除,此碘化钾溶液不能使用,应重新配制。

(9)1%淀粉指示剂:称取 0.5 g 可溶性淀粉,加少量冷蒸馏水调成糊状,边搅拌边倒入 50 mL 沸水,再煮沸搅匀后,放冷备用。临用前配制。

(10)硫代硫酸钠溶液:$c(Na_2S_2O_3)=0.1$ mol/L,临使用前标定。

配制:称取 26 g 五水硫代硫酸钠($Na_2S_2O_3\cdot5H_2O$)溶解于蒸馏水中,加 0.2 g 无水碳酸钠,溶于 1 000 mL 水中,缓缓煮沸 10 min,冷却。放置两周后过滤、标定。

(11)硫代硫酸钠溶液:$c(Na_2S_2O_3)=0.01$ mol/L,由 0.1 mol/L 硫代硫酸钠溶液以新煮沸冷却的水稀释而成。临用前配制。

(12)石油醚的处理:取 100 mL 石油醚于蒸馏瓶中,在低于 40 ℃水浴中,用旋转蒸发仪减压蒸干。用 30 mL 三氯甲烷-冰乙酸混合溶液分次洗涤蒸馏瓶,合并洗涤液于 250 mL 碘量瓶。准确加入 1.00 mL 饱和碘化钾溶液,塞紧瓶盖,并轻轻振摇 0.5 min,在暗处旋转 3 min,加 1.0 mL 淀粉指示剂后混匀,若无蓝色出现,此石油醚用于试样制备;如加 1.0 mL 淀粉指示剂混匀后有蓝色出现,则需要更换试剂。

(13)三氯甲烷-冰乙酸混合溶剂(体积比 40∶60):量取 40 mL 三氯甲烷,加 60 mL 冰乙酸,混匀。

【工作程序】

1. 样品称样量

按表 3-15 所列对试样进行称量。

表 3-15　试样称量

估计过氧化值/(mmol/kg)	试样质量/g	称量的精确度/g
0～6 或≤12	2.0～5.0	±0.01
6～10 或 12～20	1.2～2.0	±0.01
10～15 或 20～30	0.8～1.2	±0.01
15～25 或 30～50	0.5～0.8	±0.001
25～45 或≥50	0.3～0.5	±0.001

要求:试验应在散射日光或人工光线下进行,应避免在阳光直射下进行试样称量。

2. 样品的测定

按表 3-15 称样,通常称取试样 2～3 g(准确至 0.001 g),置于 250 mL 碘量瓶中;加 30 mL 三氯甲烷-冰乙酸混合溶液,轻轻振摇使试样完全溶解;准确加入 1.00 mL 饱和碘化钾溶液,塞紧瓶盖,并轻轻振摇 0.5 min,在暗处放置 3 min;取出加入 100 mL 蒸馏水,摇匀;立即用硫代硫酸钠溶液滴定析出的碘,滴定至淡黄色时,加 1 mL 淀粉溶液,继续滴定并强烈振摇至溶液蓝色消失为终点。

3. 空白试验

空白试验所消耗 0.01 mol/L 硫代硫酸钠溶液的体积不得超过 0.1 mL。否则应更换试剂,重新对样品进行测定。

4. 结果计算

(1)用过氧化物相当于碘的质量分数表示过氧化值时,按下式计算

$$X_1=\frac{(V-V_0)\times c\times 0.1269}{m}\times 100$$

式中:

X_1—— 试样中过氧化值的含量,g/100 g;

V—— 试样消耗硫代硫酸钠标准溶液的体积,mL;

V_0—— 空白试验消耗硫代硫酸钠标准溶液的体积,mL;

c ——硫代硫酸钠标准溶液浓度,mol/L;

m —— 试样的质量,g;

0.126 9 ——与 1.00 mL 硫代硫酸钠标准滴定溶液[$c(Na_2S_2O_3)=1.000$ mol/L]相当的碘的质量;

100 ——换算系数。

结果表示:以重复性条件下获得的两次独立测定结果的算术平均值表示,结果保留两位有效数字。

(2)用 1 kg 样品中活性氧的摩尔质量(mmol)表示过氧化值时,按下式计算

$$X_2=\frac{(V-V_0)\times c}{2m}\times 1\ 000$$

式中:

X_2—— 试样的过氧化值,mmol/kg;

V—— 试样消耗硫代硫酸钠标准溶液的体积,mL;

V_0—— 空白试验消耗硫代硫酸钠标准溶液的体积,mL;

c ——硫代硫酸钠标准溶液浓度,mol/L;

m —— 试样的质量,g;

1 000 —— 换算系数。

结果表示:以重复性条件下获得的两次独立测定结果的算术平均值表示,结果保留两位有效数字。

精密度:在重复性条件下获得的两次独立测定结果的绝对差值不得超过算术平均值的 10%。

【工作任务实施记录与评价】

1. 原始记录

原始记录					
样品名称		检测项目	过氧化值	检测依据	
仪器名称及编号	电子分析天平			环境温度: ℃	相对湿度: %
标准溶液名称			标定日期		
平行测定	1		2	3(备用)	
试样质量/g					
标准溶液浓度/(mol/L)					
滴定管末读数/mL					
滴定管初读数/mL					
实际消耗量/mL					
空白消耗量/mL					
样品的过氧化值/(mmol/kg)					
平均值/(mmol/kg)					
标准值(mmol/kg)					
单项结论	□ 合格 □ 不合格				
计算公式	$X_2=\frac{(V-V_0)\times c}{2m}\times 1\ 000$				
样品的过氧化值/(g/100 g)					
平均值/(g/100 g)					
标准值/(g/100 g)					
单项结论	□ 合格 □ 不合格				
计算公式	$X_1=\frac{(V-V_0)\times c\times 0.126\ 9}{m}\times 100$				
校核		检测		检测日期	

2. 学徒关键职业能力评价

评价项目	标准分值	评定值
天平的使用是否正确规范	10	
滴定操作是否规范	10	
操作的熟练程度	20	
原始数据的记录是否准确	15	
计算及数据处理是否正确	20	
检测结果的准确性	15	
是否做到文明操作	5	
是否注意操作安全	5	
总体评价		

3. 学徒职业品质、工匠精神评价

项目	标准分值	评定值
工作态度	15	
吃苦耐劳	15	
团队协作	10	
沟通交流	15	
学习钻研	15	
认真负责	15	
诚实守信	15	
总体评价		

任务七　植物油脂中含皂量的测定

【任务目标和质量要求】

1. 熟悉植物油脂中含皂量的质量指标，能根据检测结果判断样品中含皂量是否合格。
2. 熟知植物油脂中含皂量测定的国家标准，培养实事求是、遵规守纪、科学严谨的职业品质。
3. 掌握分析天平、酸式滴定管的正确使用方法，培养学生认真负责、严谨规范的实验态度。
4. 掌握数据记录及处理的方法，培养学生耐心细致、一丝不苟、严谨务实的工作态度。

【学习产出目标】

1. 学会测定植物油脂中含皂量的操作方法，并通过企业师傅的考核。
2. 完成植物油脂中含皂量测定的检测报告。

【专业知识准备】

1. 定义

油脂中的含皂量，即油脂经过加碱精炼后，油脂中残留的皂化物的量（以油酸钠计）。

2. 原理

用丙酮的水溶液溶解油样，加入热水使皂化物溶解，再以溴酚蓝为指示剂，用盐酸标准溶液滴定其中的脂肪酸钠，用消耗的盐酸标准溶液的体积计算脂肪酸钠（以油酸钠计）的含量。溴酚蓝指示剂的变色域为：pH 3.0 为黄色、pH 4.6 为蓝色。为缩小指示剂的变色范围，用溴甲酚绿-甲基红混合指示剂，使颜色变化更加明显，该混合指示剂的碱色为暗绿，它的变色点 pH 为 5.1，其在酸性溶液中为暗红色，很好判断。

反应过程：$RCOONa+HCl \rightleftharpoons RCOOH+NaCl$

3. 仪器设备

（1）天平：分度值 0.01 g。

（2）微量滴定管或数显滴定仪：5 mL 或 10 mL，分度值 0.02 mL。

（3）具塞锥形瓶：250 mL。

（4）恒温水浴锅。

4. 试剂

（1）除非另有说明，仅使用分析纯试剂，水符合 GB/T 6682 规定中三级水的要求。

（2）1％溴酚蓝溶液指示剂：称取 1.00 g 水溶性钠型溴酚蓝溶于 100 mL 蒸馏水中，搅拌溶解。若不是水溶性钠型溴酚蓝，则称取溴酚蓝 2 g，加 0.05 mol/L 氢氧化钠溶液 60 mL 使溶解，再加水稀释至 200 mL，即得。变色范围 pH 2.8～4.6（黄→蓝绿）。

（3）98％丙酮水溶液：量取 20 mL 蒸馏水加入 980 mL 丙酮中，摇匀。临用前每 100 mL 中加入 0.5 mL 1％溴酚蓝溶液，滴加盐酸溶液或氢氧化钠溶液调节至溶液呈黄色。

（4）盐酸标准溶液：$c(HCl)=0.01$ mol/L，按 GB/T 601 规定的方法配制与标定。

（5）氢氧化钠溶液：$c(NaOH)=0.01$ mol/L，按 GB/T 601 规定的方法配制。

【工作程序】

1. 样品的测定

称取样品约 40 g，精确至 0.01 g，置于具塞锥形瓶中，加入 1 mL 水，将锥形瓶置于沸水浴中，充分摇匀。加入 50 mL 丙酮水溶液，在水浴中加热后，充分振摇，静置后分为两层。如果油中含有皂化物，则上层将呈绿色至蓝色。用微量滴定管趁热逐滴滴加 0.01 mol/L 的盐酸标准溶液，每滴一滴振摇数次，滴定至溶液从蓝色变为黄色；重新加热、振摇、滴定至上层呈黄色且不褪色，记下所耗盐酸标准溶液的总体积。

2. 空白试验

按照与样品的测定相同的步骤测定样品空白。

3. 结果计算

试样中含皂量按下式计算：

$$X=\frac{(V-V_0)\times c\times 0.304}{m}\times 100$$

式中：

X ——油脂中含皂量，％；

V ——滴定试样溶液消耗盐酸标准溶液的体积，mL；

V_0 —— 滴定空白溶液消耗盐酸标准溶液的体积，mL；

c ——盐酸标准溶液的浓度,mol/L ;

m —— 试样重量,g;

0.304——每毫摩尔油酸钠的质量,g。

结果表示:测定结果保留小数点后第二位。

精密度:双试验结果允许误差不超过0.01%,求其平均数,即为测定结果。

【工作任务实施记录与评价】

1. 原始记录

<table>
<tr><td colspan="8">原始记录</td></tr>
<tr><td>样品名称</td><td></td><td>检测项目</td><td colspan="2">含皂量</td><td>检测依据</td><td colspan="2"></td></tr>
<tr><td>仪器名称及编号</td><td>电子分析天平</td><td colspan="2"></td><td colspan="2">环境温度: ℃</td><td colspan="2">相对湿度: %</td></tr>
<tr><td colspan="2">标准溶液名称</td><td colspan="2"></td><td colspan="4">标定日期</td></tr>
<tr><td colspan="2">平行测定</td><td colspan="2">1</td><td colspan="2">2</td><td colspan="2">3(备用)</td></tr>
<tr><td colspan="2">试样质量/g</td><td colspan="2"></td><td colspan="2"></td><td colspan="2"></td></tr>
<tr><td colspan="2">标准溶液浓度/(mol/L)</td><td colspan="2"></td><td colspan="2"></td><td colspan="2"></td></tr>
<tr><td colspan="2">滴定管末读数/mL</td><td colspan="2"></td><td colspan="2"></td><td colspan="2"></td></tr>
<tr><td colspan="2">滴定管初读数/mL</td><td colspan="2"></td><td colspan="2"></td><td colspan="2"></td></tr>
<tr><td colspan="2">实际消耗量/mL</td><td colspan="2"></td><td colspan="2"></td><td colspan="2"></td></tr>
<tr><td colspan="2">空白消耗量/mL</td><td colspan="2"></td><td colspan="2"></td><td colspan="2"></td></tr>
<tr><td colspan="2">样品的含皂量/%</td><td colspan="2"></td><td colspan="2"></td><td colspan="2"></td></tr>
<tr><td colspan="2">平均值/%</td><td colspan="2"></td><td colspan="4"></td></tr>
<tr><td colspan="2">标准值/%</td><td colspan="2"></td><td colspan="4"></td></tr>
<tr><td colspan="2">单项结论</td><td colspan="6">□合格 □不合格</td></tr>
<tr><td colspan="2">计算公式</td><td colspan="6">$X=\frac{(V-V_0)\times c\times 0.304}{m}\times 100$</td></tr>
<tr><td>校核</td><td></td><td>检测</td><td colspan="2"></td><td>检测日期</td><td colspan="2"></td></tr>
</table>

2. 学徒关键职业能力评价

评价项目	标准分值	评定值
天平的使用是否正确规范	10	
水浴锅的使用是否正确	10	
滴定操作是否规范	10	
操作的熟练程度	10	
原始数据的记录是否准确	15	
计算及数据处理是否正确	20	
检测结果的准确性	15	
是否做到文明操作	5	
是否注意操作安全	5	
总体评价		

3. 学徒职业品质、工匠精神评价

项目	标准分值	评定值
工作态度	15	
吃苦耐劳	15	
团队协作	10	
沟通交流	15	
学习钻研	15	
认真负责	15	
诚实守信	15	
总体评价		

任务八　植物油脂冷冻试验

【任务目标和质量要求】

1. 熟悉植物油脂冷冻试验的质量指标，能根据检测结果判断样品冷冻试验是否合格。

2. 熟知植物油脂冷冻试验的国家标准，培养实事求是、遵规守纪、科学严谨的职业品质。

3. 掌握磁力搅拌器、恒温冰水浴锅的正确使用方法，培养学生认真负责、严谨规范的实验态度。

4. 掌握数据记录及处理的方法，培养学生耐心细致、一丝不苟、严谨务实的工作态度。

【学习产出目标】

1. 学会植物油脂冷冻试验的操作方法，并通过企业师傅的考核。

2. 完成植物油脂冷冻试验的检测报告。

【专业知识准备】

1. 定义

测定样品在 0 ℃时油脂持续保持透明的时间(抗冻性)，以反映样品抗结晶的能力，通常被用作油脂冬化或类似的脱除硬脂工艺(衡量一级棉籽油脱脂工艺及一级葵油、一级菜籽和一级玉米油脱蜡工艺)的重要指标。

2. 材料和用具

(1)磨口具塞试管(直径约 40 mm)，必须清洁、干燥、无尘。

(2)0 ℃水浴(恒温冰水浴锅)。

(3)温度计：－10～50 ℃。

(4)磁力搅拌器。

【工作程序】

1. 将混合均匀的油样(200～300 mL)在恒温磁力搅拌器上加热并搅拌。

2. 加热至 130 ℃时，停止加热。

3. 趁热将油过滤到具塞试管中(试管必须是干燥洁净的)。

4. 刚开始过滤时速度很快，计数 10 滴。

5. 弃去具塞试管中的前 10 滴油样。

6. 然后将油继续过滤到具塞试管中至刻度线，此时油在试管中的高度为 10 cm。

7. 然后加塞封闭(用凡士林密封)，冷却至室温。

8. 将冷却至室温的油样浸入 0 ℃水浴中(试管中油的液位必须低于恒温水浴锅中水的液位)。

9. 每小时观察一次油样，观察油样时垂直轻轻提起装有油样的试管，不可晃动。观察后尽快放回水浴中，以免油样温度升高，影响测试结果。

10. 合格样品必须澄清、透明(无絮状物、无晶核和影响透光的现象)。实验结果记录在冷冻实验原始记录表中(只需记录油样有状态变化的时间点)，并与未冷冻的样品进行对比。

【工作任务实施记录与评价】

1. 原始记录

<table>
<tr><td>样品名称</td><td></td><td>检测项目</td><td>冷冻试验</td><td>检测依据</td><td></td></tr>
<tr><td colspan="2" rowspan="2">仪器名称及编号</td><td>恒温冰水浴锅</td><td colspan="2"></td><td>环境状况：   ℃</td></tr>
<tr><td>加热磁力搅拌器</td><td colspan="2"></td><td>相对湿度：   %</td></tr>
<tr><td colspan="2">试验时间</td><td colspan="4">试验情况</td></tr>
<tr><td colspan="2">1 h</td><td colspan="4"></td></tr>
<tr><td colspan="2">2 h</td><td colspan="4"></td></tr>
<tr><td colspan="2">3 h</td><td colspan="4"></td></tr>
<tr><td colspan="2">4 h</td><td colspan="4"></td></tr>
<tr><td colspan="2">…</td><td colspan="4"></td></tr>
<tr><td colspan="2">结论</td><td colspan="4"></td></tr>
<tr><td>校核</td><td></td><td>检测</td><td></td><td>检测日期</td><td></td></tr>
</table>

2. 学徒关键职业能力评价

评价项目	标准分值	评定值
磁力搅拌器的使用是否正确	10	
水浴锅的使用是否正确	10	
原始数据的记录是否准确	20	
检测结果的准确性	20	
操作熟练程度	20	
是否做到文明操作	10	
是否注意操作安全	10	
总体评价		

3. 学徒职业品质、工匠精神评价

项目	标准分值	评定值
工作态度	15	
吃苦耐劳	15	
团队协作	10	
沟通交流	15	
学习钻研	15	
认真负责	15	
诚实守信	15	
总体评价		

任务九　植物油脂加热试验

【任务目标和质量要求】

1. 熟悉植物油脂加热试验的质量指标，能根据检测结果判断样品加热试验是否合格。

2. 熟知植物油脂加热试验的国家标准，培养实事求是、遵规守纪、科学严谨的职业品质。

3. 掌握万用电炉、罗维朋比色计的正确使用方法，培养学生认真负责、严谨规范的实验态度，树立安全用电意识。

4. 掌握数据记录及处理的方法，培养学生耐心细致、一丝不苟、严谨务实的工作态度。

【学习产出目标】

1. 学会测定植物油脂加热试验的操作方法，并通过企业师傅的考核。

2. 完成植物油脂加热试验的检测报告。

【专业知识准备】

1. 定义

油脂样品加热至 280 ℃时，观察有无析出物和油脂色泽变化情况。

2. 原理

纯净的油脂加热至 280 ℃时，仍呈透明状态，如果油脂中存在磷脂，则在 280 ℃下磷脂就会析出或分解，使油色变深变黑，并产出析出物或絮状沉淀物等，由此判断植物油品质。通常油色变深、变黑，析出物或絮状沉淀物越多，表明植物油品质越差。

3. 仪器及用具

(1)万用电炉。

(2)装有细砂的金属盘(砂浴盘)或石棉网。

(3)烧杯：100 mL。

(4)温度计：300～350 ℃。

(5)铁架台等。

(6)罗维朋比色计。

【工作程序】

1. 初始样品色泽的测定

取混匀试样测定加热前色泽。

2. 样品加热

将约 50 mL 混合均匀试样注入 100 mL 烧杯内，置于带有沙浴盘的电炉上加热，用铁支柱悬挂温度计，使水银球恰在试样中心；加热，在 16～18 min 内使试样温度升至 280 ℃，亚麻子油加热至 282 ℃，取下烧杯，趁热观察析出物多少和油色深浅情况。

3. 加热后样品色泽的测定

待冷却至室温后，再观察一次，同时测定罗维朋色泽的变化。

4. 试验结果

(1)结果表示

①观察析出物的试验结果分别以“无析出物”“有微量析出物”“有多量析出物”来表示。

②观察样品加热前后颜色变化的试验结果分别以“油色变浅”“油色不变”“油色变深”“油色变黑”或“其他”来表示。

(2)结果判定

①无析出物：目视没有可见析出物悬浮物。

②有微量析出物：有析出物悬浮物，不多于 5 个直径小于 0.5 cm 的析出物悬浮物。

③有多量析出物：除以上两种情况外，判定为有多量析出物。

④其他：指以油色实际变化情况来描述，如油脂加热后变为绿色，则可写为油色变绿。

5. 结果计算

(1)黄色色差值

$$\Delta Y = Y_1 - Y_0$$

式中：

ΔY ——黄色色差值；

Y_1—— 加热后油样黄色值；

Y_0—— 加热前油样黄色值。

其中，结果为正值时表示加热时黄值增加，为负值时表示加热时黄值减少，为 0 时表示加热时黄值不变，计算结果保留小数点后一位，在重复性条件下，黄色色差值两次平行测定结果的绝对差值不超过 1.0。

(2)红色色差值

$$\Delta R = R_1 - R_0$$

式中：

ΔR —— 红色色差值；

R_1——加热后油样红色值；

R_0——加热前油样红色值。

其中，结果为正值时表示加热时红值增加，为负值时表示加热时红值减少，为 0 时表示加热时红值不变，计算结果保留小数点后一位，在重复性条件下，红色色差值两次平行测定结果的绝对差值不超过 0.1。

(3)蓝色色差值

$$\Delta B = B_1 - B_0$$

式中：

ΔB ——蓝色色差值；

B_1——加热后油样蓝色值；

B_0——加热前油样蓝色值。

其中，结果为正值时表示加热时蓝值增加，为负值时表示加热时蓝值减少，为 0 时表示加热时蓝值不变，计算结果保留小数点后一位，在重复性条件下，蓝色色差值两次平行测定结果的绝对差值不超过 0.1。

6. 结果描述

(1)罗维朋比色计差值的试验结果分别以“黄色色差值、红色色差值、蓝色色差值”表示；

(2)如有“有刺激性异味”等须和上述表述一起作为结果描述。

【注意事项】

1. 磷脂的析出物形状有絮状成串、片状结团、线状等。

2. 当油脂加热后比初始样品颜色深时，固定黄色玻片色值，打开光源，移动红色玻片调色，直至玻片色与油样色相近为止。

3. 如果油色为黄绿色，应配入蓝色玻片，这时移动红色玻片，使配入蓝色玻片的号码达到最小值为止，记下黄、红或黄、红、蓝玻片的各色值的总和，即为被测油样的色值。

【工作任务实施记录与评价】

1. 原始记录

<table>
<tr><td colspan="6">原始记录</td></tr>
<tr><td>样品名称</td><td></td><td>检测项目</td><td>加热试验</td><td>检测依据</td><td></td></tr>
<tr><td rowspan="2">仪器名称及编号</td><td>罗维朋比色计</td><td colspan="2"></td><td colspan="2">环境温度：　℃</td></tr>
<tr><td>比色槽</td><td colspan="2"></td><td colspan="2">相对湿度：　%</td></tr>
<tr><td>色泽</td><td>黄色 Y</td><td colspan="2">红色 R</td><td colspan="2">蓝色 B</td></tr>
<tr><td>加热前</td><td></td><td colspan="2"></td><td colspan="2"></td></tr>
<tr><td>加热后</td><td></td><td colspan="2"></td><td colspan="2"></td></tr>
<tr><td>差值</td><td></td><td colspan="2"></td><td colspan="2"></td></tr>
<tr><td>加热后色泽</td><td colspan="5"></td></tr>
<tr><td>加热后析出物</td><td colspan="5"></td></tr>
<tr><td>加热试验结论</td><td colspan="5"></td></tr>
<tr><td>校核</td><td></td><td>检测</td><td></td><td>检测日期</td><td></td></tr>
</table>

2. 学徒关键职业能力评价

评价项目	标准分值	评定值
罗维朋比色计的使用是否正确	20	
原始数据的记录是否准确	20	
检测结果的准确性	20	
操作熟练程度	20	
是否做到文明操作	10	
是否注意操作安全	10	
总体评价		

3. 学徒职业品质、工匠精神评价

项目	标准分值	评定值
工作态度	15	
吃苦耐劳	15	
团队协作	10	
沟通交流	15	
学习钻研	15	
认真负责	15	
诚实守信	15	
总体评价		

任务十　植物油脂烟点测定

【任务目标和质量要求】

1. 熟悉植物油脂烟点的质量指标，能根据检测结果判断样品烟点是否合格。

2. 熟知植物油脂烟点测定的国家标准，培养实事求是、遵规守纪、科学严谨的职业品质。

3. 掌握烟点测定仪的正确使用方法，培养学生认真负责、严谨规范的实验态度，树立安全用电意识。

4. 掌握数据记录及处理的方法，培养学生耐心细致、一丝不苟、严谨务实的工作态度。

【学习产出目标】

1. 学会目视法测定植物油脂烟点的操作方法，并通过企业师傅的考核。

2. 完成植物油脂烟点测定的检测报告。

【专业知识准备】

1. 定义

在规定的测定条件下，油脂加热至开始连续发蓝烟时的温度称为烟点。

2. 原理

在规定的测定条件下，加热油脂至用肉眼能初次看见热分解物连续发烟，此时样品的温度即为烟点值。

3. 所需仪器用具

(1)烟点测定仪，接触调压器，双层铁皮电炉，烟点杯(黄铜或不锈钢)。

(2)水银温度计：量程为 0～300 ℃，最小分度 1 ℃，温度计需经过校验。

(3)铁架台。

(4)石棉网。

【工作程序】

1. 电炉上放置加热板，其凹槽向上，用调压器控制电炉的加热速率。

2. 将油脂样品小心装入油样杯中，其液面正好在装样线上，放入加热板的凹槽。调整好仪器的位置，使照明光束正好通过油样杯杯口中心。火苗集中在杯底部的中央，将温度计垂直地悬挂在样品杯中央，水银球离杯底约 6.35 mm。

3. 迅速加热样品至发烟点前 42 ℃左右，调节热源，使样品升温速率为 5～6 ℃/min。

4. 看见样品有少量、连续带蓝色的烟(油脂中的热分解物)冒出时，读取温度计指示的温度，即为烟点。

结果表示：双试验允许差不超过 2 ℃，求其平均值即为测定结果，测定结果取整数。

【注意事项】

1. 样品开始连续发烟前，有股轻微的烟出现，此烟点可以忽略；

2. 油样杯要认真地清洗干净，以去除影响烟点的任何物质；

3. 所使用的温度计必须经过检定；

4. 油样不要倒在烟点杯壁上，否则会影响测定结果。

【工作任务实施记录与评价】

1. 原始记录

<table>
<tr><td colspan="6">原始记录</td></tr>
<tr><td>样品名称</td><td></td><td>检测项目</td><td>烟点</td><td>检测依据</td><td></td></tr>
<tr><td>仪器名称及编号</td><td>烟点仪</td><td></td><td>环境状况：　℃</td><td colspan="2">相对湿度：　%</td></tr>
<tr><td>平行测定</td><td>1</td><td>2</td><td colspan="3">3(备用)</td></tr>
<tr><td>烟点/℃</td><td></td><td></td><td colspan="3"></td></tr>
<tr><td>烟点平均值/℃</td><td></td><td></td><td colspan="3"></td></tr>
<tr><td>结论</td><td colspan="5">□ 合格　　□ 不合格</td></tr>
<tr><td>校核</td><td></td><td>检测</td><td></td><td>检测日期</td><td></td></tr>
</table>

2. 学徒关键职业能力评价表

评价项目	标准分值	评定值
烟点测定仪的使用是否正确	20	
原始数据的记录是否准确	20	
检测结果的准确性	20	
操作熟练程度	20	
是否做到文明操作	10	
是否注意操作安全	10	
总体评价		

3. 学徒职业品质、工匠精神评价

项目	标准分值	评定值
工作态度	15	
吃苦耐劳	15	
团队协作	10	
沟通交流	15	
学习钻研	15	
认真负责	15	
诚实守信	15	
总体评价		

任务十一　植物油脂溶剂残留的测定

【任务目标和质量要求】

1. 熟悉植物油脂溶剂残留的质量指标，能根据检测结果判断样品中的溶剂残留是否合格。

2. 熟知植物油脂溶剂残留测定的国家标准，培养实事求是、遵规守纪、科学严谨的职业品质。

3. 掌握分析天平、气相色谱仪（带氢火焰离子化检测器）的正确使用方法，培养学生认真负责、严谨规范的实验态度，树立安全用气意识。

4. 掌握数据记录及处理的方法，培养学生科学、辩证地认识和分析事物的能力，树立科研报国的使命感和责任感，求真务实的科学精神与除旧布新的创新意识和能力。

【学习产出目标】

1. 学会采用气相色谱法测定植物油脂溶剂残留的操作方法，并通过企业师傅的考核。

2. 完成植物油脂溶剂残留测定的检测报告。

【专业知识准备】

1. 原理

样品中存在的溶剂残留在密封容器中会扩散到气相中，经过一定的时间后可达到气相/液相间浓度的动态平衡，用顶空气相色谱法检测上层气相中残留溶剂的含量，即可计算出待测样品溶剂残留的实际含量。

2. 仪器和用具

(1)顶空瓶：20 mL,配备铝盖和不含烃类溶剂残留的丁基橡胶或硅树脂胶隔垫。

(2)分析天平:感量为0.01 g。

(3)气相色谱仪:带氢火焰离子化检测器。

(4)微量注射器:容积分别为10 μL、25 μL、50 μL、100 μL、250 μL、500 μL。

3. 试剂

(1)*N*-*N*-二甲基乙酰胺(简称DMA):纯度≥99%。

(2)正庚烷标准工作溶液:在10 mL容量瓶中准确加入1 mL正庚烷后,再迅速加入*N*-*N*-二甲基乙酰胺,并定容至刻度。

(3)溶剂残留标准品:“六号溶剂”溶液,浓度为10 mg/mL,溶剂为*N*-*N*-二甲基乙酰胺。

(4)六号溶剂标准溶液:称取5.0 g(精确到0.01 g)植物油6份于20 mL顶空进样瓶中。向每份植物油中迅速加入5 μL正庚烷标准工作溶液作为内标(即内标含68 mg/kg),用手轻微摇匀后,再用微量注射器迅速加入0、5 μL、10 μL、25 μL、50 μL、100 μL的六号溶剂标准品,密封后,得到浓度分别为0 mg/kg、10 mg/kg、20 mg/kg、50 mg/kg、100 mg/kg、200 mg/kg的植物油标准溶液。保持顶空进样瓶直立,并在水平桌面上做快速的圆周运动,使物质充分混合。转运过程中植物油不能接触到密封垫,如果有接触,需重新配制。

【工作程序】

1. 气相色谱参考条件的设定

(1)色谱柱:含5%苯基的甲基聚硅氧烷的毛细管柱(长度30 m,内径0.25 mm ,膜厚0.25 um)。

(2)检测器温度:300 ℃。

(3)进样口温度250 ℃,进样模式为分流模式,分流比100∶1。

(4)载气氮气流速1 mL/min,氢气流速25 mL/min,空气流速300 mL/min。

(5)柱温度程序：50 ℃保持3 min,1 ℃/min升温至55 ℃保持3 min,30 ℃/min升温至200 ℃保持3 min。

2. 顶空进样参考条件的设定

(1)平衡时间:30 min。

(2)平衡温度:60 ℃。

(3)平衡时振荡器转速:250 r/min。

(4)进样体积:500 μL。

3. 试样制备

称取植物油样品5.0 g(精确到0.01 g)于20 mL顶空进样瓶中。向植物油样品中迅速加入5 μL正庚烷标准工作溶液作为内标,用手轻微摇匀后密封。保持顶空进样瓶直立,待分析。制备过程中植物油不能接触到密封垫,如果有接触,需重新制备。

4. 样品测定

将制备好的植物油试样上机分析后,测得其峰面积,根据相应标准曲线,求出试样中溶剂残留的含量。

5. 标准曲线的绘制

采用内标法定量。将配制好的标准溶液上机分析后,以标准溶液与内标物浓度比为横坐标，标准溶液总峰面积与内标物峰面积比为纵坐标绘制标准曲线。

6. 结果计算

试样中溶剂残留的含量按下式计算：

$$X=\rho$$

式中：

X——试样中溶剂残留的含量，mg/kg；

ρ—— 由标准曲线得到的试样中溶剂残留的含量，mg/kg。

结果的表述：计算结果保留三位有效数字。

精密度：在重复性条件下获得的两次独立测定结果的绝对差值不得超过算术平均值的10%。

【工作任务实施记录与评价】

1. 原始记录

样品名称		样品编号		样品状态		
检测项目	油脂溶剂残留的测定		检测方法			
检测地点			检测起止日期			
仪器编号	气相色谱仪： 电子天平：		环境条件	温度： ℃	相对湿度： %	
进样口温度	℃	载气流速	mL/min	辅助气	mL/min	
进样方式		分流比		色谱柱类型		
检测器温度	℃	柱室温度	℃			
标准曲线	1	2	3	4	5	6
六号溶剂标准液体积/μL						
植物油标准溶液的浓度/(mg/kg)						
峰面积						
标准曲线的横坐标						
标准曲线的纵坐标						
平行测定	1		2		3	
样品质量/g						
样品的峰面积						
由标准曲线得到的试样中溶剂残留的含量/(mg/kg)						
试样中溶剂残留的含量/(mg/kg)						
平均值/(mg/kg)			标准值/(mg/kg)			
计算公式	$X=\rho$					
结论	□ 合格 □ 不合格					
备　注						
检测人		校准人		审核人		
日　期		日　期		日　期		

2. 学徒关键职业能力评价

评价项目	标准分值	评定值
分析天平的使用是否正确	10	
气相色谱仪的使用是否正确	15	
原始数据的记录是否准确	10	
标准曲线的线性	15	
计算及数据处理是否正确	20	
检测结果的准确性	10	
操作熟练程度	10	
是否做到文明操作	5	
是否注意操作安全	5	
总体评价		

3. 学徒职业品质、工匠精神评价

项目	标准分值	评定值
工作态度	15	
吃苦耐劳	15	
团队协作	10	
沟通交流	15	
学习钻研	15	
认真负责	15	
诚实守信	15	
总体评价		

项目三
乳和乳制品检测

任务一　生乳的检测

一、定义

生乳：从符合国家有关要求的健康奶畜乳房中挤出的无任何成分改变的常乳。产犊后七天的初乳、应用抗生素期间和休药期间的乳汁、变质乳不应用作生乳。

二、生乳质量检验项目和主要指标

生乳质量检验项目和主要指标见表 3-16、表 3-17、表 3-18。

表 3-16　生乳感官要求

项目	要求	检验方法
色泽	呈乳白色或微黄色。	取适量试样置于 50 mL 烧杯中，在自然光下观察色泽和组织状态。闻其气味，用温开水漱口，品尝滋味。
滋味、气味	具有乳固有的香味，无异味。	
组织状态	呈均匀一致液体，无凝块、无沉淀、无正常视力可见异物。	

表 3-17　生乳理化指标

项目	指标	检验方法
冰点[ab]/(℃)	−0.500～−0.560	GB 5413.38
相对密度/(20 ℃/4 ℃)	1.027	GB 5009.2
蛋白质/(g/100 g)	≥2.8	GB 5009.5
脂肪/(g/100 g)	≥3.1	GB 5009.6
杂质度/(mg/kg)	≤4.0	GB 5413.30

续表3-17

项目	指标	检验方法
非脂乳固体/(g/100 g)	≥8.1	GB 5413.39
酸度/(°T)		GB 5009.239
牛乳[b]	12～18	
羊乳	6～13	

[a] 挤出 3 h 后检测。

[b] 仅适用于荷斯坦奶牛。

表 3-18 微生物限量

项目	限量/(CFU/g)或(CFU/mL)	检验方法
菌落总数	$\leqslant 2\times10^6$	GB 4789.2

子任务一 生乳冰点的测定

【任务目标和质量要求】

1. 熟悉生乳冰点的质量指标，能根据检测结果判断样品冰点是否合格。
2. 熟知生乳冰点的国家标准，培养实事求是、遵规守纪、科学严谨的职业品质。
3. 掌握分析天平、热敏电阻冰点仪的正确使用方法，培养学生认真负责、严谨规范的实验态度。
4. 掌握数据记录及处理的方法，培养学生耐心细致、一丝不苟、严谨务实的工作态度。

【学习产出目标】

1. 学会测定生乳冰点的操作方法，并通过企业师傅的考核。
2. 完成生乳冰点测定的检测报告。

【专业知识准备】

1. 原理

生乳样品过冷至适当温度，当被测乳样冷却至－3 ℃时，通过瞬时释放热量使样品产生结晶，待样品温度达到平衡状态，并在 20 s 内温度回升不超过 0.5 m℃，此时的温度即为样品的冰点。

2. 试剂和材料

除非另有说明，本方法所用试剂均为分析纯或以上等级，水为 GB/T 6682 规定的二级水。

(1)试剂

①乙二醇($C_2H_6O_2$)。

②氯化钠(NaCl)。

(2)试剂配制

①氯化钠(NaCl)：氯化钠磨细后置于干燥箱中，130 ℃±2 ℃干燥 24 h 以上，于干燥器中冷却至室温。

②冷却液：量取 330 mL 乙二醇于 1 000 mL 容量瓶中，用水定容至刻度并摇匀，其体积分数为 33%。

(3)氯化钠标准溶液

①标准溶液 A：称取 6.763 g 氯化钠溶于 1 000 g±0.1 g 水中。将标准溶液分装贮存于容量不超过 250 mL 的聚乙烯塑料瓶中，并置于 5 ℃左右冰箱冷藏，保存期限为两个月。其冰点值为－400 m℃。

②标准溶液 B：称取 9.475 g 氯化钠溶于 1 000 g±0.1 g 水中。将标准溶液分装贮存于容量不超过 250 mL 的聚乙烯塑料瓶中，并置于 5 ℃左右冰箱冷藏，保存期限为两个月。其冰点值为－557 m℃。

③标准溶液 C：称取 10.220 g 氯化钠溶于 1 000 g±0.1 g 水中。将标准溶液分装贮存于容量不超过 250 mL 的聚乙烯塑料瓶中，并置于 5 ℃左右冰箱冷藏，保存期限为两个月。其冰点值为－600 m℃。

3. 仪器和设备

(1)分析天平：感量 0.000 1 g。

(2)热敏电阻冰点仪、冷却装置、搅拌金属棒、结晶装置及温度显示仪。

(3)干燥箱：温度可控制在 130 ℃±2 ℃。

(4)样品管：硼硅玻璃，长度 50.5 mm±0.2 mm，外部直径为 16.0 mm±0.2 mm，内部直径为 13.7 mm±0.3 mm。

(5)称量瓶。

(6)容量瓶：1 000 mL。

(7)干燥器：内有硅胶湿度计。

(8)移液器：1～5 mL。

(9)聚乙烯瓶：容量不超过 250 mL。

【工作程序】

1. 试样制备

测试样品要保存在 0～6 ℃的冰箱中并在 48 h 内完成测定。测试前样品应放至室温，且测试样品和氯化钠标准溶液测试时的温度应保持一致。

2. 仪器预冷

开启热敏电阻冰点仪，等待热敏电阻冰点仪传感探头升起后，打开冷阱盖，按生产商规定加入相应体积冷却液，盖上盖子，冰点仪进行预冷。预冷 30 min 后，开始测量。

3. 仪器校准

(1)原则：校准前应按表 3-19 配制不同冰点值的氯化钠标准溶液。可选择表 3-19 中两个不同冰点值的氯化钠标准溶液进行仪器校准，两个氯化钠标准溶液冰点差值不应少于 100 m℃，且覆盖被测样品相近冰点值范围。

表 3-19 氯化钠标准溶液的冰点

氯化钠溶液/(g/kg)	氯化钠溶液(20 ℃)/(g/L)	冰点/m℃
6.763	6.731	−400.0
6.901	6.868	−408.0
7.625	7.587	−450.0
8.489	8.444	−500.0
8.662	8.615	−510.0
8.697	8.650	−512.0
8.835	8.787	−520.0
9.008	8.959	−530.0
9.181	9.130	−540.0
9.354	9.302	−550.0
9.475	9.422	−557.0
10.220	10.161	−600.0

注:当按照 20 ℃的氯化钠的量配制标准溶液时,应先将水煮沸,冷却至 20 ℃±2 ℃,并定容至 1 000 mL

(2)仪器校准

①A 校准:分别取 2.5 mL 标准溶液 A,依次放入三个样品管中,在启动后的冷阱中插入装有校准液 A 的样品管。当重复测量值在−400 m℃±2 m℃校准值时,完成校准。

②B 校准:分别取 2.5 mL 标准溶液 B,依次放入三个样品管中,在启动后的冷阱中插入有校准液 B 的样品管。当重复测量值在−557 m℃±2 m℃校准值时,完成校准。

③C 校准:测定生羊乳时,还应使用 C 校准。分别取 2.5 mL 标准溶液 C,依次放入三个品管中,在启动后的冷阱中插入装有校准溶液 C 的样品管。当重复测量值在−600 m℃±2 m℃校准时,完成校准。

(3)质控校准:在每次开始测试前应使用质控校准。连续测定乳样时,冰点仪每小时至少进行一次质控校准。两次测量的算术平均值与氯化钠标准溶液(−512 m℃)差值大于 2 m℃时,应重新开展仪器校准。

4. 样品测定

(1)轻轻摇匀待测试样,应避免混入空气产生气泡。移取 2.5 mL 试样至一个干燥清洁的样管中,将样品管放到已校准过的热敏电阻冰点仪的测量孔中。开启冰点仪冷却试样,当温度达−3.0 ℃±0.1 ℃时试样开始冻结,当温度达到平衡(在 20 s 内温度回升不超过 0.5 m℃)时,冰点仪停止测量,传感头升起,显示温度即为样品冰点值。测试结束后,应保证探头和搅拌金属棒清洁、干燥。

(2)如果试样在温度达到−3.0 ℃±0.1 ℃前已开始冻结,需重新取样测试。如果第二次测试的冻结仍然太早发生,那么将剩余的样品于 40 ℃±2 ℃加热 5 min,以融化结晶脂肪,再重复样品测定步骤。

(3)测定结束后,移走样品管,并用水冲洗温度传感器和搅拌金属棒,并擦拭干净。

(4)记录试样的冰点测定值。

结果表示：生乳样品的冰点测定值取两次测定结果的平均值，单位以 m℃计，保留三位有效数字。

精密度：在重复性条件下获得的两次独立测定结果的绝对差值不超过 4 m℃。

【工作任务实施记录与评价】

1. 原始记录

原始记录							
样品名称		检测项目		生乳冰点	检测依据		
仪器名称及编号		热敏电阻冰点仪			环境温度： ℃	相对湿度： %	
平行测定		1		2		3(备用)	
实测冰点/m℃							
平均冰点/m℃							
标准值/m℃							
单项结论				□合格	□不合格		
校核		检测			检测日期		

2. 学徒关键职业能力评价

评价项目	标准分值	评定值
冰点仪的使用是否正确	20	
原始数据的记录是否准确	20	
检测结果的准确性	20	
操作熟练程度	20	
是否做到文明操作	10	
是否注意操作安全	10	
总体评价		

3. 学徒职业品质、工匠精神评价

项目	标准分值	评定值
工作态度	15	
吃苦耐劳	15	
团队协作	10	
沟通交流	15	
学习钻研	15	
认真负责	15	
诚实守信	15	
总体评价		

子任务二　生乳相对密度的测定

【任务目标和质量要求】

1. 熟悉生乳相对密度的质量指标，能根据检测结果判断样品冰点是否合格。
2. 熟知生乳相对密度测定的国家标准，培养实事求是、遵规守纪、科学严谨的职业品质。
3. 掌握密度计的正确使用方法，培养学生认真负责、严谨规范的实验态度。
4. 掌握数据记录及处理的方法，培养学生耐心细致、一丝不苟、严谨务实的工作态度。

【学习产出目标】

1. 学会使用密度计测定生乳相对密度的操作方法，并通过企业师傅的考核。
2. 完成生乳相对密度测定的检测报告。

【专业知识准备】

1. 原理

使用密度计检测试样，根据读数经查表可得试样的相对密度。

2. 仪器和设备

(1)密度计：20 ℃/4 ℃。

(2)玻璃圆筒或 200～250 mL 量筒：圆筒高度应大于密度计的长度，其直径大小应使在沉入密度计时其周边和圆筒内壁的距离不小于 5 mm。

【工作程序】

1. 样品的测定

取混匀并调节温度为 10～25 ℃的试样，小心倒入玻璃圆筒内，勿使其产生泡沫并测量试样温度。小心地将密度计放入试样中到相当于刻度 30°处，然后让其自然浮动，但不能与筒内壁接触。静置 2～3 min，眼睛平视生乳液面的高度，读取数值。根据试样的温度和密度计读数查表 3-20 换算成 20 ℃时的度数。

2. 结果计算

相对密度(ρ_4^{20})与密度计刻度的关系见下式：

$$\rho_4^{20}=\frac{X}{1\,000}+1.000$$

式中：

ρ_4^{20}——样品的相对密度；

X——密度计读数。

当用 20 ℃/4 ℃密度计，温度在 20 ℃时，将读数代入上式即可直接计算相对密度；不在 20 ℃时，要查表 3-20 换算成 20 ℃时的相对密度，然后再代入上式计算。

【业务知识】

表 3-20 密度计读数换算表(20 ℃)

密度计读数	生乳温度/℃															
	10	11	12	13	14	15	16	17	18	19	20	21	20	23	24	25
25	23.3	23.5	23.6	23.7	23.9	24.0	24.2	24.4	24.6	24.8	25.0	25.2	25.4	25.5	25.8	26.0
26	24.2	24.4	24.5	24.7	24.9	25.0	25.2	25.4	25.6	25.8	26.0	26.2	26.4	26.6	26.8	27.0
27	25.1	25.3	25.4	25.6	25.7	25.9	26.1	26.3	26.5	26.8	27.0	27.2	27.5	27.7	27.9	28.1
28	26.0	26.1	26.3	26.5	26.6	26.8	27.0	27.3	27.5	27.8	28.0	28.2	28.5	28.7	29.0	29.2
29	26.9	27.1	27.3	27.5	27.6	27.8	28.0	28.3	28.5	28.8	29.0	29.2	29.5	29.7	30.0	30.2
30	27.9	28.1	28.3	28.5	28.6	28.8	29.0	29.3	29.5	29.8	30.0	30.2	30.5	30.7	31.0	31.2
31	28.8	28.0	29.2	29.4	29.6	29.8	30.0	30.3	30.5	30.8	31.0	31.2	31.5	31.7	32.0	32.2
32	29.3	30.0	30.2	30.4	30.6	30.7	31.0	31.2	31.5	31.8	32.0	32.3	32.5	32.8	33.0	33.3
33	30.7	30.8	31.1	31.2	31.5	31.7	32.0	32.2	32.5	32.8	33.0	33.3	33.5	33.8	34.1	34.3
34	31.7	31.9	32.1	32.3	32.5	32.7	33.0	33.2	33.5	33.8	34.0	34.3	34.4	34.8	35.1	35.3
35	32.6	32.8	33.1	33.3	33.5	33.7	34.0	34.2	34.5	34.7	35.0	35.3	35.5	35.8	36.1	36.3
36	33.5	33.8	34.0	34.3	34.5	34.7	34.9	35.2	35.6	35.7	36.0	36.2	36.5	36.7	37.0	37.3

【工作任务实施记录与评价】

1. 原始记录

原始记录						
样品名称		检测项目	相对密度	检测依据		
环境温度： ℃			相对湿度： %			
生乳温度/℃						
平行测定		1		2		3(备用)
相对密度(实测)						
平均相对密度(实测)						
相对密度(查表校正)						
生乳相对密度						
标准值						
单项结论		□合格 □不合格				
计算公式		$\rho_4^{20}=\frac{X}{1\,000}+1.000$				
校核		检测		检测日期		

2. 学徒关键职业能力评价

评价项目	标准分值	评定值
密度计的使用是否正确	10	
原始数据的记录是否准确	20	
计算及数据处理是否正确	20	
检测结果的准确性	20	
操作熟练程度	20	
是否做到文明操作	5	
是否注意操作安全	5	
总体评价		

3. 学徒职业品质、工匠精神评价

项目	标准分值	评定值
工作态度	15	
吃苦耐劳	15	
团队协作	10	
沟通交流	15	
学习钻研	15	
认真负责	15	
诚实守信	15	
总体评价		

子任务三　生乳中蛋白质含量的测定

【任务目标和质量要求】

1. 熟悉生乳中蛋白质含量的质量指标，能根据检测结果判断样品中蛋白质含量是否合格。

2. 熟知生乳中蛋白质含量测定的国家标准，培养实事求是、遵规守纪、科学严谨的职业品质。

3. 掌握分析天平、凯氏定氮仪、定氮蒸馏装置、酸式滴定管的正确使用方法，培养学生认真负责、严谨规范的实验态度，增强实验安全意识。

4. 掌握数据记录及处理的方法，培养学生耐心细致、一丝不苟、严谨务实的工作态度。

【学习产出目标】

1. 学会使用凯氏定氮法测定生乳中蛋白质含量的操作方法，并通过企业师傅的考核。

2. 完成生乳中蛋白质含量测定的检测报告。

【专业知识准备】

1. 原理

食品中的蛋白质在催化加热条件下被分解，产生的氨与硫酸结合生成硫酸铵。碱化蒸馏使氨游离，用硼酸吸收后以硫酸或盐酸标准滴定溶液滴定，根据酸的消耗量计算氮含量，再乘以换算系数，即为蛋白质的含量。

2. 试剂和材料

(1)试剂

除非另有说明，本方法所用试剂均为分析纯，水为 GB/T 6682 规定的三级水。

①硫酸铜($CuSO_4 \cdot 5H_2O$)。

②硫酸钾(K_2SO_4)。

③硫酸(H_2SO_4)。

④硼酸(H_3BO_3)。

⑤甲基红指示剂($C_{15}H_{15}N_3O_2$)。

⑥溴甲酚绿指示剂($C_{21}H_{14}Br_4O_5S$)。

⑦亚甲基蓝指示剂($C_{16}H_{18}ClN_3S \cdot 3H_2O$)。

⑧氢氧化钠(NaOH)。

⑨95%乙醇(C_2H_5OH)。

(2)试剂配制

①硼酸溶液(20 g/L)：称取 20 g 硼酸，加水溶解后并稀释至 1 000 mL。

②氢氧化钠溶液(400 g/L)：称取 40 g 氢氧化钠加水溶解后，放冷，并稀释至 100 mL。

③硫酸标准滴定溶液 $c\left(\frac{1}{2}H_2SO_4\right)=0.050\ 0$ mol/L 或盐酸标准滴定溶液 $c(HCl)=0.050\ 0$ mol/L。

④甲基红乙醇溶液(1 g/L)：称取 0.1 g 甲基红，溶于 95%乙醇，用 95%乙醇稀释至 100 mL。

⑤亚甲基蓝乙醇溶液(1 g/L)：称取 0.1 g 亚甲基蓝，溶于 95%乙醇，用 95%乙醇稀释至 100 mL。

⑥溴甲酚绿乙醇溶液(1 g/L)：称取 0.1 g 溴甲酚绿，溶于 95%乙醇，用 95%乙醇稀释至 100 mL。

⑦A 混合指示液：2 份甲基红乙醇溶液与 1 份亚甲基蓝乙醇溶液临用时混合。

⑧B 混合指示液：1 份甲基红乙醇溶液与 5 份溴甲酚绿乙醇溶液临用时混合。

3. 仪器和设备

(1)天平：感量为 1 mg。

(2)定氮蒸馏装置如图 3-1 所示。

(3)自动凯氏定氮仪(图 3-2)。

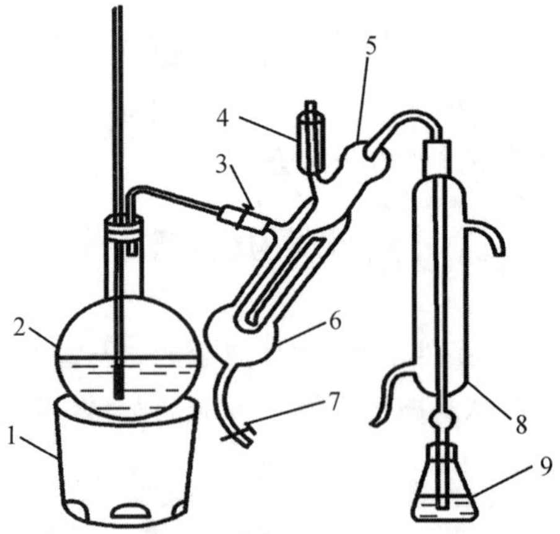

1—电炉　2—水蒸气发生器(2 L烧瓶)　3—螺旋夹　4—小玻杯及棒状玻塞　5—反应室
6—反应室外层　7—橡皮管及螺旋夹　8—冷凝管　9—蒸馏液接收瓶

图 3-1　定氮蒸馏装置图

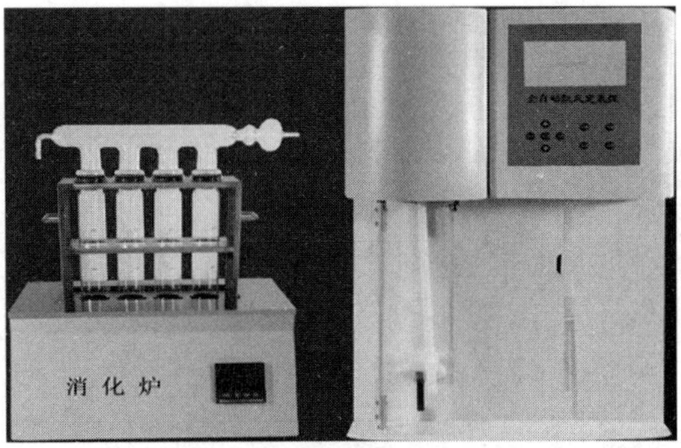

图 3-2　自动凯氏定氮仪

【工作程序】

1. 凯氏定氮法

(1)消化:称取试样 10～25 g(相当于 30～40 mg 氮),精确至 0.001 g,移入干燥的 100 mL、250 mL 或 500 mL 定氮瓶中,加入 0.4 g 硫酸铜、6 g 硫酸钾及 20 mL 硫酸,轻摇后于瓶口放一小漏斗,将瓶以 45°角斜支于有小孔的石棉网上。小心加热,待内容物全部炭化,泡沫产生完全停止后,加强火力,并保持瓶内液体微沸,至液体呈蓝绿色并澄清透明后,再继续加热 0.5～1 h。取下放冷,小心加入 20 mL 水,放冷后,移入 100 mL 容量瓶中,并用少量水冲洗定氮瓶,洗液并入容量瓶中,再加水至刻度,混匀备用。同时做试剂空白试验。

(2)蒸馏:按图 3-1 装好定氮蒸馏装置,向水蒸气发生器内装水至 2/3 处,加入数粒玻璃珠,加甲基红乙醇溶液数滴及数毫升硫酸,以保持水呈酸性,加热煮沸水蒸气发生器内的水并保持沸腾。

(3)吸收、滴定:向接受瓶内加入 10.0 mL 硼酸溶液及 1～2 滴 A 混合指示剂或 B 混合指示剂,并使冷凝管的下端插入液面下,根据试样中氮含量,准确吸取 2.0～10.0 mL 试样处理液由小玻璃杯注入反应室,以 10 mL 水洗涤小玻璃杯并使之流入反应室内,随后塞紧棒状玻璃塞。将 10.0 mL 氢氧化钠溶液倒入小玻璃杯，提起玻璃塞使其缓缓流入反应室，立即将玻璃塞盖紧，并水封。夹紧螺旋夹，开始蒸馏。蒸馏 10 min 后移动蒸馏液接收瓶，液面离开冷凝管下端，再蒸馏 1 min。然后用少量水冲洗冷凝管下端外部，取下蒸馏液接收瓶。尽快以硫酸或盐酸标准滴定溶液滴定至终点，如用 A 混合指示液，终点颜色为灰蓝色；如用 B 混合指示液，终点颜色为浅灰红色。同时做试剂空白试验。

2. 自动凯氏定氮仪法

称取充分混匀的试样 10～25 g（相当于 30～40 mg 氮），精确至 0.001 g，至消化管中，再加入 0.4 g 硫酸铜、6 g 硫酸钾及 20 mL 硫酸于消化炉进行消化。当消化炉温度达到 420 ℃之后，继续消化 1 h，此时消化管中的液体呈绿色透明状，取出冷却后加入 50 mL 水，于自动凯氏定氮仪（使用前加入氢氧化钠溶液、盐酸或硫酸标准溶液以及含有混合指示剂 A 或 B 的硼酸溶液）上实现自动加液、蒸馏、滴定和记录滴定数据的过程。

3. 结果计算

试样中蛋白质的含量按下式计算：

$$X=\frac{(V_1-V_2)\times c\times 0.0140}{m\times\frac{V_3}{100}}\times F\times 100$$

式中：

X——试样中蛋白质的含量，g/100 g；

V_1——试液消耗硫酸或盐酸标准滴定液的体积，mL；

V_2——试剂空白消耗硫酸或盐酸标准滴定液的体积，mL；

c——硫酸或盐酸标准滴定溶液浓度，mol/L；

0.014 0——1.0 mL 硫酸[$c(H_2SO_4)=1.000$ mol/L]或盐酸[c(HCL)=1.000 mol/L]标准滴定溶液相当的氮的质量，g；

m——试样的质量，g；

V_3——吸取消化液的体积，mL；

F——氮换算为蛋白质的系数，各种食品中蛋白质换算系数见表 3-21；

100——换算系数。

结果表示：蛋白质含量≥1 g/100 g 时，结果保留三位有效数字；蛋白质含量<1 g/100 g 时，结果保留两位有效数字。

注：当只检测氮含量时，不需要乘蛋白质换算系数 F。

精密度：在重复条件下获得的两次独立测定结果的绝对差值不得超过算术平均值的 10%。

表 3-21　蛋白质换算系数表

食品类别		折算系数	食品类别		折算系数
小麦	全小麦粉	5.83	大米及米粉		5.95
	麦糠麸皮	6.31	鸡蛋	鸡蛋(全)	6.25
	麦胚芽	5.80		蛋黄	6.12
	麦胚粉、黑麦、普通小麦、面粉	5.70		蛋白	6.32

续表3-21

食品类别		折算系数	食品类别		折算系数
燕麦、大麦、黑麦粉		5.83	肉与肉制品		6.25
小米、裸麦		5.83	动物明胶		5.55
玉米、黑小麦、饲料小麦、高粱		6.25	纯乳与纯乳制品		6.38
油料	芝麻、棉籽、葵花籽、蓖麻、红花籽	5.30	符合配方食品		6.25
	其他油料	6.25			
	菜籽	5.53	酪蛋白		6.40
坚果、种子类	巴西果	5.46	胶原蛋白		5.79
	花生	5.46	豆类	大豆及粗加工制品	5.71
	杏仁	5.18		大豆蛋白质	6.25
	核桃、榛子、椰果等	5.30	其他食品		6.25

【工作任务实施记录与评价】

1. 原始记录

原始记录					
样品名称		检测项目	蛋白质的测定	检测依据	
仪器名称及编号	电子分析天平			环境状况： ℃	相对湿度： %
标准溶液名称			标定日期		
平行测定	1		2	3(备用)	
试样质量/g					
标准溶液浓度/(mol/L)					
氮转换系数					
实际消耗量/mL					
空白消耗量/mL					
吸取消化液的体积/mL					
样品中蛋白质含量/(g/100 g)					
平均值/(g/100 g)					
标准值/(g/100 g)					
单项结论	□合格　□不合格				
计算公式	$X=\frac{(V_1-V_2)\times c\times 0.0140}{m\times \frac{V_3}{100}}\times F\times 100$				
校核		检测		检测日期	

2. 学徒关键职业能力评价

评价项目	标准分值	评定值
分析天平的使用是否正确	10	
凯氏定氮装置的使用是否正确	20	
自动凯氏定氮仪的使用是否正确	20	
原始数据的记录是否准确	10	
计算及数据处理是否正确	10	
检测结果的准确性	10	
操作熟练程度	10	
是否做到文明操作	5	
是否注意操作安全	5	
总体评价		

3. 学徒职业品质、工匠精神评价

项目	标准分值	评定值
工作态度	15	
吃苦耐劳	15	
团队协作	10	
沟通交流	15	
学习钻研	15	
认真负责	15	
诚实守信	15	
总体评价		

子任务四　生乳中脂肪含量的测定

【任务目标和质量要求】

1. 熟悉生乳中脂肪含量的质量指标，能根据检测结果判断样品中脂肪含量是否合格。

2. 熟知生乳中脂肪含量测定的国家标准，培养实事求是、遵规守纪、科学严谨的职业品质。

3. 掌握乳脂离心机、盖勃氏乳脂计的正确使用方法，培养学生认真负责、严谨规范的实验态度，增强实验安全意识。

4. 掌握数据记录及处理的方法，培养学生耐心细致、一丝不苟、严谨务实的工作态度。

【学习产出目标】

1. 学会使用盖勃法测定生乳中脂肪含量的操作方法，并通过企业师傅的考核。
2. 完成生乳中脂肪含量测定的检测报告。

【专业知识准备】

1. 原理

在乳中加入硫酸破坏乳胶质性和覆盖在脂肪球上的蛋白质外膜，离心分离脂肪后测量其体积。

2. 试剂和材料

除非另有说明，本方法所用试剂均为分析纯，水为 GB/T 6682 规定的三级水。

(1)硫酸(H_2SO_4)。

(2)异戊醇($C_5H_{12}O$)。

3. 仪器和设备

(1)乳脂离心机。

(2)盖勃氏乳脂计：最小刻度值为 0.1%见图 3-3。

(3)10.75 mL 单标乳吸管。

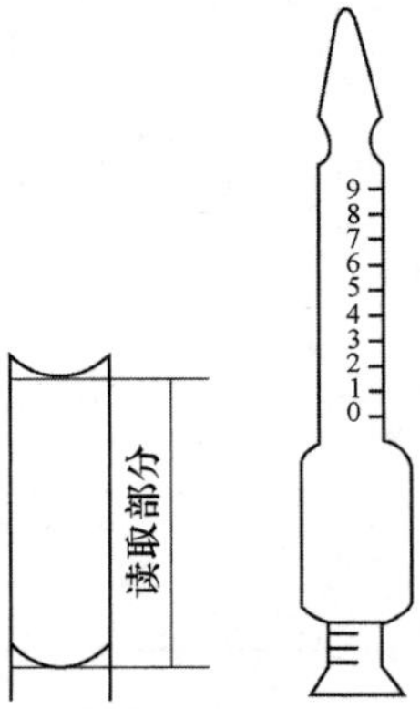

图 3-3 盖勃氏乳脂计

【工作程序】

于盖勃氏乳脂计中先加入 10 mL 硫酸，再沿着管壁小心准确加入 10.75 mL 试样，使试样与硫酸不要混合，然后加 1 mL 异戊醇，塞上橡皮塞，使瓶口向下，同时用布包裹以防冲出，用力振摇使呈均匀棕色液体，静置数分钟(瓶口向下)，置 65～70 ℃水浴中 5 min，取出后置于乳脂离心机中以 1 100 r/min 的转速离 5 min，再置于 65～70 ℃水浴水中保温 5 min(注意水浴水面应高于乳脂计脂肪层)。取出，立即读数，即为脂肪的百分含量。

精密度：在重复性条件下获得的两次独立测定结果的绝对差值不得超过算术平均值的 5%。

【注意事项】

1. 硫酸的浓度要严格遵守规定，如过浓会使乳炭化呈黑色而影响读数；过稀则不能使酪蛋白完全溶解，会使测定值偏低或使脂肪层混浊。

2. 硫酸除可破坏脂肪球膜，使脂肪游离出来外，还可增加液体相对密度，使脂肪容易浮出。

3. 异戊醇的作用是促使脂肪析出，并能降低脂肪球的表面张力，以利于形成连续的脂肪层。

4. 加热(65～70 ℃水浴)和离心的目的是促使脂肪离析。

5. 硫酸必须沿瓶壁缓慢加入，回旋摇动，使其充分混合，否则易使脂肪层产生黑色块粒。

6. 每组样品只取两个乳脂计进行测定。放入离心机时，必须对称放置。

7. 如采用 11 mL 标准吸管取样，实际上注入盖勃氏乳脂计中的样品只有 10.9 mL，牛乳的相对密度为 1.03，故样品质量为 10.9×1.03＝11.25 g。乳脂计的刻度部分(0～8%)的容积为 1 mL，在 60 ℃左右，脂肪的平均相对密度为 0.9 g，故当整个刻度部分充满脂肪时，其脂肪质量为 1×0.9＝0.9 g。11.25 g 样品中含有 0.9 g 脂肪，故全部刻度表示为脂肪含量 0.9÷11.25×100＝8%，刻度读数即为样品中脂肪的百分含量。

【知识拓展】

巴布科克法测定乳中脂肪

巴布科克法和盖勃法都是测定乳中脂肪的方法，适用于鲜乳及乳制品脂肪的测定。对含糖多的乳品(如甜炼乳、加糖乳粉等)，采用此方法时糖易焦化，使结果误差较大，故不适宜。

此法操作简便，迅速。对大多数样品来说测定精度可满足要求，但不如质量法准确。

1. 原理

用浓硫酸溶解乳中的乳糖和蛋白质等非脂成分，将牛奶中的酪蛋白钙盐转变成可溶性的重硫酸酪蛋白，使脂肪球膜被破坏，脂肪游离出来，再利用加热离心，使脂肪完全迅速分离，直接读取脂肪层的数值，便可知被测乳的含脂率。

2. 测定方法

以标准移乳管吸取 17.6 mL 样品，置于巴布科克氏乳脂瓶中，沿瓶壁缓缓注入 17.5 mL 硫酸，手持瓶颈回旋，使液体充分混合，至无凝块并呈均匀棕色。将乳脂瓶放入离心机，以约 1 000 r/min 的速度离心 5 min，取出，加入 80 ℃以上的水，直至液面达瓶颈基部，再置离心机中离心 2 min，取出后再加入 80 ℃以上的水至脂肪浮到 2 或 3 刻度处，再置离心机中离心 1 min，取出后置 55～60 ℃水浴中，5 min 后取出拭干，读取脂肪层最高至最低点所占的格数，即为样品脂肪的百分含量。

3. 说明与讨论

采用 17.6 mL 标准吸管取样，实际上注入巴氏瓶中的样品只有 17.5 mL，牛乳的相对密度为 1.03，故样品质量为 17.5×1.03＝18 g。巴氏瓶颈的刻度(0～10%)共 10 个大格，每大格容积为 0.2 mL，在 60 ℃左右，脂肪的平均相对密度为 0.9，故当整个刻度部分充满脂肪时，其脂肪质量为 0.2×10×0.9＝1.8 g。18 g 样品中含有 1.8 g 脂肪，即瓶颈全部刻度表示脂肪含量为 10%，每一大格代表 1%。故瓶颈刻度读数即为样品中脂肪的百分含量。

【工作任务实施记录与评价】

1. 原始记录

<table>
<tr><td colspan="6">原始记录</td></tr>
<tr><td>样品名称</td><td></td><td>检测项目</td><td>乳中脂肪</td><td>检测依据</td><td></td></tr>
<tr><td rowspan="2">仪器名称及编号</td><td>盖勃氏乳脂计</td><td colspan="2"></td><td colspan="2">环境温度： ℃</td></tr>
<tr><td>离心机</td><td colspan="2"></td><td colspan="2">相对湿度： %</td></tr>
<tr><td>平行测定</td><td>1</td><td colspan="2">2</td><td colspan="2">3(备用)</td></tr>
<tr><td>实测脂肪含量/%</td><td></td><td colspan="2"></td><td colspan="2"></td></tr>
<tr><td>平均脂肪含量/%</td><td colspan="5"></td></tr>
<tr><td>标准值/%</td><td colspan="5"></td></tr>
<tr><td>单项结论</td><td colspan="5">□合格　　□不合格</td></tr>
<tr><td>校核</td><td></td><td>检测</td><td></td><td>检测日期</td><td></td></tr>
</table>

2. 学徒关键职业能力评价

评价项目	标准分值	评定值
离心机的使用是否正确	10	
原始数据的记录是否准确	20	
计算及数据处理是否正确	20	
检测结果的准确性	20	
操作熟练程度	20	
是否做到文明操作	5	
是否注意操作安全	5	
总体评价		

3. 学徒职业品质、工匠精神评价

项目	标准分值	评定值
工作态度	15	
吃苦耐劳	15	
团队协作	10	
沟通交流	15	
学习钻研	15	

续表

项目	标准分值	评定值
认真负责	15	
诚实守信	15	
总体评价		

子任务五　生鲜乳杂质度的测定

【任务目标和质量要求】

1. 熟悉生乳杂质度的质量指标，能根据检测结果判断样品中杂质含量是否超标。

2. 熟知生乳杂质度测定的国家标准，培养实事求是、遵规守纪、科学严谨的职业品质。

3. 掌握分析天平、抽滤泵的正确使用方法，培养学生认真负责、严谨规范的实验态度，增强实验安全意识。

4. 掌握数据记录及处理的方法，培养学生耐心细致、一丝不苟、严谨务实的工作态度。

【学习产出目标】

1. 学会测定生乳杂质度的操作方法，并通过企业师傅的考核。

2. 完成生乳杂质度测定的检测报告。

【专业知识准备】

1. 原理

生鲜乳、液体乳、用水复原的乳粉类样品经杂质度过滤板过滤，根据残留于杂质度过滤板上直观可见的非白色杂质与杂质度参考标准板比对确定样品杂质的限量。

2. 试剂和材料

除非另有说明，本方法所用试剂均为分析纯，水为 GB/T 6682 规定的三级水。

杂质度过滤板：直径 32 mm、质量 135 mg±15 mg、厚度 0.8～1.0 mm 的白色棉质板。

3. 仪器和设备

(1)天平：感量为 0.1 g。

(2)过滤设备：杂质度过滤机或抽滤瓶，可采用正压或负压的方式实现快速过滤(每升水的过滤时间为 10～15 s)。安放杂质度过滤板后的有效过滤直径为 28.6 mm±0.1 mm。

【工作程序】

1. 样品溶液的制备

液体乳样品充分混匀后，用量筒量取 500 mL 立即测定。

2. 测定

将杂质度过滤板放置在过滤设备上，将制备的样品溶液倒入过滤设备的漏斗中，但不得溢出漏斗，过滤。用水多次洗净烧杯，并将洗液转入漏斗过滤。分次用洗瓶洗净漏斗过滤，滤干后取出杂质度过滤板，与杂质度标准板比对即得样品杂质度。

3. 分析结果的表述

过滤后的杂质度过滤板与杂质度参考标准板比对得出的结果，即为该样品的杂质度。

当杂质度过滤板上的杂质量介于两个级别之间时，应判定为杂质量较多的级别。如出现纤维等外来异物，判定杂质度超过最大值。

精密度：按本标准所述方法对同一样品做两次测定，其结果应一致。

【工作任务实施记录与评价】

1. 原始记录

原始记录					
样品名称		检测项目	杂质含量	检测依据	
仪器名称及编号	电子分析天平			环境温度： ℃	
	抽滤泵			相对湿度： %	
平行测定	1		2	3(备用)	
杂质度(参考标准板)					
样品中杂质含量					
平均值					
标准值					
单项结论	□合格 □不合格				
校核		检测		检测日期	

2. 学徒关键职业能力评价

评价项目	标准分值	评定值
分析天平的使用是否正确	10	
抽滤泵的使用是否正确	10	
原始数据的记录是否准确	20	
检测结果的准确性	20	
操作熟练程度	20	
是否做到文明操作	10	
是否注意操作安全	10	
总体评价		

3. 学徒职业品质、工匠精神评价

项目	标准分值	评定值
工作态度	15	
吃苦耐劳	15	
团队协作	10	
沟通交流	15	
学习钻研	15	
认真负责	15	
诚实守信	15	
总体评价		

【知识拓展】

杂质度过滤板的检验

1. 试剂和材料

(1)试剂

①无水乙醇(C_2H_5OH)。

②甲醛(HCHO)。

③角豆胶:生化试剂。

④蔗糖。

(2)试剂配制

①甲醛溶液(40%):量取 40 mL 甲醛到 100 mL 容量瓶中,用水定容至 100 mL,过滤备用。

②角豆胶溶液:称取 0.75 g±0.01 g 角豆胶至 250 mL 烧杯中,加 2 mL 无水乙醇润湿,再加 50 mL 水,充分混合。缓慢加热排除气泡后,煮沸,使角豆胶充分溶解后,冷却。加 2 mL 已过滤的 40%甲醛溶液,混匀后转入 100 mL 容量瓶,用水定容。

③蔗糖溶液:称取 750 g±0.1 g 蔗糖于 1 000 mL 烧杯中,加水 750 mL 充分溶解,过滤备用。

(3)材料

杂质:用地面灰土经过恒温干燥箱(100 ℃±1 ℃)烘干,用标准筛收集颗粒大小 75～106 μm 的灰土成分,然后烘干至恒重。

2. 仪器和设备

(1)天平:感量分别为 0.1 g 和 0.1 mg。

(2)标准筛。

(3)干燥器:含有效干燥剂。

(4)恒温干燥箱:精度为±1 ℃。

(5)过滤设备:杂质度过滤机或抽滤瓶,可采用正压或负压的方式实现快速过滤(每升水的过滤时间为 10～15 s)。安放杂质度过滤板后的有效过滤直径为 28.6 mm±0.1 mm。

3. 检验步骤

(1)杂质溶液制备:称取 2.00 g±0.001 g 杂质加入 250 mL 烧杯中,用 5 mL 无水乙醇润湿。加入 46 mL 角豆胶溶液,再加 40 mL 蔗糖溶液,充分混合后,转入 100 mL 容量瓶加蔗糖溶液定容,充分混匀。移取 10 mL(相当于 200 mg 杂质)于 1 000 mL 容量瓶中,用水定容,充分混匀。

(2)将杂质度过滤板,放入 100 ℃±1 ℃恒温干燥箱中烘干至恒重,记录质量 N_1。

(3)将杂质度过滤板放置在过滤设备上,准确移取 60 mL(相当于 12 mg 杂质)经过充分混匀的杂质溶液,过滤,用水洗干净移液器,洗液一并过滤,用 200 mL 40 ℃±2 ℃的水分多次清洗过滤板,滤干后取下杂质度过滤板,在 100 ℃±1 ℃恒温干燥箱中烘干至恒重,记录质量 N_2。

4. 评价

(1)$M=N_2-N_1$,$M \geqslant 10$ mg。用锋利的刀片将杂质度过滤板上表层切下,查看余下部分,其不应出现杂质。

(2)每 1 000 片检验 10 片,不足 1 000 片按 1 000 片计。

子任务六　生乳中非脂乳固体的测定

【任务目标和质量要求】

1. 熟悉生乳中非脂乳固体含量的质量指标,能根据检测结果判断样品中非脂乳固体含量是否合格。

2. 熟知生乳中非脂乳固体含量测定的国家标准,培养实事求是、遵规守纪、科学严谨的职业品质。

3. 掌握分析天平、鼓风干燥箱、水浴锅的正确使用方法,培养学生认真负责、严谨规范的实验态度,增强实验安全意识。

4. 掌握数据记录及处理的方法,培养学生耐心细致、一丝不苟、严谨务实的工作态度。

【学习产出目标】

1. 学会测定生乳中非脂乳固体含量的操作方法,并通过企业师傅的考核。

2. 完成生乳中非脂乳固体含量测定的检测报告。

【专业知识准备】

1. 原理

先分别测定出乳及乳制品中的总固体含量、脂肪含量(如添加了蔗糖等非乳成分,应扣除),再用总固体减去脂肪和蔗糖等非乳成分含量,即为非脂乳固体。

2. 试剂和材料

除非另有规定,本方法所用试剂均为分析纯,水为 GB/T 6682 规定的三级水。

(1)平底皿盒:高 20～25 mm、直径 50～70 mm 的带盖不锈钢或铝皿盒,或玻璃称量皿。

(2)短玻璃棒:适合于皿盒的直径,可斜放在皿盒内,不影响盖盖子。

(3)石英砂或海砂:可通过 500 μm 孔径的筛子,不能通过 180 μm 孔径的筛子,并通过下列适用性测试。将约 20 g 的海砂同短玻璃棒一起放于皿盒中,然后敞开盖在 100 ℃±2 ℃的干燥箱中至少烘 2 h。把皿盒盖盖后放入干燥器中冷却至室温后称量,精确至 0.1 mg。用 5 mL 水将海砂润湿,用短玻璃棒混合海砂和水,将其再次放入干燥箱中干燥 4 h。把皿盒盖盖后放入干燥器中冷却至室温后称量,精确至 0.1 mg,两次称量的质量差不应超过 0.5 mg。如果两次称量的质量差超过了 0.5 mg,则需对海砂进行下面的处理后,才能使用。将海砂在体积分数为 25%的盐酸溶液中浸泡 3 d,经常搅拌。尽可能地倾出上清液,用水洗涤海砂,直到中性。在 160 ℃条件下加热海砂 4 h。然后重复进行适用性测试。

3. 仪器和设备

(1)天平:感量为 0.1 mg。

(2)干燥箱。

(3)水浴锅。

【工作程序】

1. 总固体的测定

在平底皿盒中加入 20 g 石英砂或海砂,在 100 ℃±2 ℃的干燥箱中干燥 2 h,于干燥器冷却 0.5 h,称量,并反复干燥至恒重。称取 5.0 g(精确至 0.000 1 g)试样于恒重的皿盒内,置水浴上蒸干,擦去皿盒外的水渍,于 100 ℃±2 ℃干燥箱中干燥 3 h,取出放入干燥器中冷却 0.5 h,称量,再于 100 ℃±2 ℃干燥箱中干燥 1 h,取出冷却后称量,至前后两次质量相差不超过 1.0 mg。试样中总固体的含量按下式计算:

$$X=\frac{m_1-m_2}{m}\times 100$$

式中:

X——试样中总固体的含量,g/100 g;

m_1——皿盒、海砂加试样干燥后质量,g;

m_2——皿盒、海砂的质量,g;

m——试样的质量,g。

2. 脂肪的测定

按生乳中脂肪的测定方法(盖勃氏法)测定。

3. 蔗糖的测定

按 GB 5413.5 中规定的方法测定。

4. 结果计算

$$X_{NFT}=X-X_1-X_2$$

式中:

X_{NFT}——试样中非脂乳固体的含量,g/100 g;

X——试样中总固体的含量,g/100 g;

X_1——试样中脂肪的含量,g/100 g;

X_2——试样中蔗糖的含量,g/100 g。

精密度：以重复性条件下获得的两次独立测定结果的算术平均值表示，结果保留三位有效数字。

【工作任务实施记录与评价】

1. 原始记录

<table>
<tr><td colspan="6">原始记录</td></tr>
<tr><td>样品名称</td><td></td><td>检测项目</td><td>非脂乳固体</td><td>检测依据</td><td></td></tr>
<tr><td rowspan="3">仪器名称及编号</td><td>电子分析天平</td><td></td><td colspan="3">环境温度：　℃</td></tr>
<tr><td>鼓风干燥箱</td><td></td><td colspan="3">相对湿度：　%</td></tr>
<tr><td>水浴锅</td><td></td><td colspan="3"></td></tr>
<tr><td colspan="3">平行测定</td><td>1</td><td>2</td><td>3(备用)</td></tr>
<tr><td colspan="3">皿盒+海砂的质量/g</td><td></td><td></td><td></td></tr>
<tr><td colspan="3">皿盒+海砂+试样烘至恒重/g</td><td></td><td></td><td></td></tr>
<tr><td colspan="3">样品的质量/g</td><td></td><td></td><td></td></tr>
<tr><td colspan="3">试样中总固体的含量实测结果/%</td><td></td><td></td><td></td></tr>
<tr><td colspan="3">试样中总固体的含量平均值/%</td><td colspan="3"></td></tr>
<tr><td colspan="3">计算公式</td><td colspan="3">$X=\frac{m_1-m_2}{m}\times 100$</td></tr>
<tr><td colspan="3">试样中脂肪的含量实测结果/(g/100 g)</td><td></td><td></td><td></td></tr>
<tr><td colspan="3">试样中脂肪的含量平均值/(g/100 g)</td><td colspan="3"></td></tr>
<tr><td colspan="3">试样中蔗糖的含量实测结果/(g/100 g)</td><td></td><td></td><td></td></tr>
<tr><td colspan="3">试样中蔗糖的含量平均值/(g/100 g)</td><td colspan="3"></td></tr>
<tr><td colspan="3">试样中非脂乳固体的含量实测值/(g/100 g)</td><td colspan="3"></td></tr>
<tr><td colspan="3">标准值/(g/100 g)</td><td colspan="3"></td></tr>
<tr><td colspan="3">单项结论</td><td colspan="3">□合格　　□不合格</td></tr>
<tr><td colspan="3">计算公式</td><td colspan="3">$X_{NFT}=X-X_1-X_2$</td></tr>
<tr><td>校核</td><td></td><td>检测</td><td></td><td>检测日期</td><td></td></tr>
</table>

2. 学徒关键职业能力评价

评价项目	标准分值	评定值
分析天平的使用是否正确	10	
鼓风干燥箱的使用是否正确	5	
水浴锅的使用是否正确	5	
原始数据的记录是否准确	20	
计算及数据处理是否正确	20	

续表

评价项目	标准分值	评定值
检测结果的准确性	20	
操作熟练程度	10	
是否做到文明操作	5	
是否注意操作安全	5	
总体评价		

3. 学徒职业品质、工匠精神评价

项目	标准分值	评定值
工作态度	15	
吃苦耐劳	15	
团队协作	10	
沟通交流	15	
学习钻研	15	
认真负责	15	
诚实守信	15	
总体评价		

子任务七　生乳酸度的测定

【任务目标和质量要求】

1. 熟悉生乳酸度的质量指标，能根据检测结果判断样品中酸度是否合格。

2. 熟知生乳酸度测定的国家标准，培养实事求是、遵规守纪、科学严谨的职业品质。

3. 掌握分析天平、碱式滴定管、水浴锅的正确使用方法，培养学生认真负责、严谨规范的实验态度，增强实验安全意识。

4. 掌握数据记录及处理的方法，培养学生耐心细致、一丝不苟、严谨务实的工作态度。

【学习产出目标】

1. 学会测定生乳酸度的操作方法，并通过企业师傅的考核。

2. 完成生乳酸度测定的检测报告。

【专业知识准备】

1. 原理

以酚酞为指示液，用 0.100 0 mol/L 氢氧化钠标准溶液滴定 100 g 试样至终点所消耗的氢氧化钠溶液体积，经计算确定试样的酸度。

2. 试剂和材料

除非另有规定，本方法所用试剂均为分析纯或以上规格，水为GB/T 6682规定的三级水。

(1)中性乙醇-乙醚混合液：取等体积的乙醇、乙醚混合后加3滴酚酞指示液，以氢氧化钠溶液(4 g/L)滴至微红色。

(2)氢氧化钠标准溶液：0.100 0 mol/L。

(3)酚酞指示液：称取0.5 g酚酞溶于75 mL体积分数为95%的乙醇中，并加入20 mL水，然后滴加0.100 0 mol/L氢氧化钠标准溶液至微粉色，再加入水定容至100 mL。

3. 仪器和设备

(1)天平：感量为1 mg。

(2)滴定管：分度值为0.1 mL。

(3)水浴锅。

【工作程序】

1. 样品测定

称取10 g(精确到0.001 g)已混匀的试样，置于150 mL锥形瓶中，加20 mL新煮沸冷却至室温的水，混匀，用氢氧化钠标准溶液电位滴定至pH 8.3为终点；或于溶解混匀后的试样中加入2.0 mL酚酞指示液，混匀后用氢氧化钠标准溶液滴定至微红色，并在30 s内不褪色，记录消耗的氢氧化钠标准滴定溶液的体积(mL)，代入公式中进行计算。

2. 结果计算

试样中的酸度按下式计算：

$$X=\frac{c\times V\times 100}{m\times 0.1}$$

式中：

X——试样的酸度，°T；

c——氢氧化钠标准溶液的摩尔浓度，mol/L；

V——滴定时消耗氢氧化钠标准溶液体积，mL；

m——试样的质量，g；

0.1——酸度理论定义氢氧化钠的摩尔浓度，mol/L。

结果表示：以重复性条件下获得的两次独立测定结果的算术平均值表示，结果保留三位有效数字。

精密度：在重复性条件下获得的两次独立测定结果的绝对差值不得超过1.0 °T。

【工作任务实施记录与评价】

1. 原始记录

原始记录

样品名称		检测项目	酸度	检测依据	
仪器名称及编号	电子分析天平		环境温度： ℃	相对湿度： %	

续表

标准溶液名称		标定日期	
平行测定	1	2	3(备用)
试样质量/g			
标准溶液浓度/(mol/L)			
滴定管末读数/mL			
滴定管初读数/mL			
实际消耗量/mL			
样品的酸度/°T			
平均值/°T			
标准值/°T			
单项结论	□合格　　□不合格		
计算公式	$X=\frac{c\times V\times 100}{m\times 0.1}$		

校核		检测		检测日期	

2. 学徒关键职业能力评价

评价项目	标准分值	评定值
分析天平的使用是否正确	10	
滴定操作的规范	10	
原始数据的记录是否准确	20	
计算及数据处理是否正确	20	
检测结果的准确性	20	
操作熟练程度	10	
是否做到文明操作	5	
是否注意操作安全	5	
总体评价		

3. 学徒职业品质、工匠精神评价

项目	标准分值	评定值
工作态度	15	
吃苦耐劳	15	

续表

项目	标准分值	评定值
团队协作	10	
沟通交流	15	
学习钻研	15	
认真负责	15	
诚实守信	15	
总体评价		

子任务八　生乳菌落总数的测定

【任务目标和质量要求】

1. 熟悉生乳菌落总数的质量指标，能根据检测结果判断样品中菌落总数是否超标。

2. 熟知生乳菌落总数测定的国家标准，培养实事求是、遵规守纪、科学严谨的职业品质。

3. 掌握分析天平、恒温培养箱、菌落计数器、水浴锅的正确使用方法，培养学生认真负责、严谨规范的实验态度，增强实验安全意识。

4. 掌握数据记录及处理的方法，培养学生耐心细致、一丝不苟、严谨务实的工作态度。

【学习产出目标】

1. 学会测定生乳菌落总数的操作方法，并通过企业师傅的考核。

2. 完成生乳菌落总数测定的检测报告。

【专业知识准备】

1. 定义

菌落总数：食品检样经过处理，在一定条件下（如培养基、培养温度和培养时间等）培养后，所得每克（毫升）检样中形成的微生物菌落总数。

2. 设备和材料

除微生物实验室常规灭菌及培养设备外，其他设备和材料如下：

（1）恒温培养箱：36 ℃±1 ℃，30 ℃±1 ℃。

（2）冰箱：2～5 ℃。

（3）恒温装置：48 ℃±2 ℃。

（4）天平：感量为 0.1 g。

（5）均质器。

（6）放大镜或（和）菌落计数器。

（7）无菌吸管：1 mL（具 0.01 mL 刻度）、10 mL（具 0.1 mL 刻度）或微量移液器及吸头。

（8）无菌锥形瓶：容量 250 mL、50 mL。

(9)无菌培养皿：直径 90 mm。

(10)pH 计或 pH 比色管或精密 pH 试纸。

3. 培养基和试剂

(1)平板计数琼脂培养基。

(2)菌落总数测试片：应符合 GB 4789.28 中平板计数琼脂培养基质量控制要求，且主要营养成分与平板计数琼脂培养基配方一致。

(3)无菌磷酸盐缓冲液。

(4)无菌生理盐水。

4. 菌落总数的计算方法

(1)若只有一个稀释度平板上的菌落数在适宜计数范围内，计算两个平板菌落数的平均值，再将平均值乘以相应稀释倍数，作为每克(毫升)样品中菌落总数结果。

(2)若有两个连续稀释度的平板菌落数在适宜计数范围内时，按下式计算。

$$N=\frac{\sum C}{(n_1+0.1\times n_2)\times d}$$

式中：

N——样品中菌落数；

$\sum C$——平板(含适宜范围菌落数的平板)菌落数之和；

n_1——第一稀释度(低稀释倍数)平板个数；

n_2——第二稀释度(高稀释倍数)平板个数；

d——稀释因子(第一稀释度)。

(3)若所有稀释度的平板上菌落数均大于 300 CFU，则对稀释度最高的平板进行计数，其他平板可记录为多不可计，结果按平均菌落数乘以最高稀释倍数计算。

(4)若所有稀释度的平板菌落数均小于 30 CFU，则应按稀释度最低的平均菌落数乘以稀释倍数计算。

(5)若所有稀释度(包括液体样品原液)平板均无菌落生长，则以小于 1 乘以最低稀释倍数计算。

(6)若所有稀释度的平板菌落数均不在 30～300 CFU，其中一部分小于 30 CFU 或大于 300 CFU 时，则以最接近 300 CFU 或 30 CFU 的平均菌落数乘以稀释倍数计算。

5. 菌落总数的报告

(1)菌落总数小于 100 CFU 时，按“四舍五入”原则修约，以整数报告。

(2)菌落总数大于或等于 100 CFU 时，第三位数字采用“四舍五入”原则修约后，采用两位有效数字，后面用 0 代替位数；也可用 10 的指数形式来表示，按“四舍五入”原则修约后，采用两位有效数字。

(3)若空白对照上有菌落生长，则此次检验结果无效。

(4)称重取样以 CFU/g 为单位报告，体积取样以 CFU/mL 为单位报告。

【工作程序】

1. 检验程序

菌落总数的检验程序见图 3-4。

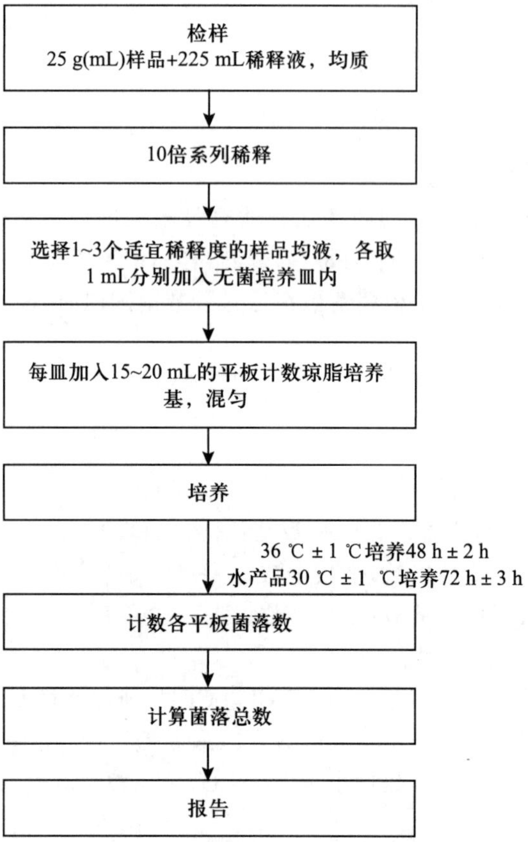

图 3-4 菌落总数的检验程序

2. 样品的稀释

(1)以无菌吸管吸取 25 mL 样品置于盛有 25 mL 无菌磷酸盐缓冲液或无菌生理盐水的无菌锥形瓶(瓶内可预置适当数量的无菌玻璃珠)中,充分混匀,或放入盛有 25 mL 稀释液的无菌均质袋中,用拍击式均质器拍打 1～2 min 制成 1∶10 的样品匀液。

(2)用 1 mL 无菌吸管或微量移液器吸取 1∶10 样品匀液 1 mL,沿管壁缓慢注于盛有 9 mL 稀释液的无菌试管中(注意吸管或吸头尖端不要触及稀释液面),在振荡器上振荡混匀,制成 1∶10 的样品匀液。

(3)按(2)操作,制备 10 倍系列稀释样品匀液。每递增稀释一次,换用 1 次 1 mL 无菌吸管或吸头。

(4)根据对样品污染状况的估计,选择 1～3 个适宜稀释度的样品匀液(液体样品可包括原液),吸取 1 mL 样品匀液于无菌培养皿内,每个稀释度做两个培养皿。同时,分别吸取 1 mL 空白稀释液加入两个无菌培养皿内作空白对照。

(5)及时将 15～20 mL 冷却至 46～50 ℃的平板计数琼脂培养基(可放置于 48 ℃±2 ℃恒

温装置中保温)倾注培养皿,并转动培养皿使其混合均匀。

3. 培养

(1)水平放置,待琼脂凝固后,将平板翻转,36 ℃±1 ℃培养 48 h±2 h。水产品 30 ℃±1 ℃培养 72 h±3 h。如果样品中可能含有在琼脂培养基表面蔓延生长的菌落,可在凝固后的琼脂培养基表面覆盖一薄层平板计数琼脂培养基(约 4 mL),凝固后翻转平板,进行培养。

(2)如使用菌落总数测试片,应按照测试片所提供的相关技术规程操作。

4. 菌落计数

(1)可用肉眼观察,必要时用放大镜或菌落计数器,记录稀释倍数和相应的菌落数量。菌落计数以菌落形成单位(CFU)表示。

(2)选取菌落数在 30～300 CFU、无蔓延菌落生长的平板计数菌落总数。低于 30 CFU 的平板记录具体菌落数,大于 300 CFU 的可记录为多不可计。

(3)其中一个平板有较大片状菌落生长时,则不宜采用,而应以无较大片状菌落生长的平板作为该稀释度的菌落数;若片状菌落不到平板的一半,而其余一半中菌落分布又很均匀,可计算半个平板后乘以 2,代表一个平板菌落数。

(4)当平板上出现菌落间无明显界线的链状生长时,则将每条单链作为一个菌落计数。

5. 菌落总数的计算

见本子任务“专业知识准备”部分。

6. 菌落总数的报告

见本子任务“专业知识准备”部分。

【知识拓展】

一、培养基的成分和配制方法

1. 平板计数琼脂(PCA)培养基

(1)成分

胰蛋白胨(主要营养成分)	5.0 g
酵母浸膏(主要营养成分)	2.5 g
葡萄糖(主要营养成分)	1.0 g
琼脂	15.0 g
蒸馏水	1 000 mL

(2)制法

将上述成分加于蒸馏水中,煮沸溶解,调节 pH 至 7.0±0.2。分装于适宜容器,121 ℃高压灭菌 15 min。

2. 无菌磷酸盐缓冲液

(1)成分

磷酸二氢钾(KH_2PO_4)	34.0 g
蒸馏水	50 mL

(2)制法

贮存液:称取 34.0 g 的磷酸二氢钾溶于 50 mL 蒸馏水中,用大约 175 mL 的 1 mol/L 氢氧化钠溶液调节 pH 至 7.2，用蒸馏水稀释至 1 000 mL 后贮存于冰箱。

稀释液：取贮存液 1.25 mL，用蒸馏水稀释至 1 000 mL，分装于适宜容器中，121 ℃高压灭菌 15 min。

3. 无菌生理盐水

(1)成分

氯化钠	8.5 g
蒸馏水	1 000 mL

(2)制法

称取 8.5 g 氯化钠溶于 1 000 mL 蒸馏水中，121 ℃高压灭菌 15 min。

二、菌落总数的计算方法

1. 示例 1

稀释度	1∶10	1∶100	1∶1 000	计算结果
菌落数/CFU	多不可计，多不可计	124,138	11,14	13 100

上述数据进行数字修约后，表示为 13 000 或 1.3×10^4。

2. 示例 2

稀释度	1∶100(第一稀释度)	1∶1 000(第一稀释度)	计算结果
菌落数/CFU	232,244	33,35	24 727

上述数据进行数字修约后，表示为 25 000 或 2.5×10^4。

3. 示例 3

稀释度	1∶10	1∶100	1∶1 000	计算结果
菌落数/CFU	多不可计，多不可计	多不可计，多不可计	442,420	43 100

上述数据进行数字修约后，表示为 430 000 或 4.3×10^5。

4. 示例 4

稀释度	1∶10	1∶100	1∶1 000	计算结果
菌落数/CFU	14,15	1,0	0,0	145

上述数据进行数字修约后，表示为 150 或 1.5×10^2。

5. 示例 5

稀释度	1∶10	1∶100	1∶1 000	计算结果
菌落数/CFU	0,0	0,0	0,0	<10

上述数据表示为<10。

6. 示例 6

稀释度	1∶10	1∶100	1∶1 000	计算结果
菌落数/CFU	312,306	14,19	2,4	3 090

上述数据进行数字修约后，表示为 3 100 或 3.1×10^3。

【工作任务实施记录与评价】

1. 原始记录

<table>
<tr><td colspan="8">原始记录</td></tr>
<tr><td>样品名称</td><td></td><td colspan="2">检测项目</td><td>菌落总数</td><td>检测依据</td><td colspan="2"></td></tr>
<tr><td>仪器名称及编号</td><td>恒温培养箱</td><td colspan="2"></td><td colspan="2">环境温度：　℃</td><td colspan="2">相对湿度：　%</td></tr>
<tr><td colspan="2">培养基名称</td><td colspan="2"></td><td colspan="2">灭菌日期</td><td colspan="2"></td></tr>
<tr><td colspan="2">稀释倍数</td><td colspan="2"></td><td colspan="2"></td><td colspan="2"></td></tr>
<tr><td colspan="2" rowspan="2">菌落数/CFU</td><td colspan="2"></td><td colspan="2"></td><td colspan="2"></td></tr>
<tr><td colspan="2"></td><td colspan="2"></td><td colspan="2"></td></tr>
<tr><td colspan="2">平均菌落数/CFU</td><td colspan="2"></td><td colspan="2"></td><td colspan="2"></td></tr>
<tr><td colspan="2">选择稀释度</td><td colspan="4"></td><td colspan="2"></td></tr>
<tr><td colspan="2">报告菌落数/(CFU/mL)</td><td colspan="6"></td></tr>
<tr><td colspan="2">标准值/(CFU/mL)</td><td colspan="2"></td><td colspan="2"></td><td colspan="2"></td></tr>
<tr><td colspan="2">单项结论</td><td colspan="6">□合格　□不合格</td></tr>
<tr><td colspan="2">计算公式</td><td colspan="6">$N=\frac{\sum C}{(n_1+0.1\times n_2)\times d}$</td></tr>
<tr><td>校核</td><td></td><td>检测</td><td></td><td colspan="2">检测日期</td><td colspan="2"></td></tr>
</table>

2. 学徒关键职业能力评价

评价项目	标准分值	评定值
分析天平的使用是否正确	5	
恒温培养箱的使用是否正确	5	
菌落计数器的使用是否正确	5	
培养基的配制是否正确	10	
灭菌操作是否正确	10	
样液稀释操作是否规范	10	
菌落计数是否正确	10	
原始数据的记录是否准确	10	
稀释度的选择是否正确	10	
计算及数据处理是否正确	10	
操作熟练程度	5	
是否做到文明操作	5	
是否注意操作安全	5	
总体评价		

3. 学徒职业品质、工匠精神评价

项目	标准分值	评定值
工作态度	15	
吃苦耐劳	15	
团队协作	10	
沟通交流	15	
学习钻研	15	
认真负责	15	
诚实守信	15	
总体评价		

任务二　灭菌乳的检验

一、定义

1. 超高温灭菌乳

超高温灭菌乳指以生牛(羊)乳为原料,添加或不添加复原乳,在连续流动的状态下,加热到至少 132 ℃并保持很短时间,再经无菌灌装等工序制成的液体产品。

2. 保持灭菌乳

保持灭菌乳指以生牛(羊)乳为原料,添加或不添加复原乳,无论是否经过预热处理,在灌装并密封之后经灭菌等工序制成的液体产品。

二、灭菌质量检验项目和主要指标

灭菌质量检验项目和主要指标见表 3-22、表 3-23。

表 3-22　灭菌乳感官要求

项目	要求	检验方法
色泽	呈乳白色或微黄色。	取适量试样置于 50 mL 烧杯中,在自然光下观察色泽和组织状态。闻其气味,用温开水漱口,品尝滋味
滋味、气味	具有乳固有的香味,无异味。	
组织状态	呈均匀一致液体,无凝块、无沉淀、无正常视力可见异物。	

表 3-23　灭菌乳理化指标

项目	指标	检验方法
蛋白质/(g/100 g)		GB 5009.5
牛乳	≥2.9	
羊乳	≥2.8	
脂肪[a]/(g/100 g)	≥3.1	GB 5009.6

续表3-23

项目	指标	检验方法
非脂乳固体/(g/100 g)	≥8.1	GB 5413.39
酸度/(°T)		
牛乳	12～18	GB 5009.239
羊乳	6～13	

[a] 仅适用于全脂灭菌乳。

灭菌乳蛋白质、脂肪、非脂乳固体、酸度的测定方法同生乳。

任务三　发酵乳的检验

一、定义

1. 发酵乳

发酵乳指以生牛(羊)乳或乳粉为原料,经杀菌、发酵后制成的 pH 降低的产品。

2. 酸乳

酸乳指以生牛(羊)乳或乳粉为原料,经杀菌、接种嗜热链球菌和保加利亚乳杆菌(德氏乳杆菌保加利亚亚种)发酵制成的产品。

3. 风味发酵乳

风味发酵乳指以 80%以上生牛(羊)乳或乳粉为原料,添加其他原料,经杀菌、发酵后 pH 降低,发酵前或后添加或不添加食品添加剂、营养强化剂、果蔬、谷物等制成的产品。

4. 风味酸乳

风味酸乳指以 80%以上生牛(羊)乳或乳粉为原料,添加其他原料,经杀菌、接种嗜热链球菌和保加利亚乳杆菌(德氏乳杆菌保加利亚亚种)发酵前或后添加或不添加食品添加剂、营养强化剂、果蔬、谷物等制成的产品。

二、发酵乳质量检验项目和主要指标

发酵乳质量检验项目和主要指标见表 3-24 至表 3-27。

表 3-24　发酵乳感官要求

项目	要求		检验方法
	发酵乳	风味发酵乳	
色泽	色泽均匀一致,呈乳白色或微黄色	具有与添加成分相符的色泽	取适量试样置于 50 mL 烧杯中,在自然光下观察色泽和组织状态。闻其气味,用温开水漱口,品尝滋味
滋味、气味	具有发酵乳固有的滋味,气味	具有与添加成分相符的滋味和气味	
组织状态	组织细腻、均匀、允许有少量乳清析出;风味发酵乳具有添加成分特有的组织状态		

表 3-25　发酵乳理化指标

项目	指标		检验方法
	发酵乳	风味发酵乳	
蛋白质/(g/100 g)	≥2.9	≥2.3	GB 5009.5
脂肪[a]/(g/100 g)	≥3.1	≥2.5	GB 5009.6
非脂乳固体/(g/100 g)	≥8.1	—	GB 5413.39
酸度/(°T)	≥70.0		GB 5009.239

[a] 仅适用于全脂产品。

表 3-26　发酵乳微生物限量

项目	采样方案[a]及限量(若非指定,均以 CFU/g 或 CFU/mL 表示)				检验方法
	n	c	m	M	
大肠菌群	5	2	1	5	GB 4789.3 平板计数法
金黄色葡萄球菌	5	0	0/25 g(mL)	—	GB 4789.10 定性检验
沙门菌	5	0	0/25 g(mL)	—	GB 4789.4
酵母	≤100				GB 4789.15
霉菌	≤30				

[a] 样品的分析及处理按 GB 4789.1 和 GB 4789.18 执行。

表 3-27　发酵乳乳酸菌数

项目	限量(CFU/g 或 CFU/mL)	检验方法
乳酸菌落数[a]	$\geqslant 1\times10^{6}$	GB 4789.35

[a] 发酵后经热处理的产品对乳酸菌数不做要求。

发酵乳蛋白质、脂肪、非脂乳固体、酸度的测定方法。

子任务一　发酵乳大肠菌群计数

【任务目标和质量要求】

1. 熟悉发酵乳大肠菌群的质量指标,能根据检测结果判断样品中大肠菌群是否超标。

2. 熟知发酵乳中大肠菌群测定的国家标准,培养实事求是、遵规守纪、科学严谨的职业品质。

3. 掌握分析天平、恒温培养箱、菌落计数器、水浴锅的正确使用方法,培养学生认真负责、严谨规范的实验态度,增强实验安全意识。

4. 掌握数据记录及处理的方法,培养学生耐心细致、一丝不苟、严谨务实的工作态度。

【学习产出目标】

1. 学会发酵乳中大肠菌群计数的操作方法,并通过企业师傅的考核。

2. 完成发酵乳中大肠菌群计数的检测报告。

【专业知识准备】

1. 定义

大肠菌群：在一定培养条件下能发酵乳糖、产酸产气的需氧和兼性厌氧革兰氏阴性无芽孢杆菌。

2. 检验原理

大肠菌群在固体培养基中发酵乳糖产酸，在指示剂的作用下形成可计数的红色或紫色、带有或不带有沉淀环的菌落。

3. 设备和材料

除微生物实验室常规灭菌及培养设备外，其他设备和材料如下：

(1)恒温培养箱：36 ℃±1 ℃。

(2)冰箱：2～5 ℃。

(3)恒温水浴箱：46 ℃±1 ℃。

(4)天平：感量 0.1 g。

(5)均质器。

(6)菌落计数器。

(7)无菌吸管：1 mL 具 0.01 mL 刻度；10 mL 具 0.1 mL 刻度或微量移液器及吸头。

(8)无菌锥形瓶：容量 500 mL。

(9)无菌培养皿：直径 90 mm。

(10)pH 计或 pH 比色管或精密 pH 试纸。

4. 培养基和试剂

(1)1 mol/L HCl 溶液。

(2)煌绿乳糖胆盐(BGLB)肉汤。

(3)结晶紫中性红胆盐琼脂(VRBA)。

(4)无菌磷酸盐缓冲液。

(5)无菌生理盐水。

(6)1 mol/L NaOH 溶液。

上述培养基和试剂配制方法见本子任务知识拓展部分。

5. 检验程序

大肠菌群平板计数法的检验程序见图 3-5。

【工作程序】

1. 样品的稀释

(1)称取 25 g 样品，放入盛有 225 mL 磷酸盐缓冲液或生理盐水的无菌均质杯内，8 000～10 000 r/min 均质 1～2 min，或放入盛有 225 mL 磷酸盐缓冲液或生理盐水的无菌均质袋中，用拍击式均质器拍打 1～2 min，制成 1∶10 的样品匀液。

(2)样品匀液的 pH 应在 6.5～7.5，必要时分别用 1 mol/L NaOH 或 1 mol/L HCl 调节。

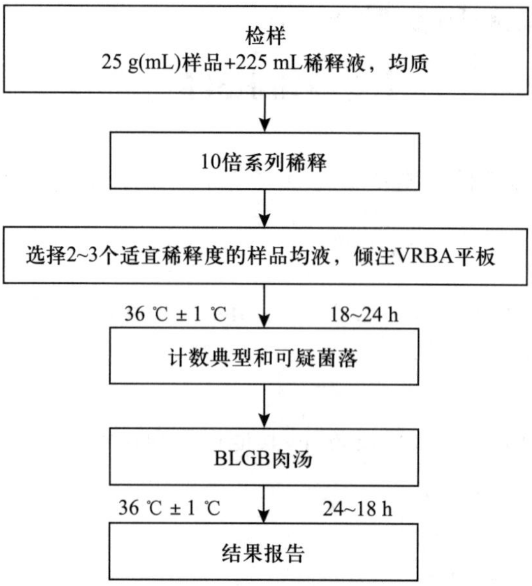

图 3-5　大肠菌群平板计数法的检验程序

(3)用 1 mL 无菌吸管或微量移液器吸取 1∶10 样品匀液 1 mL,沿管壁缓缓注入 9 mL 磷酸盐缓冲液或生理盐水的无菌试管中(注意吸管或吸头尖端不要触及稀释液面),振摇试管或换用 1 支 1 mL 无菌吸管反复吹打,使其混合均匀,制成 1∶100 的样品匀液。

(4)根据对样品污染状况的估计,按上述操作,依次制成十倍递增系列稀释样品匀液。每递增稀释 1 次,换用 1 支 1 mL 无菌吸管或吸头。从制备样品匀液至样品接种完毕,全过程不得超过 15 min。

2. 平板计数

(1)选取 2～3 个适宜的连续稀释度,每个稀释度接种 2 个无菌平皿,每皿 1 mL。同时取 1 mL 生理盐水加入无菌平皿作空白对照。

(2)及时将 15～20 mL 融化并恒温至 46 ℃的结晶紫中性红胆盐琼脂(VRBA)倾注于每个平皿中。小心旋转平皿,将培养基与样液充分混匀,待琼脂凝固后,再加 3～4 mL VRBA 覆盖平板表层。翻转平板,置于 36 ℃±1 ℃培养 18～24 h。

3. 平板菌落数的选择

选取菌落数在 15～150 CFU 的平板,分别计数平板上出现的典型和可疑大肠菌群菌落(如菌落直径较典型菌落小)。典型菌落为紫红色,菌落周围有红色的胆盐沉淀环,菌落直径为 0.5 mm 或更大,最低稀释度平板低于 15 CFU 的记录具体菌落数。

4. 证实试验

从 VRBA 平板上挑取 10 个不同类型的典型和可疑菌落,少于 10 个菌落的挑取全部典型和可疑菌落。分别移种于 BGLB 肉汤管内,36 ℃±1 ℃培养 24～48 h,观察产气情况。凡 BGLB 肉汤管产气,即可报告为大肠菌群阳性。

5. 大肠菌群平板计数的报告

经最后证实为大肠菌群阳性的试管比例乘以平板菌落数,再乘以稀释倍数,即为每克(毫升)样品中大肠菌群数。例如,10^{-4} 样品稀释液 1 mL,在 VRBA 平板上有 100 个典型和可疑菌落，挑取其中 10 个接种 BGLB 肉汤管，证实有 6 个阳性管，则该样品的大肠菌群数为：$100\times 6/10\times 10^4=6.0\times 10^5$ CFU/mL。若所有稀释度（包括液体样品原液）平板均无菌落生长，则以小于 1 乘以最低稀释倍数计算。

【知识拓展】

培养基的成分和配制方法

1. 1 mol/L HCl 溶液

(1)成分

HCl	90 mL
蒸馏水	1 000 mL

(2)制法

移取浓盐酸 90 mL，用无菌蒸馏水稀释至 1 000 mL。

2. 煌绿乳糖胆盐(BGLB)肉汤

(1)成分

蛋白胨	10.0 g
乳糖	10.0 g
牛胆粉溶液	200 mL
0.1%煌绿水溶液	13.3 mL
蒸馏水	800 mL

(2)制法

将蛋白胨、乳糖溶于约 500 mL 蒸馏水中，加入牛胆粉溶液 200 mL(将 20.0 g 脱水牛胆粉溶于 200 mL 蒸馏水中，调节 pH 至 7.0～7.5)，用蒸馏水稀释到 975 mL，调节 pH 至 7.2±0.1，再加入 0.1%煌绿水溶液 13.3 mL，用蒸馏水补足到 1 000 mL，用棉花过滤后，分装到有玻璃小倒管的试管中，每管 10 mL。121 ℃高压灭菌 15 min。

3. 结晶紫中性红胆盐琼脂(VRBA)

(1)成分

蛋白胨	7.0 g
酵母膏	3.0 g
乳糖	10.0 g
氯化钠	5.0 g
胆盐或 3 号胆盐	1.5 g
中性红	0.03 g
结晶紫	0.002 g
琼脂	15～18 g
蒸馏水	1 000 mL

(2)制法

将上述成分溶于蒸馏水中，静置几分钟，充分搅拌，调节 pH 至 7.4±0.1。煮沸 2 min，将培养基融化并恒温至 45～50 ℃倾注平板。使用前临时制备，不得超过 3 h。

4. 磷酸盐缓冲液

(1)成分

磷酸二氢钾(KH_2PO_4)　　34.0 g

蒸馏水　　500 mL

(2)制法

贮存液：称取 34.0 g 的磷酸二氢钾溶于 500 mL 蒸馏水中，用大约 175 mL 的 1 mol/L 氢氧化钠溶液调节 pH 至 7.2±0.2，用蒸馏水稀释至 1 000 mL 后贮存于冰箱。

稀释液：取贮存液 1.25 mL，用蒸馏水稀释至 1 000 mL，分装于适宜容器中，121 ℃高压灭菌 15 min。

5. 无菌生理盐水

(1)成分

氯化钠　　8.5 g

蒸馏水　　1 000 mL

(2)制法

称取 8.5 g 氯化钠溶于 1 000 mL 蒸馏水中，121 ℃高压灭菌 15 min。

6. 1 mol/L NaOH 溶液

(1)成分

NaOH　　40.0 g

蒸馏水　　1 000 mL

(2)制法

称取 40 g 氢氧化钠溶于 1 000 mL 无菌蒸馏水中。

【工作任务实施记录与评价】

1. 原始记录

原始记录					
样品名称		检测项目	大肠菌群数	检测依据	
仪器名称及编号	恒温培养箱			环境温度：　℃	
	菌落计数器			相对湿度：　%	
培养基名称		灭菌日期			
稀释倍数					
菌落数/(CFU/mL)					
平均菌落数/(CFU/mL)					
空白菌落数/(CFU/mL)					
证实实验					
产气管数/个					

续表

大肠菌群平板计数的报告/(CFU/mL)					
标准值/(CFU/mL)					
单项结论	□合格　　□不合格				
计算公式	$N=$典型和可疑菌落$\times\dfrac{\text{阳性管数}}{\text{接种管数}}\times$稀释倍数				
校核		检测		检测日期	

2. 学徒关键职业能力评价

评价项目	标准分值	评定值
分析天平的使用是否正确	5	
恒温培养箱的使用是否正确	5	
菌落计数器的使用是否正确	5	
培养基的配制是否正确	10	
灭菌操作是否正确	10	
样液稀释操作是否规范	10	
菌落计数是否正确	10	
原始数据的记录是否准确	10	
稀释度的选择是否正确	10	
计算及数据处理是否正确	10	
操作熟练程度	5	
是否做到文明操作	5	
是否注意操作安全	5	
总体评价		

3. 学徒职业品质、工匠精神评价

项目	标准分值	评定值
工作态度	15	
吃苦耐劳	15	
团队协作	10	
沟通交流	15	
学习钻研	15	
认真负责	15	
诚实守信	15	
总体评价		

子任务二　发酵乳乳酸菌检验

【任务目标和质量要求】

1. 熟悉发酵乳乳酸菌的质量指标，能根据检测结果判断样品中乳酸菌是否超标。

2. 熟知发酵乳中乳酸菌测定的国家标准，培养实事求是、遵规守纪、科学严谨的职业品质。

3. 掌握分析天平、恒温培养箱、均质器的正确使用方法，培养学生认真负责、严谨规范的实验态度，增强实验安全意识。

4. 掌握数据记录及处理的方法，培养学生耐心细致、一丝不苟、严谨务实的工作态度。

【学习产出目标】

1. 学会发酵乳乳酸菌检验的操作方法，并通过企业师傅的考核。

2. 完成发酵乳乳酸菌检验的检测报告。

【专业知识准备】

1. 定义

乳酸菌：一类可发酵糖主要产生大量乳酸的细菌的通称。

本子任务中所述乳酸菌主要为乳杆菌属、双歧杆菌属和嗜热链球菌属。

2. 设备和材料

除微生物实验室常规灭菌及培养设备外，其他设备和材料如下：

(1)恒温培养箱：36 ℃±1 ℃。

(2)冰箱：2～5 ℃。

(3)均质器及无菌均质袋、均质杯或灭菌乳钵。

(4)天平：感量 0.01 g。

(5)无菌试管：18 mm×180 mm、15 mm×100 mm。

(6)无菌吸管：1 mL(具 0.01 mL 刻度)、10 mL(具 0.1 mL 刻度)或微量移液器及吸头。

(7)无菌锥形瓶：500 mL、250 mL。

3. 培养基和试剂

(1)生理盐水。

(2)MRS 培养基及莫匹罗星锂盐和半胱氨酸盐酸盐改良 MRS 培养基。

(3)MC 培养基。

上述培养基和试剂配制方法见本子任务知识拓展部分。

(4)莫匹罗星锂盐：化学纯。

(5)半胱氨酸盐酸盐：纯度>99%。

4. 检验程序

乳酸菌检验程序见图 3-6。

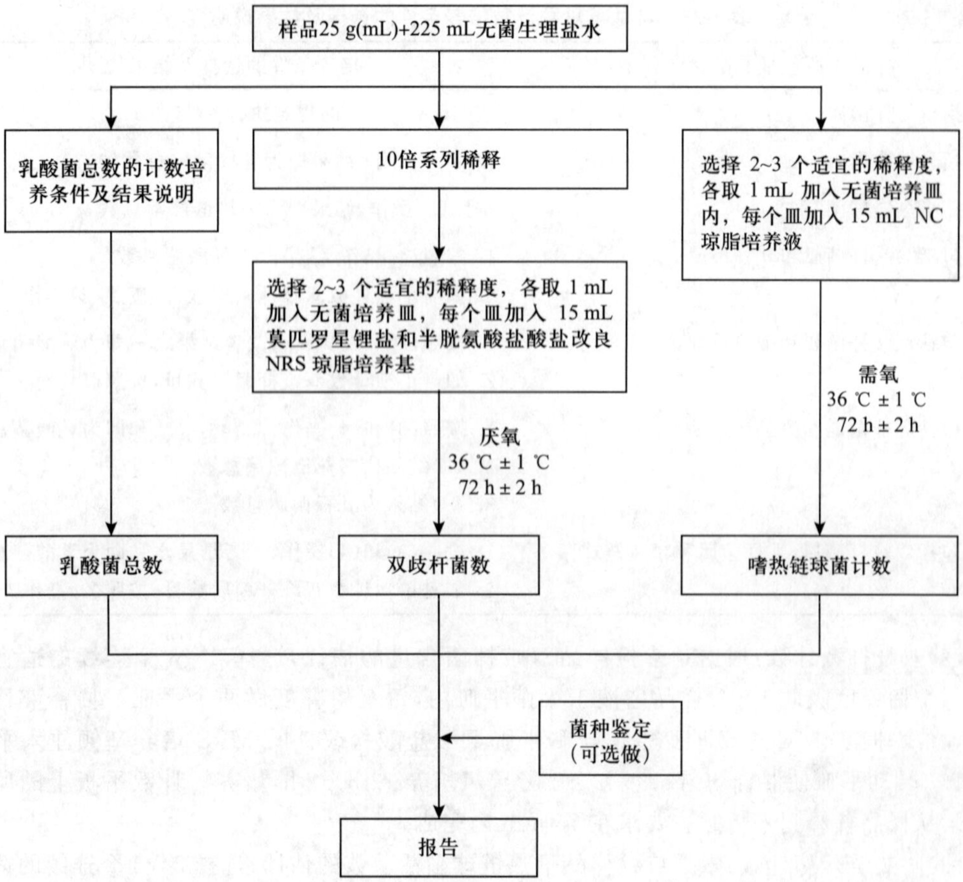

图 3-6 乳酸菌检验程序图

【工作程序】

1. 样品制备

样品的全部制备过程均应遵循无菌操作程序。

以无菌操作称取 25 g 样品，置于装有 225 mL 生理盐水的无菌均质杯内，于 8 000～10 000 r/min 均质 1～2 min，制成 1∶10 样品匀液；或置于装有 225 mL 生理盐水的无菌均质袋中，用拍击式均质器拍打 1～2 min 制成 1∶10 的样品匀液。

2. 样品的稀释

(1)用 1 mL 无菌吸管或微量移液器吸取 1∶10 样品匀液 1 mL，沿管壁缓慢注于装有 9 mL 生理盐水的无菌试管中(注意吸管尖端不要触及稀释液)，振摇试管或换用 1 支无菌吸管反复吹打使其混合均匀，制成 1∶100 的样品匀液。

(2)另取 1 mL 无菌吸管或微量移液器吸头，按上述操作顺序，做 10 倍递增样品匀液，每递增稀释一次，即换用 1 次 1 mL 灭菌吸管或吸头。

3. 乳酸菌计数

(1)乳酸菌总数：乳酸菌总数计数培养条件的选择及结果说明见表 3-28。

表 3-28 乳酸菌总数计数培养条件的选择及结果说明

样品中所包括乳酸菌菌属	培养条件的选择及结果说明
仅包括双歧杆菌属	按 GB 4789.34 的规定执行
仅包括乳杆菌属	按照(4)操作,结果即为乳杆菌属总数
仅包括嗜热链球菌	按照(3)操作,结果即为嗜热链球菌总数
同时包括双歧杆菌属和乳杆菌属	1. 按照(4)操作,结果即为乳酸菌总数 2. 如需单独计数双歧杆菌属数目,按照(2)操作
同时包括双歧杆菌属和嗜热链球菌	1. 按照(2)和(3)操作,二者结果之和即为乳酸菌总数 2. 如需单独计数双歧杆菌属数目,按照(2)操作
同时包括乳杆菌属和嗜热链球菌	1. 按照(3)和(4)操作,二者结果之和即为乳酸菌总数 2. (3)结果为嗜热链球菌总数 3. (4)结果为乳杆菌属总数
同时包括双歧杆菌属,乳杆菌属和嗜热链球菌	1. 按照(3)和(4)操作,二者结果之和即为乳酸菌总数 2. 如需单独计数双歧杆菌属数目,按照(2)操作

(2)双歧杆菌计数:根据对待检样品双歧杆菌含量的估计,选择 2～3 个连续的适宜稀释度。每个稀释度吸取 1 mL 样品匀液于灭菌平皿内,每个稀释度做两个平皿。稀释液移入平皿后,将冷却至 48 ℃的莫匹罗星锂盐和半胱氨酸盐酸盐改良的 MRS 培养基倾注入平皿约 15 mL。转动平皿使混合均匀。36 ℃±1 ℃厌氧培养 72 h±2 h,培养后计数平板上的所有菌落数。从样品稀释到平板倾注要求在 15 min 内完成。

(3)嗜热链球菌计数:根据待检样品嗜热链球菌活菌数的估计,选择 2～3 个连续的适宜稀释度,每个稀释度吸取 1 mL 样品匀液于灭菌平皿内,每个稀释度做两个平皿。稀释液移入平皿后,将冷却至 48 ℃的 MC 培养基倾注入平皿约 15 mL,转动平皿使其混合均匀。36 ℃±1 ℃需氧培养 72 h±2 h,培养后计数。嗜热链球菌在 MC 琼脂平板上的菌落特征为:菌落中等偏小,边缘整齐光滑的红色菌落,直径 2 mm±1 mm,菌落背面为粉红色。从样品稀释到平板倾注要求在 15 min 内完成。

(4)乳杆菌计数:根据待检样品活菌总数的估计,选择 2～3 个连续的适宜稀释度,每个稀释度吸取 1 mL 样品匀液于灭菌平皿内,每个稀释度做两个平皿。稀释液移入平皿后,将冷却至 48 ℃的 MRS 琼脂培养基倾注入平皿约 15 mL,转动平皿使混合均匀。36 ℃±1 ℃厌氧培养 72 h±2 h。从样品稀释到平板倾注要求在 15 min 内完成。

4. 菌落计数

可用肉眼观察,必要时用放大镜或菌落计数器,记录稀释倍数和相应的菌落数量。菌落计数以菌落形成单位(CFU)表示。

(1)选取菌落数在 30～300 CFU、无蔓延菌落生长的平板计数菌落总数。低于 30 CFU 的平板记录具体菌落数,大于 300 CFU 的可记录为多不可计。每个稀释度的菌落数应采用两个平板的平均数。

(2)其中一个平板有较大片状菌落生长时,则不宜采用,而应以无片状菌落生长的平板作为该稀释度的菌落数;若片状菌落不到平板的一半,而其余一半中菌落分布又很均匀,即可计算半个平板后乘以 2,代表一个平板菌落数。

(3)当平板上出现菌落间无明显界线的链状生长时，则将每条单链作为一个菌落计数。

5. 结果的表述

(1)若只有一个稀释度平板上的菌落数在适宜计数范围内，计算两个平板菌落数的平均值，再将平均值乘以相应稀释倍数，作为每克或每毫升样品中菌落总数结果。

(2)若有两个连续稀释度的平板菌落数在适宜计数范围内时，按下式计算：

$$N=\frac{\sum C}{(n_1+0.1\times n_2)\times d}$$

式中：

N——样品中菌落数；

$\sum C$——平板(含适宜范围菌落数的平板)菌落数之和；

n_1——第一稀释度(低稀释倍数)平板个数；

n_2——第二稀释度(高稀释倍数)平板个数；

d——稀释因子(第一稀释度)。

(3)若所有稀释度的平板上菌落数均大 300 CFU，则对稀释度最高的平板进行计数，其他平板可记录为多不可计，结果按平均菌落数乘以最高稀释倍数计算。

(4)若所有稀释度的平板菌落数均小于 30 CFU，则应按稀释度最低的平均菌落数乘以稀释倍数计算。

(5)若所有稀释度(包括液体样品原液)平板均无菌落生长，则以小于 1 乘以最低稀释倍数计算。

(6)若所有稀释度的平板菌落数均不在 30～300 CFU，其中一部分小于 30 CFU 或大于 300 CFU 时，则以最接近 30 CFU 或 300 CFU 的平均菌落数乘以稀释倍数计算。

6. 菌落数的报告

(1)菌落数小于 100 CFU 时，按“四舍五入”原则修约，以整数报告。

(2)菌落数大于或等于 100 CFU 时，第 3 位数字采用“四舍五入”原则修约后，取前 2 位数字，后面用 0 代替位数；也可用 10 的指数形式来表示，按“四舍五入”原则修约后，采用两位有效数字。

(3)称重取样以 CFU/g 为单位报告，体积取样以 CFU/mL 为单位报告。

7. 结果与报告

根据菌落计数结果出具报告，报告单位以 CFU/g 或 CFU/mL 表示。

【工作任务实施记录与评价】

1. 原始记录

<table>
<tr><td colspan="6">原始记录</td></tr>
<tr><td>样品名称</td><td></td><td>检测项目</td><td>乳酸菌</td><td>检测依据</td><td></td></tr>
<tr><td rowspan="2" colspan="2">仪器名称及编号</td><td>恒温培养箱</td><td colspan="2"></td><td>环境温度：　℃</td></tr>
<tr><td>菌落计数器</td><td colspan="2"></td><td>相对湿度：　%</td></tr>
</table>

续表

培养基名称		灭菌日期	
空白菌落数/(CFU/mL)			
稀释倍数			
培养基 1 菌落数/(CFU/mL)			
培养基 1 平均菌落数/(CFU/mL)			
双歧杆菌计数的报告/(CFU/mL)			
培养基 2 菌落数/(CFU/mL)			
培养基 2 平均菌落数/(CFU/mL)			
嗜热链球菌计数的报告/(CFU/mL)			
培养基 3 菌落数/(CFU/mL)			
培养基 3 平均菌落数/(CFU/mL)			
乳杆菌计数的报告/(CFU/mL)			
菌落计数的报告/(CFU/mL)			
标准值/(CFU/mL)			
单项结论	□合格　□不合格		
计算公式	$N=\frac{\sum C}{(n_1+0.1\times n_2)\times d}$		

校核		检测		检测日期	

2. 学徒关键职业能力评价

评价项目	标准分值	评定值
分析天平的使用是否正确	5	
恒温培养箱的使用是否正确	5	
菌落计数器的使用是否正确	5	
培养基的配制是否正确	10	
灭菌操作是否正确	10	
样液稀释操作是否规范	10	

续表

评价项目	标准分值	评定值
菌落计数是否正确	10	
原始数据的记录是否准确	10	
稀释度的选择是否正确	10	
计算及数据处理是否正确	10	
操作熟练程度	5	
是否做到文明操作	5	
是否注意操作安全	5	
总体评价		

3. 学徒职业品质、工匠精神评价

项目	标准分值	评定值
工作态度	15	
吃苦耐劳	15	
团队协作	10	
沟通交流	15	
学习钻研	15	
认真负责	15	
诚实守信	15	
总体评价		

【知识拓展】

培养基的成分及配制方法

1. 生理盐水

(1)成分

NaCl　　8.5 g

(2)制法

将上述成分加入 1 000 mL 蒸馏水中，加热溶解，分装后 121 ℃高压灭菌 15～20 min。

2. MRS 培养基

(1)成分

蛋白胨　　10.0 g

牛肉粉　　5.0 g

酵母粉　　4.0 g

葡萄糖　　20.0 g

吐温-80	1.0 mL
$K_2HPO_4 \cdot 7H_2O$	2.0 g
三水醋酸钠	5.0 g
柠檬酸铵	2.0 g
$MgSO_4 \cdot 7H_2O$	0.2 g
$MnSO_4 \cdot 4H_2O$	0.05 g
琼脂粉	15.0 g

(2)制法

将上述成分加入 1 000 mL 蒸馏水中，加热溶解，调节 pH 至 6.2±0.2，分装后 121 ℃高压灭菌 15～20 min。

3. 莫匹罗星锂盐和半胱氨酸盐酸盐改良 MRS 培养基

(1)莫匹罗星锂盐储备液制备：称取 50 mg 莫匹罗星锂盐加入 50 mL 蒸馏水中，用 0.22 μm 微孔滤膜过滤除菌。

(2)半胱氨酸盐酸盐储备液制备：称取 250 mg 半胱氨酸盐酸盐加入 50 mL 蒸馏水中，用 0.22 μm 微孔滤膜过滤除菌。

(3)制法

将上述成分加入 950 mL 蒸馏水中加热溶解，调节 pH，分装后 121 ℃高压灭菌 15～20 min。临用时加热熔化琼脂，在水浴中冷至 48 ℃，用带有 0.22 μm 微孔滤膜的注射器将莫匹罗星锂盐储备液及半胱氨酸盐酸盐储备液制备加入熔化琼脂中，使培养基中莫匹罗星锂盐的浓度为 50 μg/mL，半胱氨酸盐酸盐的浓度为 500 μg/mL。

4. MC 培养基

(1)成分

大豆蛋白胨	5.0 g
牛肉粉	3.0 g
酵母粉	3.0 g
葡萄糖	20.0 g
乳糖	20.0 g
碳酸钙	10.0 g
琼脂	15.0 g
蒸馏水	1 000 mL
1%中性红溶液	5.0 mL

(2)制法

将前面 7 种成分加入蒸馏水中，加热溶解，调节 pH 至 6.0±0.2，加入中性红溶液。分装后 121 ℃高压灭菌 15～20 min。

子任务三　发酵乳霉菌和酵母计数

【任务目标和质量要求】

1. 熟悉发酵乳霉菌和酵母的质量指标，能根据检测结果判断样品中霉菌和酵母是否超标。

2. 熟知发酵乳霉菌和酵母乳酸菌检验的国家标准，培养实事求是、遵规守纪、科学严谨的职业品质。

3. 掌握分析天平、恒温培养箱、均质器、旋涡混合器的正确使用方法，培养学生认真负责、严谨规范的实验态度，增强实验安全意识。

4. 掌握数据记录及处理的方法，培养学生耐心细致、一丝不苟、严谨务实的工作态度。

【学习产出目标】

1. 学会平板计数法测定发酵乳霉菌和酵母的操作方法，并通过企业师傅的考核。

2. 完成发酵乳霉菌和酵母计数的检测报告。

【专业知识准备】

1. 设备和材料

除微生物实验室常规灭菌及培养设备外，其他设备和材料如下：

(1)培养箱：28 ℃±1 ℃。

(2)拍击式均质器及均质袋。

(3)电子天平：感量 0.1 g。

(4)无菌锥形瓶：容量 50 mL。

(5)无菌吸管：1 mL(具 0.01 mL 刻度)、10 mL(具 0.1 mL 刻度)。

(6)无菌试管：18 mm×180 mm。

(7)旋涡混合器。

(8)无菌平皿：直径 90 mm。

(9)恒温水浴箱 46 ℃±1 ℃。

2. 培养基和试剂

(1)生理盐水。

(2)马铃薯葡萄糖琼脂。

(3)孟加拉红琼脂。

(4)磷酸盐缓冲液。

上述培养基和试剂的配制方法详见本子任务知识拓展部分。

3. 检验程序

霉菌和酵母平板计数法的检验程序见图 3-7。

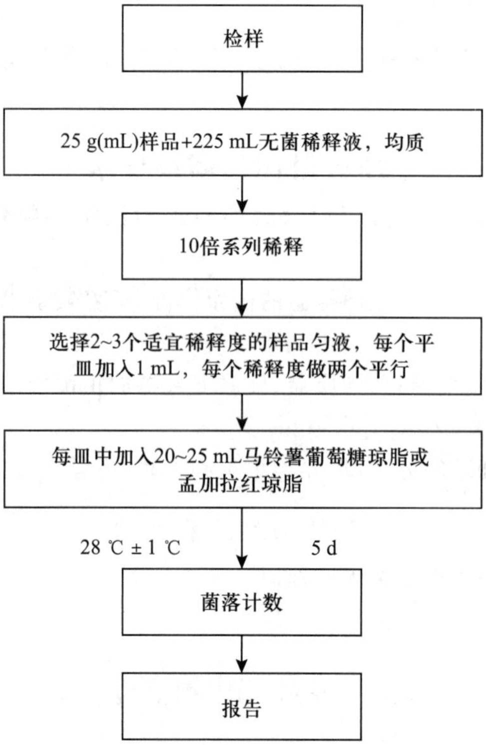

图 3-7　霉菌和酵母平板计数法的检验程序

【工作程序】

1. 样品的稀释

(1)称取 25 g 样品,加入 25 mL 无菌稀释液(蒸馏水或生理盐水或磷酸盐缓冲液),充分振摇,或用拍击式均质器拍打 1～2 min,制成 1∶10 的样品匀液。

(2)取 1 mL 1∶10 样品匀液注入含有 9 mL 无菌稀释液的试管中,另换一支 1 mL 无菌吸管反复吹吸,或在旋涡混合器上混匀,此液为 1∶100 的样品匀液。

(3)按(2)操作,制备 10 倍递增系列稀释样品匀液。每递增稀释一次,换用 1 支 1 mL 无菌吸管。

(4)根据对样品污染状况的估计,选择 2～3 个适宜稀释度的样品匀液(液体样品可包括原液),在进行 10 倍递增稀释的同时,每个稀释度分别吸取 1 mL 样品匀液于 2 个无菌平皿内。同时分别取 1 mL 无菌稀释液加入 2 个无菌平皿作空白对照。

(5)及时将 20～25 mL 冷却至 46 ℃的马铃薯葡萄糖琼脂或孟加拉红琼脂(可放置于 46 ℃±1 ℃恒温水浴箱中保温)倾注平皿,并转动平皿使其混合均匀。置于水平台面待培养基完全凝固。

2. 培养和观察

培养琼脂凝固后,正置平板,置 28 ℃±1 ℃培养箱中培养,观察并记录培养至第 5 天的结果。

3. 菌落计数

用肉眼观察,必要时可用放大镜或低倍镜,记录稀释倍数和相应的霉菌和酵母菌落数。以菌落形成单位(CFU)表示。

选取菌落数在 10～150 CFU 的平板，根据菌落形态分别计数霉菌和酵母。霉菌蔓延生长覆盖整个平板的可记录为菌落蔓延。

4. 结果与报告

(1)结果

①计算同一稀释度的两个平板菌落数的平均值，再将平均值乘以相应稀释倍数。

②若有两个稀释度平板上菌落数均在 10～150 CFU，则按照 GB 4789.2 的相应规定进行计算。

③若所有平板上菌落数均大于 150 CFU，则对稀释度最高的平板进行计数，其他平板可记录为多不可计，结果按平均菌落数乘以最高稀释倍数计算。

④若所有平板上菌落数均小于 10 CFU，则应按稀释度最低的平均菌落数乘以稀释倍数计算。

⑤若所有稀释度(包括液体样品原液)平板均无菌落生长，则以小于 1 乘以最低稀释倍数计算。

⑥若所有稀释度的平板菌落数均不在 10～150 CFU，其中一部分小于 10 CFU 或大于 150 CFU 时，则以最接近 10 CFU 或 150 CFU 的平均菌落数乘以稀释倍数计算。

(2)报告

①菌落数按“四舍五入”原则修约。菌落数在 10 CFU 以内时，采用一位有效数字报告；菌落数在 10～100 CFU 时，采用两位有效数字报告。

②菌落数大于或等于 10 时，第 3 位数字采用“四舍五入”原则修约后，取前 2 位数字，后面用 0 代替位数来表示结果；也可用 10 的指数形式来表示，此时也按“四舍五入”原则修约，采用两位有效数字。

③若空白对照平板上有菌落出现，则此次检测结果无效。

④称重取样以 CFU/g 为单位报告，体积取样以 CFU/mL 为单位报告。

【知识拓展】

培养基的成分和配制方法

1. 生理盐水

(1)成分

氯化钠	8.5 g
蒸馏水	1 000 mL

(2)制法

氯化钠加入 1 000 mL 蒸馏水中，搅拌至完全溶解，分装后，121 ℃灭菌 15 min，备用。

2. 马铃薯葡萄糖琼脂

(1)成分

马铃薯(去皮切块)	30 g
葡萄糖	20.0 g
琼脂	20.0 g
氯霉素	0.1 g

蒸馏水　　1 000 mL

(2)制法

将马铃薯去皮切块，加 1 000 mL 蒸馏水，煮沸 10～20 min。用纱布过滤，补加蒸馏水至 1 000 mL。加入葡萄糖和琼脂，加热溶解，分装后，121 ℃灭菌 15 min，备用。

3. 孟加拉红琼脂

(1)成分

蛋白胨　　5.0 g

葡萄糖　　10.0 g

磷酸二氢钾　　1.0 g

硫酸镁(无水)　　0.5 g

琼脂　　20.0 g

孟加拉红　　0.033 g

氯霉素　　0.1 g

蒸馏水　　1 000 mL

(2)制法

上述各成分加入蒸馏水中，加热溶解，补足蒸馏水至 1 000 mL，分装后，121 ℃灭菌 15 min，避光保存备用。

4. 磷酸盐缓冲液

(1)成分

磷酸二氢钾　　34.0 g

蒸馏水　　500 mL

(2)制法

贮存液：称取 34.0 g 的磷酸二氢钾溶于 500 mL 蒸馏水中，用大约 175 mL 的 1 mol/L 氢氧化钠溶液调节 pH 至 7.2±0.1，用蒸馏水稀释至 1 000 mL 后贮存于冰箱。

稀释液：取贮存液 1.25 mL，用蒸馏水稀释至 1 000 mL，分装于适宜容器中，121 ℃高压灭菌 15 min。

【工作任务实施记录与评价】

1. 原始记录

<table>
<tr><td colspan="6">原始记录</td></tr>
<tr><td>样品名称</td><td></td><td>检测项目</td><td>霉菌和酵母计数</td><td>检测依据</td><td></td></tr>
<tr><td colspan="2" rowspan="2">仪器名称及编号</td><td>恒温培养箱</td><td colspan="2"></td><td>环境温度：　℃</td></tr>
<tr><td>菌落计数器</td><td colspan="2"></td><td>相对湿度：　%</td></tr>
<tr><td colspan="2">培养基名称</td><td></td><td colspan="2">灭菌日期</td><td></td></tr>
<tr><td colspan="2">稀释倍数</td><td></td><td colspan="2"></td><td></td></tr>
<tr><td colspan="2" rowspan="2">菌落数/CFU</td><td></td><td colspan="2"></td><td></td></tr>
<tr><td></td><td colspan="2"></td><td></td></tr>
</table>

续表

平均菌落数/(CFU/mL)					
选择稀释度					
报告菌落数/(CFU/mL)					
标准值/(CFU/mL)					
单项结论		□合格		□不合格	
计算公式		$N=\dfrac{\sum C}{(n_1+0.1\times n_2)\times d}$			
校核		检测		检测日期	

2. 学徒关键职业能力评价

评价项目	标准分值	评定值
恒温培养箱的使用是否正确	5	
菌落计数器的使用是否正确	5	
培养基的配制是否正确	10	
灭菌操作是否正确	10	
样液稀释操作是否规范	10	
菌落计数是否正确	10	
原始数据的记录是否准确	10	
稀释度的选择是否正确	10	
计算及数据处理是否正确	10	
操作熟练程度	10	
是否做到文明操作	5	
是否注意操作安全	5	
总体评价		

3. 学徒职业品质、工匠精神评价

项目	标准分值	评定值
工作态度	15	
吃苦耐劳	15	
团队协作	10	
沟通交流	15	
学习钻研	15	
认真负责	15	
诚实守信	15	
总体评价		

项目四
调味品及其制品检测

任务一　酿造酱油的检验

一、概述

1. 定义

酿造酱油：以大豆和(或)脱脂大豆、小麦和(或)麸皮为原料，经微生物发酵制成的具有特殊色、香、味的液体调味品。

2. 产品分类

按发酵工艺分为两类。

(1)高盐稀态发酵酱油(含固稀发酵酱油)：高盐稀态发酵酱油指以大豆和/或脱脂大豆、小麦和/或小麦粉为原料，经蒸煮、曲霉菌制曲后与盐水混合成稀醪，再经发酵制成的酱油。

(2)低盐固态发酵酱油：低盐固态发酵酱油指以脱脂大豆及麦麸为原料，经蒸煮、曲霉菌制曲后与盐水混合成固态酱醅，再经发酵制成的酱油。

二、酿造酱油的质量检验项目和主要指标

1. 酿造酱油的检验项目

酿造酱油的发证检验、监督检验、出厂检验分别按照表 3-29 中所列出的相应检验项目进行。

表 3-29　酿造酱油质量检验项目表

序号	检验项目	依据标准	对应产品
1	感官特性	GB/T 5009.39	酿造酱油
2	可溶性无盐固形物	GB 18186	酿造酱油

续表3-29

序号	检验项目	依据标准	对应产品
3	全氮(以氮计)	GB 18186	酿造酱油
4	氨基酸态氮(以氮计)	GB 5009.235	酿造酱油

2. 酿造酱油的主要质量指标

酿造酱油的主要质量指标见表 3-30、表 3-31。

表 3-30　酿造酱油感官要求

项目	要求							
	高盐稀态发酵酱油(含固稀发酵酱油)				低盐固态发酵酱油			
	特级	一级	二级	三级	特级	一级	二级	三级
色泽	红褐色或浅红褐色,色泽鲜艳,有光泽		红褐色或浅红褐色		鲜艳的深红褐色,有光泽	红褐色或棕褐色,有光泽	红褐色或棕褐色	棕褐色
香气	浓郁的酱香及酯香气	较浓的酱香及酯香气	有酱香及酯香气		酱香浓郁,无不良气味	酱香较浓,无不良气味	有酱香,无不良气味	微有酱香,无不良气味
滋味	味鲜美、醇厚、鲜、咸、甜适口		味鲜,咸、甜适口	鲜咸适口	味鲜美,醇厚,咸味适口	味鲜美,咸味适口	味较鲜,咸味适口	鲜咸适口
体态	澄清							

表 3-31　酿造酱油理化指标

项目		指标							
		高盐稀态发酵酱油(含固稀发酵酱油)				低盐固态发酵酱油			
		特级	一级	二级	三级	特级	一级	二级	三级
可溶性无盐固形物/(g/100 mL)	≥	15.00	13.00	10.00	8.00	20.00	18.00	15.00	10.00
全氮(以氮计)/(g/100 mL)	≥	1.50	1.30	1.00	0.70	1.60	1.40	1.20	0.80
氨基酸态氮(以氮计)/(g/100 mL)	≥	0.80	0.70	0.55	0.40	0.80	0.70	0.60	0.40

子任务一　酿造酱油的感官检验

【任务目标和质量要求】

1. 熟悉酿造酱油的感官质量指标,能根据检测结果判断样品的感官指标是否合格。
2. 熟知酿造酱油的感官评价的国家标准,培养实事求是、遵规守纪、科学严谨的职业品质。

3. 掌握鉴定结果的记录方法，培养学生耐心细致、一丝不苟、严谨务实的工作态度。

【学习产出目标】

1. 学会酿造酱油的色泽、澄明度、气味、滋味的鉴定方法，并通过企业师傅的考核。
2. 完成酿造酱油的感官评价的检测报告。

【工作程序】

1. 取 2 mL 试样于 25 mL 具塞比色管中，加水至刻度，振摇观察色泽、澄明度，应不浑浊，无沉淀物。
2. 取 30 mL 试样于 50 mL 烧杯中，观察，应无霉味，无霉花浮膜。
3. 用玻璃棒搅拌烧杯中试样后，尝其味，不得有酸、苦、涩等异味。

【工作任务实施记录与评价】

1. 原始记录

<table>
<tr><td colspan="6">原始记录</td></tr>
<tr><td>样品名称</td><td></td><td>检测项目</td><td>感官检验</td><td>检测依据</td><td></td></tr>
<tr><td colspan="3">环境温度：　℃</td><td colspan="3">相对湿度：　%</td></tr>
<tr><td colspan="2">色泽（实测）</td><td colspan="4"></td></tr>
<tr><td colspan="2">色泽（等级）</td><td colspan="4">□特级　□一级　□二级　□三级</td></tr>
<tr><td colspan="2">香气（实测）</td><td colspan="4"></td></tr>
<tr><td colspan="2">香气（等级）</td><td colspan="4">□特级　□一级　□二级　□三级</td></tr>
<tr><td colspan="2">滋味（实测）</td><td colspan="4"></td></tr>
<tr><td colspan="2">滋味（等级）</td><td colspan="4">□特级　□一级　□二级　□三级</td></tr>
<tr><td colspan="2">体态</td><td colspan="4"></td></tr>
<tr><td colspan="2">结论</td><td colspan="4">□特级　□一级　□二级　□三级</td></tr>
<tr><td>校核</td><td></td><td>检测</td><td></td><td>检测日期</td><td></td></tr>
</table>

2. 学徒关键职业能力评价

评价项目	标准分值	评定值
感官评价方法是否正确规范	20	
感官评价的描述是否准确	20	
评价结果的记录是否准确	20	
操作熟练程度	20	
是否做到文明操作	10	
是否注意操作安全	10	
总体评价		

3. 学徒职业品质、工匠精神评价

项目	标准分值	评定值
工作态度	15	
吃苦耐劳	15	
团队协作	10	
沟通交流	15	
学习钻研	15	
认真负责	15	
诚实守信	15	
总体评价		

子任务二　酿造酱油中可溶性无盐固形物含量的测定

【任务目标和质量要求】

1. 熟悉酿造酱油中可溶性无盐固形物的质量指标，能根据检测结果判断样品中可溶性无盐固形物含量是否超标。

2. 熟知酿造酱油中可溶性无盐固形物含量测定的国家标准，培养实事求是、遵规守纪、科学严谨的职业品质。

3. 掌握分析天平、电热恒温干燥箱、酸式滴定管的正确使用方法，培养学生认真负责、严谨规范的实验态度，增强实验安全意识。

4. 掌握数据记录及处理的方法，培养学生耐心细致、一丝不苟、严谨务实的工作态度。

【学习产出目标】

1. 学会测定酿造酱油中可溶性无盐固形物含量的操作方法，并通过企业师傅的考核。

2. 完成酿造酱油中可溶性无盐固形物含量测定的检测报告。

【专业知识准备】

1. 样品中可溶性无盐固形物的含量按下式计算：

$$X = X_2 - X_1$$

式中：

X——样品中可溶性无盐固形物的含量，g/100 mL；

X_2——样品中可溶性总固形物的含量，g/100 mL；

X_1——样品中氯化钠的含量，g/100 mL。

2. 仪器

(1)分析天平：感量 0.1 mg。

(2)电热恒温干燥箱。

(3)移液管。

(4)称量瓶:直径 25 mm。

(5)微量滴定管。

3. 试剂

(1)0.1 mol/L 硝酸银标准滴定溶液:按 GB/T 601 规定的方法配制和标定。

(2)铬酸钾溶液(50 g/L):称取 5 g 铬酸钾,用少量水溶解后定容至 100 mL。

【工作程序】

1. 可溶性总固形物的测定

(1)样品测定:将样品充分振摇后,用干滤纸滤入干燥的 250 mL 锥形瓶中备用。吸取试液 10.00 mL 于 100 mL 容量瓶中,加水稀释至刻度,摇匀。吸取上述稀释液 5.00 mL 置于已烘至恒重的称量瓶中,移入(103±2)℃电热恒温干燥箱中,将瓶盖斜置于瓶边。4 h 后,将瓶盖盖好,取出,移入干燥箱内,冷却至室温(约需 0.5 h),称量。再烘 0.5 h,冷却,称量,直至两次称量差不超过 1 mg,即为恒重。

(2)结果计算:样品中可溶性总固形物的含量按下式计算。

$$X_2=\frac{m_2-m_1}{\frac{10}{100}\times 5}\times 100$$

式中:

X_2——样品中可溶性总固形物的含量,g/100 mL;

m_2——恒重后可溶性总固形物和称量瓶的质量,g;

m_1——称量瓶的质量,g。

允许差:同一样品平行试验的测定差不得超过 0.30 g/100 mL。

2. 氯化钠的测定

(1)分析步骤:吸取 2.0 mL 稀释液(吸取 5.0 mL 样品,置于 200 mL 容量瓶中,加水至刻度,摇匀)于 250 mL 锥形瓶中,加 100 mL 水、1 mL 铬酸钾溶液,混匀。在白色瓷砖的背景下用 0.1 mol/L 硝酸银标准滴定溶液滴定至初显橘红色。同时做空白试验。

(2)结果计算:样品中氯化钠的含量按下式计算。

$$X_1=\frac{(V-V_0)\times c\times 0.0585}{2\times\frac{5}{200}}\times 100$$

式中:

X_1——样品中氯化钠的含量,g/100 mL;

V——滴定样品稀释液消耗 0.1 mol/L 硝酸银标准滴定溶液的体积,mL;

V_0——空白试验消耗 0.1 mol/L 硝酸银标准滴定溶液的体积,mL;

c——硝酸银标准滴定溶液的浓度,mol/L;

0.058 5——1.00 mL 硝酸银标准滴定溶液[$c(AgNO_3)$=1.000 mol/L]相当于氯化钠的质量,g。

允许差：同一样品平行试验的测定差不得超过 0.10 g/100 mL。

【工作任务实施记录与评价】

1. 原始记录

<table>
<tr><td colspan="7">原始记录</td></tr>
<tr><td>样品名称</td><td></td><td>检测项目</td><td colspan="2">可溶性无盐固形物</td><td>检测依据</td><td></td></tr>
<tr><td rowspan="2">仪器名称及编号</td><td colspan="2">电子分析天平</td><td colspan="2"></td><td colspan="2">环境温度：　℃</td></tr>
<tr><td colspan="2">电热恒温干燥箱</td><td colspan="2"></td><td colspan="2">相对湿度：　%</td></tr>
<tr><td>标准溶液名称</td><td colspan="2"></td><td colspan="2">标定日期</td><td colspan="2"></td></tr>
<tr><td>平行测定</td><td colspan="2">1</td><td colspan="2">2</td><td colspan="2">3(备用)</td></tr>
<tr><td>试样质量/g</td><td colspan="2"></td><td colspan="2"></td><td colspan="2"></td></tr>
<tr><td>标准溶液浓度/(mol/L)</td><td colspan="2"></td><td colspan="2"></td><td colspan="2"></td></tr>
<tr><td>试液的稀释倍数</td><td colspan="2"></td><td colspan="2"></td><td colspan="2"></td></tr>
<tr><td>滴定管末读数/mL</td><td colspan="2"></td><td colspan="2"></td><td colspan="2"></td></tr>
<tr><td>滴定管初读数/mL</td><td colspan="2"></td><td colspan="2"></td><td colspan="2"></td></tr>
<tr><td>实际消耗量/mL</td><td colspan="2"></td><td colspan="2"></td><td colspan="2"></td></tr>
<tr><td>空白消耗量/mL</td><td colspan="2"></td><td colspan="2"></td><td colspan="2"></td></tr>
<tr><td>样品中氯化钠的含量/(g/100 mL)</td><td colspan="2"></td><td colspan="2"></td><td colspan="2"></td></tr>
<tr><td>平均值/(g/100 mL)</td><td colspan="6"></td></tr>
<tr><td>计算公式</td><td colspan="6">$X_1=\dfrac{(V-V_0)\times c_1\times 0.0585}{2\times\dfrac{5}{200}}\times 100$</td></tr>
<tr><td>称量瓶的质量/g</td><td colspan="2"></td><td colspan="2"></td><td colspan="2"></td></tr>
<tr><td>可溶性总固形物+称量瓶烘干恒重后的质量/g</td><td colspan="2"></td><td colspan="2"></td><td colspan="2"></td></tr>
<tr><td>样品中可溶性总固形物的含量/(g/100 mL)</td><td colspan="2"></td><td colspan="2"></td><td colspan="2"></td></tr>
<tr><td>平均值/(g/100 mL)</td><td colspan="6"></td></tr>
<tr><td>计算公式</td><td colspan="6">$X_2=\dfrac{m_2-m_1}{\dfrac{10}{100}\times 5}\times 100$</td></tr>
<tr><td>样品中可溶性无盐固形物的含量/(g/100 mL)</td><td colspan="6"></td></tr>
</table>

续表

标准值/(g/100 mL)					
单项结论		□合格　　□不合格			
计算公式		$X=X_2-X_1$			
校核		检测		检测日期	

2. 学徒关键职业能力评价

评价项目	标准分值	评定值
分析天平的使用是否正确	10	
滴定操作是否规范	10	
原始数据的记录是否准确	20	
计算及数据处理是否正确	20	
检测结果的准确性	20	
操作熟练程度	10	
是否做到文明操作	5	
是否注意操作安全	5	
总体评价		

3. 学徒职业品质、工匠精神评价

项目	标准分值	评定值
工作态度	15	
吃苦耐劳	15	
团队协作	10	
沟通交流	15	
学习钻研	15	
认真负责	15	
诚实守信	15	
总体评价		

子任务三　酿造酱油中全氮含量的测定

【任务目标和质量要求】

1. 熟悉酿造酱油中全氮含量的质量指标，能根据检测结果判断样品中全氮含量是否合格。

2. 熟知酿造酱油中全氮含量测定的国家标准，培养实事求是、遵规守纪、科学严谨的职业品质。

3. 掌握移液管、酸式滴定管、蒸馏装置的正确使用方法，培养学生认真负责、严谨规范的实验态度，增强实验安全意识。

4. 掌握数据记录及处理的方法，培养学生耐心细致、一丝不苟、严谨务实的工作态度。

【学习产出目标】

1. 学会测定酿造酱油中全氮含量的操作方法，并通过企业师傅的考核。

2. 完成酿造酱油中全氮含量测定的检测报告。

【专业知识准备】

1. 仪器

(1)凯氏烧瓶：500 mL。

(2)冷凝器。

(3)移液管。

(4)氮球。

(5)分析天平：感量 0.1 mg。

(6)酸式滴定管：25 mL。

2. 试剂

(1)混合指示液：1 份 0.2%甲基红乙醇溶液与 5 份 0.2%溴钾酚绿乙醇溶液配合。

(2)混合试剂：3 份硫酸铜与 50 份硫酸钾混合。

(3)硫酸：95%～98%。

(4)2%硼酸溶液：称取 2 g 硼酸，加水溶解定容至 100 mL。

(5)锌粒。

(6)40%氢氧化钠溶液：称取 40 g 氢氧化钠，溶于 60 mL 水中。

(7)0.1 mol/L 盐酸标准滴定溶液：按 GB/T 601 规定的方法配制和标定。

【工作程序】

1. 样品测定

吸取试样 2.00 mL 于干燥的凯氏烧瓶中，加入 4 g 硫酸铜-硫酸钾混合试剂、10 mL 硫酸，在通风橱内加热(烧瓶口放一个小漏斗，将烧瓶 45°斜置于电炉上)。待内容物全部炭化、泡沫产生完全停止后，保持瓶内溶液微沸。至炭粒全部消失，消化液呈澄清的浅绿色，继续加热 15 min，取下，冷却至室温。缓慢加水 120 mL，将冷凝管下端的导管浸入盛有 30 mL 2%硼酸溶液及 2～3 滴混合指示液的锥形瓶的液面下，沿凯氏烧瓶瓶壁缓慢加入 40 mL 40%氢氧化钠溶液、2 粒锌粒，迅速连接蒸馏装置(整个装置应严密不漏气)，接通冷凝水，振摇凯氏烧瓶，加热蒸馏至馏出液约 120 mL。降低锥形瓶的位置，使冷凝管下端离开液面，再蒸馏 1 min，停止加热。用少量水冲洗冷凝管下端的外部，取下锥形瓶。用 0.1 mol/L 盐酸标准滴定溶液滴定收集液至紫红色为终点。记录消耗 0.1 mol/L 盐酸标准滴定溶液的体积(mL)。同时做空白试验。

2. 结果计算

样品中全氮的含量按下式计算：

$$X=\frac{(V-V_0)\times c\times 0.014}{2}\times 100$$

式中：

X——样品中全氮的含量(以氮计)，g/100 mL；

V——样品消耗 0.1 mol/L 盐酸标准滴定溶液的体积，mL；

V_0——空白试验消耗 0.1 mol/L 盐酸标准滴定溶液的体积，mL；

c——盐酸标准滴定溶液浓度，mol/L；

0.014——1.00 mL 盐酸标准滴定溶液[c(HCl)=1.000 mol/L]相当于氮的质量，g。

允许差：同一样品平行试验的测定差不得超过 0.03 g/100 mL。

【工作任务实施记录与评价】

1. 原始记录

<table>
<tr><td colspan="6">原始记录</td></tr>
<tr><td>样品名称</td><td></td><td>检测项目</td><td>全氮含量</td><td>检测依据</td><td></td></tr>
<tr><td>仪器名称及编号</td><td>电子分析天平</td><td></td><td>环境温度：　℃</td><td colspan="2">相对湿度：　%</td></tr>
<tr><td>标准溶液名称</td><td colspan="2"></td><td>标定日期</td><td colspan="2"></td></tr>
<tr><td>平行测定</td><td colspan="2">1</td><td>2</td><td colspan="2">3(备用)</td></tr>
<tr><td>试样质量/g</td><td colspan="2"></td><td></td><td colspan="2"></td></tr>
<tr><td>标准溶液浓度/(mol/L)</td><td colspan="2"></td><td></td><td colspan="2"></td></tr>
<tr><td>试液的稀释倍数</td><td colspan="2"></td><td></td><td colspan="2"></td></tr>
<tr><td>滴定管末读数/mL</td><td colspan="2"></td><td></td><td colspan="2"></td></tr>
<tr><td>滴定管初读数/mL</td><td colspan="2"></td><td></td><td colspan="2"></td></tr>
<tr><td>实际消耗量/mL</td><td colspan="2"></td><td></td><td colspan="2"></td></tr>
<tr><td>空白消耗量/mL</td><td colspan="2"></td><td></td><td colspan="2"></td></tr>
<tr><td>样品中全氮的含量/(g/100 mL)</td><td colspan="2"></td><td></td><td colspan="2"></td></tr>
<tr><td>平均值/(g/100 mL)</td><td colspan="5"></td></tr>
<tr><td>标准值/(g/100 mL)</td><td colspan="5"></td></tr>
<tr><td>单项结论</td><td colspan="5">□合格　　□不合格</td></tr>
<tr><td>计算公式</td><td colspan="5">$X=\frac{(V-V_0)\times c\times 0.014}{2}\times 100$</td></tr>
<tr><td>校核</td><td></td><td>检测</td><td></td><td>检测日期</td><td></td></tr>
</table>

2. 学徒关键职业能力评价

评价项目	标准分值	评定值
蒸馏装置的连接是否正确	10	
滴定操作是否规范	10	
原始数据的记录是否准确	20	
计算及数据处理是否正确	20	
检测结果的准确性	20	
操作熟练程度	10	
是否做到文明操作	5	
是否注意操作安全	5	
总体评价		

3. 学徒职业品质、工匠精神评价

项目	标准分值	评定值
工作态度	15	
吃苦耐劳	15	
团队协作	10	
沟通交流	15	
学习钻研	15	
认真负责	15	
诚实守信	15	
总体评价		

子任务四　酿造酱油中氨基酸态氮的测定

【任务目标和质量要求】

1. 熟悉酿造酱油中氨基酸态氮的质量指标，能根据检测结果判断样品中氨基酸态氮含量是否合格。

2. 熟知酿造酱油中氨基酸态氮含量测定的国家标准，培养实事求是、遵规守纪、科学严谨的职业品质。

3. 掌握分析天平、碱式滴定管、酸度计、磁力搅拌器的正确使用方法，培养学生认真负责、严谨规范的实验态度，增强实验安全意识。

4. 掌握数据记录及处理的方法，培养学生耐心细致、一丝不苟、严谨务实的工作态度。

【学习产出目标】

1. 学会测定酿造酱油中氨基酸态氮含量的操作方法，并通过企业师傅的考核。

2. 完成酿造酱油中氨基酸态氮含量测定的检测报告。

【专业知识准备】

1. 原理

利用氨基酸的两性作用，加入甲醛以固定氨基的碱性，使羧基显示出酸性，用氢氧化钠标准溶液滴定后定量，以酸度计测定终点。

2. 仪器

(1)酸度计：附磁力搅拌器。

(2)碱式滴定管：10 mL。

(3)分析天平：感量 0.1 mg。

3. 试剂

(1)甲醛溶液：36%～38%：应不含有聚合物(没有沉淀且溶液不分层)。

(2)氢氧化钠(NaOH)。

(3)酚酞($C_2OH_{14}O_4$)。

(4)乙醇(CH_3CH_2OH)。

(5)邻苯二甲酸氢钾($HOOCC_6H_4COOH$)：基准物质。

4. 试剂配制

氢氧化钠标准滴定溶液[c(NaOH)=0.050 mol/L]：经国家认证并授予标准物质证书的标准滴定溶液或按以下方法配制。

(1)酚酞指示液：称取酚酞 1 g，溶于 95%的乙醇中，用 95%乙醇稀释至 100 mL。

(2)氢氧化钠溶液[氢氧化钠标准滴定溶液 c(NaOH)=0.05 mol/L]：称取 110 g 氢氧化钠于 250 mL 的烧杯中，加 100 mL 的水，振摇使之溶解成饱和溶液，冷却后置于聚乙烯的塑料瓶中，密塞，放置数日，澄清后备用。取上层清液 2.7 mL，加适量新煮沸过的冷蒸馏水至 1 000 mL，摇匀。

(3)氢氧化钠标准滴定溶液的标定：准确称取约 0.36 g 在 105～110 ℃干燥至恒重的基准邻苯二甲酸氢钾，加 80 mL 新煮沸过的水，使之尽量溶解，加 2 滴酚酞指示液(10 g/L)，用氢氧化钠溶液滴定至溶液呈微红色，30 s 不褪色。记下耗用氢氧化钠溶液体积(mL)。同时做空白试验。

(4)计算：氢氧化钠标准滴定溶液的浓度按下式计算。

$$c=\frac{m}{(V_1-V_2)\times 0.2042}$$

式中：

c——氢氧化钠标准滴定溶液的实际浓度，mol/L；

m——基准邻苯二甲酸氢钾的质量，g；

V_1——氢氧化钠标准溶液的用量体积，mL；

V_2——空白实验中氢氧化钠标准溶液的用量体积，mL；

0.204 2——与 1.00 mL 氢氧化钠标准滴定溶液[c(NaOH)=1.000 mol/L]相当的基准邻苯二甲酸氢钾的质量,g。

【工作程序】

1. 样品的测定

吸取 5.0 mL 试样置于 50 mL 的烧杯中,用水分数次洗入 100 mL 容量瓶中,加水至刻度,混匀后吸取 20.0 mL,置于 200 mL 烧杯中,加 60 mL 水,开动磁力搅拌器,用氢氧化钠标准溶液[c(NaOH)=0.05 mol/L]滴定至酸度计指示 pH=8.2 记下消耗氢氧化钠标准滴定溶液的体积(mL),可计算总酸含量。加入 10.0 mL 甲醛溶液,混匀。再用氢氧化钠标准滴定溶液继续滴定至 pH=9.2,记下消耗氢氧化钠标准滴定溶液的体积(mL)。同时取 80 mL 水,先用氢氧化钠溶液(0.05 mol/L)调节 pH 为 8.2,再加入 10.0 mL 甲醛溶液,用氢氧化钠标准滴定溶液滴定至 pH=9.2,同时做试剂空白试验。

2. 结果计算

试样中氨基酸态氮的含量按下式进行计算:

$$X=\frac{(V_1-V_2)\times c\times 0.014}{V\times\frac{V_3}{V_4}}\times 100$$

式中:

X——试样中氨基酸态氮的含量,g/100 mL;

V_1——测定用试样稀释液加入甲醛后消耗氢氧化钠标准滴定溶液的体积,mL;

V_2——试剂空白实验加入甲醛后消耗氢氧化钠标准滴定溶液的体积,mL;

c——氢氧化钠标准滴定溶液的浓度,mol/L;

0.014——与 1.00 mL 氢氧化钠标准滴定溶液[c(NaOH)=1.000 mol/L]相当的氮的质量,g;

V——吸取试样的体积,mL;

V_3——试样稀释液的取用量,mL;

V_4——试样稀释液的定容体积,mL;

100——单位换算系数。

结果表示:计算结果保留两位有效数字。

精密度:在重复性条件下获得的两次独立测定结果的绝对差值不得超过算术平均值的 10%。

【工作任务实施记录与评价】

1. 原始记录

<table>
<tr><td colspan="8">原始记录</td></tr>
<tr><td>样品名称</td><td colspan="2"></td><td>检测项目</td><td colspan="2">氨基酸态氮含量</td><td>检测依据</td><td></td></tr>
<tr><td>仪器名称及编号</td><td colspan="2">酸度计</td><td></td><td colspan="2">环境温度:　　℃</td><td colspan="2">相对湿度:　　%</td></tr>
<tr><td colspan="2">标准溶液名称</td><td colspan="3"></td><td colspan="2">标定日期</td><td></td></tr>
</table>

续表

平行测定	1	2	3(备用)
吸取试样的体积/mL			
标准溶液浓度/(mol/L)			
试液的稀释倍数			
试样稀释液的定容体积/mL			
试样稀释液的取用量/mL			
实际消耗量/mL			
空白消耗量/mL			
样品中氨基酸态氮的含量/(g/100 mL)			
平均值/(g/100 mL)			
标准值/(g/100 mL)			
单项结论	□合格　　□不合格		
计算公式	$X=\frac{(V_1-V_2)\times c\times 0.014}{V\times\frac{V_3}{V_4}}\times 100$		
校核		检测		检测日期	

2. 学徒关键职业能力评价

评价项目	标准分值	评定值
酸度计的使用是否正确	10	
滴定操作是否规范	10	
原始数据的记录是否准确	20	
计算及数据处理是否正确	20	
检测结果的准确性	20	
操作熟练程度	10	
是否做到文明操作	5	
是否注意操作安全	5	
总体评价		

3. 学徒职业品质、工匠精神评价

项目	标准分值	评定值
工作态度	15	
吃苦耐劳	15	

续表

项目	标准分值	评定值
团队协作	10	
沟通交流	15	
学习钻研	15	
认真负责	15	
诚实守信	15	
总体评价		

任务二　酿造食醋的检验

一、概述

1. 定义

酿造食醋：单独或混合使用各种含有淀粉、糖的物料或酒精，经微生物发酵酿制而成的液体调味品。

2. 产品分类

按发酵工艺分为两类。

(1)固态发酵食醋：以粮食及其副产品为原料，采用固态醋醅发酵酿制而成的食醋。

(2)液态发酵食醋：以粮食、糖类、果类或酒精为原料，采用液态醋醪发酵酿制而成的食醋。

二、酿造食醋的质量检验项目和主要指标

1. 酿造食醋的检验项目

酿造食醋的发证检验、监督检验、出厂检验分别按照表 3-32 中所列出的相应检验项目进行。

表 3-32　酿造食醋质量检验项目表

序号	检验项目	依据标准	对应产品
1	感官特性	GB/T 5009.41	酿造食醋
2	可溶性无盐固形物	GB 18187	酿造食醋
3	总酸(以乙酸计)	GB 12456	酿造食醋
4	不挥发酸(以乳酸计)	GB 18187	酿造食醋

2. 酿造食醋的主要质量指标

酿造食醋的主要质量指标见表 3-33、表 3-34。

表 3-33 酿造食醋感官要求

项目	要求	
	固态发酵食醋	液态发酵食醋
色泽	琥珀色或红棕色	具有该品种固有的色泽
香气	具有固态发酵食醋特有的香气	具有该品种特有的香气
滋味	酸味柔和，回味绵长，无异味	酸味柔和，无异味
体态	澄清	

表 3-34 酿造食醋理化指标

项目	指标	
	固态发酵食醋	液态发酵食醋
总酸(以乙酸计)/(g/100 mL)	≥3.50	
不挥发酸(以乳酸计)/(g/100 mL)	≥0.50	—
可溶性无盐固形物/(g/100 mL)	≥1.00	≥0.50

注：以酒精为原料的液态发酵食醋不要求检测可溶性无盐固形物。

子任务一 酿造食醋的感官检验

【任务目标和质量要求】

1. 熟悉酿造食醋的感官质量指标，能根据检测结果判断样品的感官指标是否合格。

2. 熟知酿造食醋的感官评价的国家标准，培养实事求是、遵规守纪、科学严谨的职业品质。

3. 掌握鉴定结果的记录方法，培养学生耐心细致、一丝不苟、严谨务实的工作态度。

【学习产出目标】

1. 学会酿造食醋的色泽、澄明度、气味、滋味的鉴定方法，并通过企业师傅的考核。

2. 完成酿造食醋的感官评价的检测报告。

【工作程序】

1. 取 2 mL 试样于 25 mL 具塞比色管中，加水至刻度，振摇，观察色泽、澄明度，不应浑浊，无沉淀。

2. 取 30 mL 试样于 50 mL 烧杯中，观察应无悬浮稀，无霉花浮膜，无“醋鳗”“醋虱”。

3. 用玻璃棒搅拌烧杯中试样后，尝其味应不涩，无其他不良气味与异味。

【工作任务实施记录与评价】

1. 原始记录

原始记录					
样品名称		检测项目	感官检验	检测依据	
环境温度： ℃			相对湿度： %		
色泽(实测)					
香气(实测)					
滋味(实测)					
体态(实测)					
结论					
校核		检测		检测日期	

2. 学徒关键职业能力评价

评价项目	标准分值	评定值
感官评价方法是否正确规范	20	
感官评价的描述是否准确	20	
评价结果的记录是否准确	20	
操作熟练程度	20	
是否做到文明操作	10	
是否注意操作安全	10	
总体评价		

3. 学徒职业品质、工匠精神评价

项目	标准分值	评定值
工作态度	15	
吃苦耐劳	15	
团队协作	10	
沟通交流	15	
学习钻研	15	
认真负责	15	
诚实守信	15	
总体评价		

子任务二 酿造食醋中可溶性无盐固形物含量的测定

【任务目标和质量要求】

1. 熟悉酿造食醋中可溶性无盐固形物的质量指标，能根据检测结果判断样品中可溶性无盐固形物含量是否超标。

2. 熟知酿造食醋中可溶性无盐固形物含量的国家标准，培养实事求是、遵规守纪、科学严谨的职业品质。

3. 掌握分析天平、电热恒温干燥箱、干燥器的正确使用方法，培养学生认真负责、严谨规范的实验态度，增强实验安全意识。

4. 掌握数据记录及处理的方法，培养学生耐心细致、一丝不苟、严谨务实的工作态度。

【学习产出目标】

1. 学会测定酿造食醋中可溶性无盐固形物含量的操作方法，并通过企业师傅的考核。

2. 完成酿造食醋中可溶性无盐固形物含量测定的检测报告。

【专业知识准备】

1. 原理

样品中可溶性无盐固形物的含量按下式计算。

$$X = X_2 - X_1$$

式中：

X——样品中可溶性无盐固形物的含量，g/100 mL；

X_2——样品中可溶性总固形物的含量，g/100 mL；

X_1——样品中氯化钠的含量，g/100 mL。

2. 仪器

(1)分析天平：感量 0.1 mg。

(2)电热恒温干燥箱。

(3)移液管。

(4)称量瓶：直径 25 mm。

(5)微量滴定管。

3. 试剂

(1)0.1 mol/L 硝酸银标准滴定溶液：按 GB/T 601 规定的方法配制和标定。

(2)铬酸钾溶液(50 g/L)：称取 5 g 铬酸钾用少量水溶解后定容至 100 mL。

【工作程序】

1. 可溶性总固形物的测定

(1)试液的制备：将样品充分振摇后，用干滤纸滤入干燥的 250 mL 锥形瓶中备用。

(2)样品的测定：吸取样品 2.00 mL 置于已烘至恒重的称量瓶中，移入(103±2)℃电热恒温干燥箱中，将瓶盖斜置于瓶边。4 h 后，将瓶盖盖好，取出，移入干燥箱内，冷却至室温(约需

0.5 h)，称量。再烘 0.5 h，冷却，称量，直至两次称量差不超过 1 mg，即为恒重。

(3)结果计算：样品中可溶性总固形物的含量按下式计算。

$$X_2=\frac{m_2-m_1}{2}\times 100$$

式中：

X_2——样品中可溶性总固形物的含量，g/100 mL；

m_2——恒重后可溶性总固形物和称量瓶的质量，g；

m_1——称量瓶的质量，g。

允许差：同一样品平行试验的测定差不得超过 0.02 g/100 mL。

2. 氯化钠的测定

(1)样品的测定：吸取 2.00 mL 样品，置于 250 mL 锥形瓶中，加 100 mL 水及 1 mL 铬酸钾溶液，混匀。在白色瓷砖的背景下用 0.1 mol/L 硝酸银标准滴定溶液滴定至初显橘红色。同时做空白试验。

(2)结果计算：样品中氯化钠的含量按下式计算。

$$X_1=\frac{(V-V_0)\times c\times 0.0585}{2}\times 100$$

式中：

X_1——样品中氯化钠的含量，g/100 mL；

V——滴定样品稀释液消耗 0.1 mol/L 硝酸银标准滴定溶液的体积，mL；

V_0——空白试验消耗 0.1 mol/L 硝酸银标准滴定溶液的体积，mL；

c——硝酸银标准滴定溶液的浓度，mol/L；

0.058 5——1.00 mL 硝酸银标准滴定溶液[$c(AgNO_3)$=1.000 mol/L]相当于氯化钠的质量，g；

允许差：同一样品平行试验的测定差不得超过 0.02 g/100 mL。

【工作任务实施记录与评价】

1. 原始记录

<table>
<tr><td colspan="8">原始记录</td></tr>
<tr><td>样品名称</td><td colspan="2"></td><td>检测项目</td><td colspan="2">可溶性无盐固形物</td><td>检测依据</td><td></td></tr>
<tr><td rowspan="2">仪器名称及编号</td><td colspan="3">电子分析天平</td><td colspan="2"></td><td colspan="2">环境温度：　℃</td></tr>
<tr><td colspan="3">电热恒温干燥箱</td><td colspan="2"></td><td colspan="2">相对湿度：　%</td></tr>
<tr><td colspan="2">标准溶液名称</td><td colspan="3"></td><td colspan="2">标定日期</td><td></td></tr>
<tr><td colspan="2">平行测定</td><td colspan="3">1</td><td colspan="2">2</td><td>3(备用)</td></tr>
<tr><td colspan="2">试样质量/g</td><td colspan="3"></td><td colspan="2"></td><td></td></tr>
<tr><td colspan="2">标准溶液浓度/(mol/L)</td><td colspan="3"></td><td colspan="2"></td><td></td></tr>
</table>

续表

试液的稀释倍数			
滴定管末读数/mL			
滴定管初读数/mL			
实际消耗量/mL			
空白消耗量/mL			
样品中氯化钠的含量/(g/100 mL)			
平均值/(g/100 mL)			
计算公式	$X_1=\frac{(V-V_0)\times c\times 0.0585}{2}\times 100$		
称量瓶的质量/g			
可溶性总固形物+称量瓶烘干恒重后的质量/g			
样品中可溶性总固形物的含量/(g/100 mL)			
平均值/(g/100 mL)			
计算公式	$X_2=\frac{m_2-m_1}{2}\times 100$		
样品中可溶性无盐固形物的含量/(g/100 mL)			
标准值/(g/100 mL)			
单项结论	□合格　　□不合格		
计算公式	$X=X_2-X_1$		
校核	检测		检测日期

2. 学徒关键职业能力评价

评价项目	标准分值	评定值
分析天平的使用是否正确	5	
电热恒温干燥箱的使用是否正确	5	
滴定操作是否规范	10	
原始数据的记录是否准确	20	
计算及数据处理是否正确	20	
检测结果的准确性	20	
操作熟练程度	10	

续表

评价项目	标准分值	评定值
是否做到文明操作	5	
是否注意操作安全	5	
总体评价		

3. 学徒职业品质、工匠精神评价

项目	标准分值	评定值
工作态度	15	
吃苦耐劳	15	
团队协作	10	
沟通交流	15	
学习钻研	15	
认真负责	15	
诚实守信	15	
总体评价		

子任务三　酿造食醋中不挥发酸含量的测定

【任务目标和质量要求】

1. 熟悉酿造食醋中不挥发酸的质量指标，能根据检测结果判断样品中不挥发酸含量是否合格。

2. 熟知酿造食醋中不挥发酸含量测定的国家标准，培养实事求是、遵规守纪、科学严谨的职业品质。

3. 掌握酸度计、碱式滴定管、蒸馏装置的正确使用方法，培养学生认真负责、严谨规范的实验态度，增强实验安全意识。

4. 掌握数据记录及处理的方法，培养学生耐心细致、一丝不苟、严谨务实的工作态度。

【学习产出目标】

1. 学会测定酿造食醋中不挥发酸含量的操作方法，并通过企业师傅的考核。

2. 完成酿造食醋中不挥发酸含量测定的检测报告。

【专业知识准备】

1. 仪器

(1)酸度计：精度±0.1。

(2)单沸式蒸馏装置。

(3)碱式滴定管。

2. 试剂

(1)0.05 mol/L 氢氧化钠标准滴定溶液:按 GB/T 601 规定的方法配制和标定。

(2)1%酚酞指示液:称取 1 g 酚酞,溶于 100 mL 95%乙醇中。

【工作程序】

1. 样品测定

将样品摇匀后,准确吸取 2.00 mL 移入单沸式蒸馏装置的蒸馏管中,加入 8 mL 水摇匀。将蒸馏管插入装有适量水(其液面应高于蒸馏液液面而低于排气口)的蒸馏瓶中,连接蒸馏器和冷凝器,并将冷凝管下端的导管浸入盛有 10 mL 水的锥形瓶的液面下。

打开排气口,加热至烧瓶中的水沸腾 2 min 后,关闭排气口进行蒸馏。在蒸馏过程中,如蒸馏管内产生大量泡沫影响测定时,可重新取样,加一滴精制植物油或少量单宁再蒸馏。待馏出液至 180 mL 时,打开排气口,关闭电源(以防蒸馏瓶内真空)。将残余液倒入 200 mL 烧杯中,用水反复冲洗蒸馏管及管上的进气孔,洗液并入烧杯,再补加水至烧杯中溶液总量约为 120 mL。

将盛有 120 mL 残留液的烧杯置于酸度计的托盘上,开动磁力搅拌器,用 0.05 mol/L 氢氧化钠标准滴定溶液滴定至 pH 8.2,记录消耗的标准滴定溶液体积。同时做空白试验。

2. 结果计算

样品中不挥发酸的含量按下式计算:

$$X=\frac{(V-V_0)\times c\times 0.090}{2}\times 100$$

式中:

X——样品中不挥发酸的含量(以乳酸计),g/100 mL;

V——滴定样品时消耗 0.05 mol/L 氢氧化钠标准滴定溶液的体积,mL;

V_0——空白试验消耗 0.05 mol/L 氢氧化钠标准滴定溶液的体积,mL;

c——氢氧化钠标准滴定溶液的浓度,mol/L;

0.090——1.00 mL 氢氧化钠标准滴定溶液[c(NaOH)=1.000 mol/L]相当于乳酸的质量,g;

允许差:同一样品平行试验的测定差不得超过 0.04 g/100 mL。

【工作任务实施记录与评价】

1. 原始记录

<table>
<tr><td colspan="6">原始记录</td></tr>
<tr><td>样品名称</td><td></td><td>检测项目</td><td>不挥发酸</td><td>检测依据</td><td></td></tr>
<tr><td rowspan="2">仪器名称及编号</td><td colspan="2">电子分析天平</td><td colspan="2"></td><td>环境温度: ℃</td></tr>
<tr><td colspan="2">酸度计</td><td colspan="2"></td><td>相对湿度: %</td></tr>
<tr><td>标准溶液名称</td><td colspan="2"></td><td colspan="2">标定日期</td><td></td></tr>
</table>

续表

平行测定		1		2	3(备用)
试样质量/g					
标准溶液浓度/(mol/L)					
试液的稀释倍数					
滴定管末读数/mL					
滴定管初读数/mL					
实际消耗量/mL					
空白消耗量/mL					
样品中的不挥发酸含量/(g/100 mL)					
平均值/(g/100 mL)					
标准值/(g/100 mL)					
单项结论		□合格		□不合格	
计算公式		$X=\frac{(V-V_0)\times c\times 0.090}{2}\times 100$			
校核		检测		检测日期	

2. 学徒关键职业能力评价

评价项目	标准分值	评定值
酸度计的使用是否正确	10	
蒸馏装置的连接是否正确	10	
滴定操作是否规范	10	
原始数据的记录是否准确	10	
计算及数据处理是否正确	20	
检测结果的准确性	20	
操作熟练程度	10	
是否做到文明操作	5	
是否注意操作安全	5	
总体评价		

3. 学徒职业品质、工匠精神评价

项目	标准分值	评定值
工作态度	15	
吃苦耐劳	15	

续表

项目	标准分值	评定值
团队协作	10	
沟通交流	15	
学习钻研	15	
认真负责	15	
诚实守信	15	
总体评价		

子任务四 酿造食醋中总酸的测定

【任务目标和质量要求】

1. 熟悉酿造食醋中总酸的质量指标，能根据检测结果判断样品中总酸含量是否合格。

2. 熟知酿造食醋中总酸含量测定的国家标准，培养实事求是、遵规守纪、科学严谨的职业品质。

3. 掌握酸度计、碱式滴定管、磁力搅拌器的正确使用方法，培养学生认真负责、严谨规范的实验态度，增强实验安全意识。

4. 掌握数据记录及处理的方法，培养学生耐心细致、一丝不苟、严谨务实的工作态度。

【学习产出目标】

1. 学会测定酿造食醋中总酸含量的操作方法，并通过企业师傅的考核。

2. 完成酿造食醋中总酸含量测定的检测报告。

【专业知识准备】

1. 原理

根据酸碱中和原理，用氢氧化钠标准滴定溶液滴定试液中的酸，中和试样溶液至 pH 为 8.2(若酸为磷酸，则终点为 8.7～8.8)时，确定为滴定终点。按碱液的消耗量计算样品中的总酸含量。

2. 试剂和材料

除非另有说明，本方法所用试剂均为分析纯，水为 GB/T 6682 规定的二级水。

(1)试剂

①氢氧化钠($NaOH$)。

②磷酸氢二钾(K_2HPO_4)。

③磷酸二氢钾(KH_2PO_4)。

(2)试剂配制

①氢氧化钠标准滴定溶液(0.1 mol/L)：按照 GB/T 5009.1 的要求配制和标定，或购买经国家认证并授予标准物质证书的标准滴定溶液。

②pH 8.0 缓冲溶液：取磷酸氢二钾 5.59 g 和磷酸二氢钾 0.41 g，用水定容至 100 mL。

3. 仪器和设备

(1)分析天平：感量 0.01 g 和 0.1 mg。

(2)pH 计：精度±0.1(pH)。

(3)磁力搅拌器。

(4)水浴锅。

(5)烧杯：100 mL、150 mL、250 mL。

(6)移液管：25 mL、50 mL、100 mL。

【工作程序】

1. 试样的制备

用移液管吸取 25.0 mL 试样至 250 mL 容量瓶中，用无二氧化碳的水定容至刻度，摇匀。用快速滤纸过滤，收集滤液，用于测定。

2. 试样的测定

使用移液管吸取 25 mL 试样，置于 150 mL 烧杯中。将酸度计电源接通，稳定后，根据使用的 pH 计校正规程或用 pH 8.0 缓冲溶液校正 pH 计。将盛有试液的烧杯放到搅拌器上，浸入 pH 计电极，按下 pH 读数开关，开动搅拌器，迅速用 0.1 mol/L 氢氧化钠标准滴定溶液滴定，随时观察溶液 pH 变化。接近滴定终点时，放慢滴定速度。一次滴加半滴，直至溶液的 pH 达到 8.2，记录消耗氢氧化钠标准滴定溶液的体积。

3. 空白试验

按试样的测定操作，用同体积无二氧化碳的水代替试样做空白试验，记录消耗氢氧化钠标准滴定溶液的体积。

4. 结果计算

总酸的含量按下式计算：

$$X=\frac{c\times(V_1-V_2)\times 0.060\times F}{m}\times 1\,000$$

式中：

X——试样中总酸的含量，g/L；

c——氢氧化钠标准滴定溶液的浓度，mol/L；

V_1——滴定试液时消耗氢氧化钠标准滴定溶液的体积，mL；

V_2——空白试验时消耗氢氧化钠标准滴定溶液的体积，mL；

0.060——1.00 mL 氢氧化钠标准滴定溶液[c(NaOH)=1.000 mol/L]相当于乙酸的质量，g；

F——试液的稀释倍数；

m——试样的质量，g 或吸取试样的体积，mL；

1 000——换算系数。

结果表示：计算结果以重复性条件下获得的两次独立测定结果的算术平均值表示，结果保留到小数点后两位。

精密度：在重复性条件下获得的两次独立测定结果的绝对差值不得超过算术平均值的 10%。

【工作任务实施记录与评价】

1. 原始记录

原始记录						
样品名称		检测项目	总酸		检测依据	
仪器名称及编号	电子分析天平			环境温度： ℃		相对湿度： %
标准溶液名称				标定日期		
平行测定	1			2		3(备用)
试样质量/g						
标准溶液浓度/(mol/L)						
试液的稀释倍数						
滴定管末读数/mL						
滴定管初读数/mL						
实际消耗量/mL						
空白消耗量/mL						
样品中的总酸含量/(g/L)						
平均值/(g/L)						
标准值/(g/L)						
单项结论	□合格 □不合格					
计算公式	$X=\frac{c\times(V_1-V_2)\times0.060\times F}{m}\times1\,000$					
校核		检测		检测日期		

2. 学徒关键职业能力评价

评价项目	标准分值	评定值
酸度计的使用是否正确	10	
磁力搅拌器的使用是否正确	10	
滴定操作是否规范	10	
原始数据的记录是否准确	10	
计算及数据处理是否正确	20	
检测结果的准确性	20	
操作熟练程度	10	
是否做到文明操作	5	
是否注意操作安全	5	
总体评价		

3. 学徒职业品质、工匠精神评价

项目	标准分值	评定值
工作态度	15	
吃苦耐劳	15	
团队协作	10	
沟通交流	15	
学习钻研	15	
认真负责	15	
诚实守信	15	
总体评价		

项目五
葡萄酒检测

一、概述

(一)定义

葡萄酒:以新鲜葡萄或葡萄汁为原料,全部或部分发酵酿制而成的,含有一定酒精度的发酵酒。

(二)葡萄酒的分类

1. 按色泽分

(1)白葡萄酒:用白葡萄或红皮白肉的葡萄榨汁后发酵酿制而成,色淡黄或金黄,澄清透明,具有果香浓郁、口感清爽的特点。

(2)桃红葡萄酒:介于红葡萄酒和白葡萄酒之间的粉红色的葡萄酒,是用酿酒红葡萄连皮籽发酵一段时间后过滤掉,得到粉红色酒液后继续发酵而得的酒精饮料。

(3)红葡萄酒:由红色的葡萄通过用皮渣与葡萄汁混合发酵酿造而成。

2. 按含糖量分

(1)干葡萄酒:含糖(以葡萄糖汁)小于或等于 4.0 g/L 的葡萄酒,或者当总糖与总酸(以酒石酸计)的差值≤2.0 g/L,含糖最高为 9.0 g/L 的葡萄酒。

(2)半干葡萄酒:含糖大于干葡萄酒,最高为 12.0 g/L 的葡萄酒,或者当总糖与总酸(以酒石酸计)的差值≤2.0 g/L,含糖最高为 18.0 g/L 的葡萄酒。

(3)半甜葡萄酒:含糖大于半干葡萄酒,最高为 45.0 g/L 的葡萄酒。

(4)甜葡萄酒:含糖大于 45.0 g/L 的葡萄酒。

3. 按二氧化碳含量分

(1)平静葡萄酒:在 20 ℃时,二氧化碳压力小于 0.05 MPa 的葡萄酒。

(2)起泡葡萄酒:在 20 ℃时,二氧化碳压力≥0.05 MPa 的葡萄酒。

①高泡葡萄酒:在 20 ℃时,二氧化碳(全部自然发酵产生)压力≥0.35 MPa(对于容量小于 250 mL 的瓶子二氧化碳压力≥0.3 MPa)的葡萄酒。

②低泡葡萄酒:在 20 ℃时,二氧化碳(全部自然发酵产生)压力在 0.05～0.34 MPa 起泡的葡萄酒。

二、葡萄酒的质量检验项目和主要指标

（一）葡萄酒的检验项目

葡萄酒的发证检验、监督检验、出厂检验分别按照表 3-35 中所列出的相应检验项目进行。

表 3-35　葡萄酒质量检验项目表

序号	检验项目	依据标准	对应产品
1	感官特性	GB/T 15038	葡萄酒、果酒产品
2	酒精度	GB 5009.225	葡萄酒、果酒产品
3	总糖	GB/T 15038	葡萄酒、果酒产品
4	干浸出物	GB/T 15038	葡萄酒、果酒产品
5	挥发酸	GB/T 15038	葡萄酒、果酒产品
6	总酸	GB/T 15038	葡萄酒、果酒产品
7	二氧化硫	GB/T 15038	葡萄酒、果酒产品
8	铁	GB/T 15038	葡萄酒、果酒产品
9	铜	GB/T 15038	葡萄酒、果酒产品

（二）葡萄酒的主要质量指标

葡萄酒的主要质量指标见表 3-36、表 3-37。

表 3-36　葡萄酒的感官要求

<table>
<tr><th colspan="3">项目</th><th>要求</th></tr>
<tr><td rowspan="5">外观</td><td rowspan="3">色泽</td><td>白葡萄酒</td><td>近似无色、微黄带绿、浅黄、禾秆黄、金黄色</td></tr>
<tr><td>红葡萄酒</td><td>紫红、深红、宝石红、红微带棕色、棕红色</td></tr>
<tr><td>桃红葡萄酒</td><td>桃红、淡玫瑰红、浅红色</td></tr>
<tr><td colspan="2">澄清程度</td><td>澄清，有光泽，无明显悬浮物（使用软木塞封口的酒允许有少量软木渣，装瓶超过 1 年的葡萄酒允许有少量沉淀）</td></tr>
<tr><td colspan="2">起泡程度</td><td>起泡葡萄酒注入杯中时，应有细微的串珠状气泡升起，并有一定的持续性</td></tr>
<tr><td rowspan="4">香气与滋味</td><td colspan="2">香气</td><td>具有纯正、优雅、怡悦、和谐的果香与酒香，陈酿型的葡萄酒还应具有陈酿香或橡木香</td></tr>
<tr><td colspan="2">干、半干葡萄酒</td><td>具有纯正、优雅、爽怡的口味和悦人的果香味，酒体完整</td></tr>
<tr><td colspan="2">半甜、甜葡萄酒</td><td>具有甘甜醇厚的口味和陈酿的酒香味，酸甜协调，酒体丰满</td></tr>
<tr><td colspan="2">起泡葡萄酒</td><td>具有优美醇正、和谐悦人的口味和发酵起泡酒的特有香味，有杀口力</td></tr>
<tr><td colspan="3">典型性</td><td>具有标示的葡萄品种及产品类型应有的特征和风格</td></tr>
</table>

表 3-37　葡萄酒的理化要求

项目			要求
酒精度[a](20℃)(体积分数)/%			≥7.0
总糖[d](以葡萄糖计)/(g/L)	平静葡萄酒	干葡萄酒[b]	≤4.0
		半干葡萄酒[c]	4.1～12.0
		半甜葡萄酒	12.1～45.0
		甜葡萄酒	≥45.1
	高泡葡萄酒	天然型高泡葡萄酒	≤12.0(允许差为 3.0)
		绝干型高泡葡萄酒	12.1～17.0(允许差为 3.0)
		干型高泡葡萄酒	17.1～32.0(允许差为 3.0)
		半干型高泡葡萄酒	32.1～50.0
		甜型高泡葡萄酒	≥50.1
干浸出物/(g/L)	白葡萄酒		≥16.0
	桃红葡萄酒		≥17.0
	红葡萄酒		≥18.0
挥发酸(以乙酸计)/(g/L)			≤1.2
柠檬酸(g/L)	干、半干、半甜葡萄酒		≤1.0
	甜葡萄酒		≤2.0
二氧化碳(20 ℃)/MPa	低泡葡萄酒	<250 mL/瓶	0.05～0.29
		≥250 mL/瓶	0.05～0.34
	高泡葡萄酒	<250 mL/瓶	≥0.30
		≥250 mL/瓶	≥0.35
铁/(mg/L)			≤8.0
铜/(mg/L)			≤1.0
甲醇/(mg/L)	白、桃红葡萄酒		≤250
	红葡萄酒		≤400
苯甲酸或苯甲酸钠(以苯甲酸计)/(mg/L)			≤50
山梨酸或山梨酸钾(以山梨酸计)/(mg/L)			≤200

注：总酸不做要求，以实测值表示(以苯酚计，g/L)。

[a]酒精度标签标示值与实测值不得超过±1.0%(体积分数)。

[b]当总糖与总酸(以苯酚计)的差值小于或等于 2.0 g/L 时，含糖最高为 9.0 g/L。

[c]当总糖与总酸(以苯酚计)的差值小于或等于 2.0 g/L 时，含糖最高为 18.0 g/L。

[d]低泡葡萄酒总糖的要求同平静葡萄酒。

任务一　葡萄酒的感官检验

【任务目标和质量要求】

1. 熟悉葡萄酒的感官质量指标，能根据检测结果判断样品的感官指标是否合格。
2. 熟知葡萄酒的感官评价的国家标准，培养实事求是、遵规守纪、科学严谨的职业品质。
3. 掌握鉴定结果的记录方法，培养学生耐心细致、一丝不苟、严谨务实的工作态度。

【学习产出目标】

1. 学会葡萄酒的色泽、澄明度、气味、滋味的鉴定方法，并通过企业师傅的考核。
2. 完成葡萄酒的感官评价的检测报告。

【专业知识准备】

1. 原理

感官分析系指评价员通过用口、眼、鼻等感觉器官检查产品的感官特性，即对葡萄酒、果酒产品的色泽、香气、滋味及典型性等感官特性进行检查与分析评定。

2. 品酒

(1)品尝杯：品尝杯见图 3-8 和图 3-9。

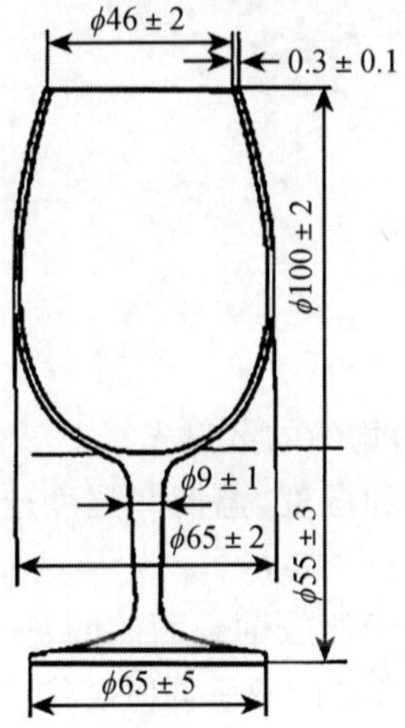

图 3-8　葡萄酒、果酒品尝杯
(满口容量为 215 mL；单位：mm)

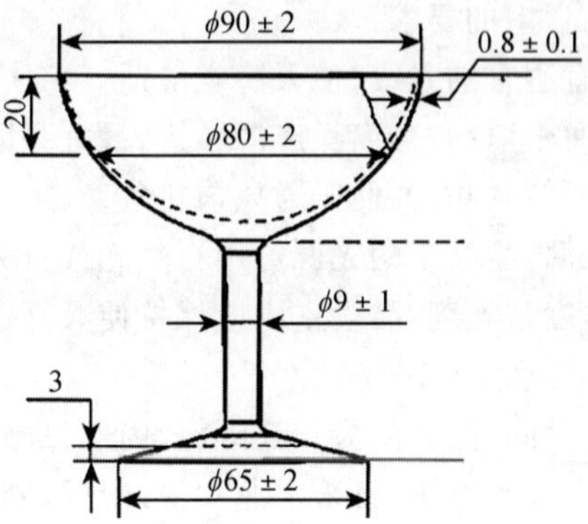

图 3-9　起泡葡萄酒(或葡萄汽酒)品尝杯
(满口容量为 150 mL；单位：mm)

(2)调温：调节酒的温度，使其达到：起泡葡萄酒 9～10 ℃；白葡萄酒 10～15 ℃；桃红葡萄酒 12～14 ℃；红葡萄酒、果酒 16～18 ℃；甜红葡萄酒、甜果酒 18～20 ℃；特种葡萄酒可参照上述条件选择合适的温度范围，或在产品标准中自行规定。

(3)顺序和编号：在一次品尝检查有多种类型样品时，其品尝顺序为：先白后红，先干后甜，先淡后浓，先老后新，先低度后高度。按顺序给样品编号，并在酒杯下部注明同样编号。

(4)倒酒：将调温后的酒瓶外部擦干净，小心开启瓶塞(盖)，不使任何异物落入。将酒倒入洁净、干燥的品尝杯中，一般酒在杯中的高度为 1/4～1/3，起泡和加气起泡葡萄酒的高度为 1/2。

【工作程序】

1. 外观

在适宜光线(非直射阳光)下，以手持杯底或用手握住玻璃杯柱，举杯齐眉，用眼观察杯中酒的色泽、透明度与澄清程度，有无沉淀及悬浮物；起泡和加气起泡葡萄酒要观察起泡情况，做好详细记录。

2. 香气

先在静止状态下多次用鼻嗅香，然后将酒杯捧握在手掌之中，使酒微微加温，并摇动酒杯，使杯中酒样分布于杯壁上。慢慢地将酒杯置于鼻孔下方，嗅闻其挥发香气，分辨果香、酒香或有否其他异香，写出评语。

3. 滋味

喝少量样品于口中，尽量使其均匀分布于味觉区，仔细品尝，有了明确印象后咽下，再体会口感后味，记录口感特征。

4. 典型性

根据外观、香气、滋味的特点综合分析，评定其类型、风格及典型性的强弱程度，写出结论意见(或评分)。

【拓展知识】

葡萄酒感官评定要求

1. 环境的要求

(1)品尝室的要求

①应有适宜的光线，使人感觉舒适。

②应便于清扫，且离噪声源较远，最好是隔音的。

③无任何气味，并便于通风与排气。

(2)光源：品尝室的光源可用自然光或日光灯，但光线应为均匀的散射光。

(3)温度与湿度：品尝室内应保持使人舒适的稳定的温度和湿度，温度和湿度应分别保持在 20～22 ℃和 60%～70%。

(4)品尝间：品尝间应相互隔离，内部设施应便于清洗，便于比较葡萄酒的颜色；应有提供饮用水的自来水龙头，自来水龙头最好是脚踏式的，以便于品尝员的双手同时工作。

2. 品尝杯的要求

应采用葡萄酒标准品尝杯。标准杯由无色透明的含铅量为 9%左右的结晶玻璃制成，不应有任何印痕和气泡；杯口应平滑、一致，且为圆边；品尝杯应能承受 0～100 ℃的温度变化，其容量为 210～225 mL。

3. 人员要求

必须由取得相应资质(应届国家评酒员)的人员进行品评，一般掌握单数，人员尽可能多，不得低于 7 人。

4. 样品的处理

将样品放置于(20±2)℃环境下平衡 24 h[(20±2)℃水浴中保温 1 h]，采取密码标记后进行感官品评。

注：被评样品的相关信息应对评酒员严格保密。

5. 计分方法

每个评酒员按细则要求在给定分数内逐项打分后，累计出总分，再把所有参加打分的评酒员的分数累加，取其平均值，即为该酒的感官分数（表 3-38、表 3-39、表 3-40）。

表 3-38　葡萄酒评分标准用语

分数段	特点
90 分以上	具有该产品应有的色泽，悦目协调、澄清（透明）、有光泽；果香、酒香浓馥幽雅，协调悦人；酒体丰满，有新鲜感，醇厚协调、舒服，爽口，回味绵延；风格独特，优雅无缺陷
80～89 分	具有该产品的色泽；澄清透明，无明显悬浮物。果香、酒香良好，尚悦怡；酒质柔顺，柔和爽口，甜酸适当；典型明确，风格良好
70～79 分	与该产品应有的色泽略有不同，澄清，无夹杂物；果香、酒香较少，但无异香；酒体协调，纯正无杂；有典型性，不够怡雅
65～69 分	与该产品应有的色泽明显不符，微浑，失光或人工着色；果香不足，或不悦人，或有异香；酒体寡淡、不协调，或有其他明显的缺陷（除色泽外，只要有其中一条，则判为不合格品）

表 3-39　葡萄酒评分细则

<table>
<tr><th colspan="3">项目</th><th colspan="2">要求</th></tr>
<tr><td rowspan="5">外观
10 分</td><td colspan="2" rowspan="3">色泽
5 分</td><td>白葡萄酒</td><td>近似无色，浅黄色，禾秆黄，绿禾秆黄色，金黄色</td></tr>
<tr><td>红葡萄酒</td><td>紫红，深红，宝石红，瓦红，砖红，黄红，棕红，黑红色</td></tr>
<tr><td>桃红葡萄酒</td><td>黄玫瑰红，橙玫瑰红，玫瑰红，橙红，浅红，紫玫瑰红色</td></tr>
<tr><td rowspan="2">5 分</td><td>澄清
程度</td><td colspan="2">澄清透明、有光泽、无明显悬浮物（使用软木塞封的酒允许有 3 个以下不大于 1 mm 的木渣）</td></tr>
<tr><td>起泡
程度</td><td colspan="2">起泡葡萄酒注入杯中时，应有细微的串珠状气泡升起，并有一定的持续性，泡沫细腻、洁白</td></tr>
<tr><td rowspan="2">香气
30 分</td><td colspan="3">非加香葡萄</td><td>具有纯正、优雅、愉悦和谐的果香与酒香</td></tr>
<tr><td colspan="3">加香葡萄</td><td>具有优美纯正的葡萄酒香与和谐的芳香植物香</td></tr>
<tr><td rowspan="4">滋味
40 分</td><td colspan="3">干葡萄酒、半干葡萄酒
（含加香葡萄）</td><td>酒体丰满，醇厚协调，舒服，爽口</td></tr>
<tr><td colspan="3">甜葡萄酒、半甜葡萄酒
（含加香葡萄）</td><td>酒体丰满，酸甜适口，柔细轻快</td></tr>
<tr><td colspan="3">起泡葡萄</td><td>口味优美、醇正、和谐悦人，有杀口力</td></tr>
<tr><td colspan="3">加气起泡葡萄</td><td>口味清新、愉快、纯正，有杀口力</td></tr>
<tr><td colspan="4">典型性 20 分</td><td>典型完美、风格独特，优雅无缺</td></tr>
</table>

表 3-40 葡萄酒感官分级评价描述

等级	描述
优级品	具有该产品应有的色泽，自然、悦目、澄清（透明）、有光泽；具有纯正、浓郁、优雅和谐的果香（酒香），诸香协调，口感细腻、舒顺、酒体丰满、完整、回味绵长，具有该产品应有的怡人的风格
优良品	具有该产品的色泽；澄清透明，无明显悬浮物，具有纯正和谐的果香（酒香），口感纯正，较舒顺，较完整，优雅，回味较长，具良好的风格
合格品	与该产品应有的色泽略有不同，缺少自然感，允许有少量沉淀，具有该产品应有的气味，无异味，口感尚平衡，欠协调、完整，无明显缺陷
不合格品	与该产品应有的色泽明显不符，严重失光或浑浊，有明显异香、异味，酒体寡淡、不协调，或有其他明显的缺陷（除色泽外，只要有其中一条，则判为不合格品）
劣质品	不具备应有的特征

【工作任务实施记录与评价】

1. 原始记录

原始记录					
样品名称		检测项目	感官检验	检测依据	
检测项目		检测结果	检测标准	分值	
外观	色泽				
	澄清程度				
	起泡程度				
香气					
滋味					
典型性					
结论					
校核		检测		检测日期	

2. 学徒关键职业能力评价表

评价项目	标准分值	评定值
感官评价方法是否正确规范	20	
感官评价的描述是否准确	20	
评价结果的记录是否准确	20	
操作熟练程度	20	
是否做到文明操作	10	
是否注意操作安全	10	
总体评价		

3. 学徒职业品质、工匠精神评价

项目	标准分值	评定值
工作态度	15	
吃苦耐劳	15	
团队协作	10	
沟通交流	15	
学习钻研	15	
认真负责	15	
诚实守信	15	
总体评价		

任务二　葡萄酒中酒精度的测定

【任务目标和质量要求】

1. 熟悉葡萄酒中酒精度的质量指标，能根据检测结果判断样品中酒精度含量是否合格。

2. 熟知葡萄酒中酒精度测定的国家标准，培养实事求是、遵规守纪、科学严谨的职业品质。

3. 掌握分析天平、蒸馏器、恒温水浴锅、附温度计密度瓶的正确使用方法，培养学生认真负责、严谨规范的实验态度，增强实验安全意识。

4. 掌握数据记录及处理的方法，培养学生耐心细致、一丝不苟、严谨务实的工作态度。

【学习产出目标】

1. 学会测定葡萄酒中酒精度的操作方法，并通过企业师傅的考核。

2. 完成葡萄酒中酒精度测定的检测报告。

【专业知识准备】

1. 原理

以蒸馏去除样品中的不挥发性物质，用密度瓶法测定馏出液的密度。根据馏出液（酒精水溶液）的密度，查附录 C，求得 20 ℃时乙醇的体积分数，即酒精度，用百分数（体积分数）表示。

2. 仪器

(1)分析天平：感量 0.000 1 g。

(2)全玻璃蒸馏器：500 mL。

(3)恒温水浴锅：精度±0.1 ℃。

(4)附温度计密度瓶：25 mL 或 50 mL；

【工作程序】

1. 试样的制备

用一洁净、干燥的 100 mL 容量瓶准确量取 100 mL 样品(液温 20 ℃)于 500 mL 蒸馏瓶中,用 50 mL 水分 3 次冲洗容量瓶,洗液全部并入蒸馏瓶中,再加几颗玻璃珠,连接冷凝器,以取样用的原容量瓶做接收器(外加冰浴)。开启冷却水,缓慢加热蒸馏。收集馏出液至接近刻度,取下容量瓶,盖塞。于 20 ℃±0.1 ℃水浴中保温 30 min,补加水至刻度,混匀,备用。

2. 分析步骤

(1)蒸馏水质量的测定

①将密度瓶洗净并干燥,带温度计和侧孔罩称量。重复干燥和称量操作,直至恒重。

②取下温度计,将煮沸冷却至 15 ℃左右的蒸馏水注满恒重的密度瓶,插上温度计,瓶中不得有气泡。将密度瓶浸入 20 ℃±0.1 ℃的恒温水浴中,待内容物温度达 20 ℃,并保持 10 min 不变后,用滤纸吸去侧管溢出的液体,使侧管中的液面与侧管管口齐平,立即盖好侧孔罩,取出密度瓶,用滤纸擦干瓶壁上的水,立即称量。

(2)试样质量的测量

将密度瓶中的水倒出,用试样反复冲洗密度瓶 3～5 次,然后装满,按步骤②同样操作,称量。

3. 结果计算

样品在 20 ℃时的密度按下式计算。

$$\rho_{20}^{20}=\frac{m_2-m+A}{m_1-m+A}\times\rho_0$$

$$A=\rho_\mu\times\frac{m_1-m}{997.0}$$

式中:

ρ_{20}^{20}——样品在 20 ℃时的密度,g/L;

m——密度瓶的质量,g;

m_1——20 ℃时密度瓶与水的质量,g;

m_2——20 ℃时密度瓶与试样的质量,g;

ρ_0——20 ℃时蒸馏水的密度(998.20 g/L);

A——空气浮力校正值;

ρ_μ——干燥空气在 20 ℃、1 013.25 kPa 时的密度值(约 1.2 g/L);

997.0——在 20℃时蒸馏水与干燥空气密度值之差,g/L。

根据试样的密度ρ_{20}^{20},查附录 C,求得酒精度。

结果表示:所得结果保留至一位小数。

精密度:在重复性条件下获得的两次独立测定结果的绝对差值不得超过算术平均值的 1%。

【工作任务实施记录与评价】

1. 原始记录

<table>
<tr><td colspan="6">原始记录</td></tr>
<tr><td>样品名称</td><td></td><td>检测项目</td><td>酒精度</td><td>检测依据</td><td></td></tr>
<tr><td rowspan="2">仪器名称及编号</td><td>电子分析天平</td><td></td><td colspan="3" rowspan="2">环境温度： ℃
相对湿度： %</td></tr>
<tr><td>恒温水浴锅</td><td></td></tr>
<tr><td>平行测定</td><td>1</td><td>2</td><td colspan="3">3(备用)</td></tr>
<tr><td>密度瓶的质量/g</td><td></td><td></td><td colspan="3"></td></tr>
<tr><td>20 ℃时密度瓶与水的质量/g</td><td></td><td></td><td colspan="3"></td></tr>
<tr><td>20 ℃时密度瓶与试样的质量/g</td><td></td><td></td><td colspan="3"></td></tr>
<tr><td>空气浮力校正值</td><td></td><td></td><td colspan="3"></td></tr>
<tr><td>平均值</td><td colspan="5"></td></tr>
<tr><td>计算公式 1</td><td colspan="5">$A=\rho_{\mu}\times\frac{m_1-m}{997.0}$</td></tr>
<tr><td>样品在 20 ℃时的密度/(g/L)</td><td></td><td></td><td colspan="3"></td></tr>
<tr><td>平均值/(g/L)</td><td colspan="5"></td></tr>
<tr><td>计算公式 2</td><td colspan="5">$\rho_{20}^{20}=\frac{m_2-m+A}{m_1-m+A}\times\rho_0$</td></tr>
<tr><td>查表得ρ_4^{20}/(g/L)</td><td colspan="5"></td></tr>
<tr><td>标准值/(g/L)</td><td colspan="5"></td></tr>
<tr><td>单项结论</td><td colspan="5">□合格 □不合格</td></tr>
<tr><td>校核</td><td></td><td>检测</td><td></td><td>检测日期</td><td></td></tr>
</table>

2. 学徒关键职业能力评价表

评价项目	标准分值	评定值
天平的使用是否正确	10	
恒温水浴锅的使用是否正确	5	
蒸馏器的连接安装是否正确	5	
附温度计密度瓶的使用是否正确	10	
原始数据的记录是否准确	15	
计算及数据处理是否正确	20	
检测结果的准确性	15	
操作熟练程度	10	
是否做到文明操作	5	

续表

评价项目	标准分值	评定值
是否注意操作安全	5	
总体评价		

3. 学徒职业品质、工匠精神评价

项目	标准分值	评定值
工作态度	15	
吃苦耐劳	15	
团队协作	10	
沟通交流	15	
学习钻研	15	
认真负责	15	
诚实守信	15	
总体评价		

任务三　葡萄酒中总糖含量的测定

【任务目标和质量要求】

1. 熟悉葡萄酒中总糖的质量指标,能根据检测结果判断样品中总糖含量是否合格。

2. 熟知葡萄酒中总糖含量测定的国家标准,培养实事求是、遵规守纪、科学严谨的职业品质。

3. 掌握分析天平、容量瓶、移液管、酸式滴定管、电炉的正确使用方法,培养学生认真负责、严谨规范的实验态度,增强实验安全意识。

4. 掌握数据记录及处理的方法,培养学生耐心细致、一丝不苟、严谨务实的工作态度。

【学习产出目标】

1. 学会测定葡萄酒中总糖含量的操作方法,并通过企业师傅的考核。

2. 完成葡萄酒中总糖含量测定的检测报告。

【专业知识准备】

1. 原理

利用费林溶液与还原糖共沸,生成氧化亚铜沉淀的反应,以亚甲基蓝为指示液,以样品或经水解后的样品滴定煮沸的费林溶液,达到终点时,稍微过量的还原糖将蓝色的亚甲基蓝还原为无色,以指示终点。根据样品消耗量求得总糖或还原糖的含量。

2. 试剂和材料

(1)盐酸溶液(1+1)。

(2)氢氧化钠溶液(200 g/L)。

(3)葡萄糖标准溶液(2.5 g/L):称取在105～110 ℃烘箱内烘干3 h,并在干燥器中冷却的无水葡萄糖2.5 g(精确至0.000 1 g),用水溶解并定容至1 000 mL。

(4)亚甲基蓝指示液(10 g/L):称取1.0 g亚甲基蓝,用水溶解并定容至100 mL。

(5)费林甲液:称取15 g硫酸铜($CuSO_4 \cdot 5H_2O$)溶于水中并稀释至1 000 mL。

(6)费林乙液:称取50 g酒石酸钾钠及75 g氢氧化钠(NaOH),溶于水中,再加入4 g亚铁氰化钾,完全溶解后,用水稀释至1 000 mL,贮存于橡胶塞玻璃瓶内。

【工作程序】

1. 费林甲、乙液的标定

(1)预备试验:吸取费林甲、乙液各5.00 mL于250 mL三角瓶中,加50 mL水,摇匀,在电炉上加热至沸腾,在沸腾状态下用葡萄糖标准溶液滴定,当溶液的蓝色将消失呈红色时,加2滴亚甲基蓝指示液,继续滴至蓝色消失,记录消耗葡萄糖标准溶液的体积。

(2)正式试验:吸取费林甲、乙液各5.00 mL于250 mL三角瓶中,加50 mL水和比预备试验少1 mL的葡萄糖标准溶液,加热至沸,并保持2 min,加2滴亚甲基蓝指示液,在沸腾状态下于1 min内用葡萄糖标准溶液滴至终点,记录消耗葡萄糖标准溶液的总体积。

(3)计算:费林甲、乙液各5 mL相当于葡萄糖的体积按下式计算。

$$F=\frac{m}{1\,000}\times V$$

式中:

F——费林甲、乙液各5 mL相当于葡萄糖的体积,g;

m——称取无水葡萄糖的质量,g;

V——消耗葡萄糖标准溶液的总体积,mL。

2. 试样的制备

(1)测总糖用试样:准确吸取一定量的样品(液温20 ℃)于100 mL容量瓶中,使之所含总糖量为0.2～0.4 g,加5 mL盐酸溶液,加水至20 mL,摇匀。于(68±1)℃水浴上水解15 min,取出,冷却。用氢氧化钠溶液中和至中性,调温至20 ℃,加水定容至刻度,备用。

(2)测还原糖用试样:准确吸取一定量的样品(液温20 ℃)于100 mL容量瓶中,使之所含还原糖量为0.2～0.4 g,加水定容至刻度,备用。

3. 分析步骤

以试样代替葡萄糖标准溶液,按费林甲、乙液的标定同样操作,记录消耗试样的体积。

测定干葡萄酒或含糖量较低的半干葡萄酒,先吸取一定量样品(液温20 ℃)于预先装有费林甲、乙液各5.0 mL的250 mL三角瓶中,再用葡萄糖标准溶液按费林甲、乙液的标定同样操作,记录消耗葡萄糖标准溶液的体积。

4. 结果计算

干葡萄酒、半干葡萄酒以及其他葡萄酒总糖或还原糖的含量分别按下式计算。

$$X_1=\frac{F-c\times V}{\frac{V_1}{V_2}\times V_3}\times 1\,000$$

$$X_2=\frac{F}{\frac{V_1}{V_2}\times V_3}\times 1\,000$$

式中：

X_1——干葡萄酒、半干葡萄酒总糖或还原糖的含量，g/L；

F——费林甲、乙液各 5 mL 相当于葡萄糖的克数，g；

c——葡萄糖标准溶液的浓度，g/mL；

V——消耗葡萄糖标准溶液的体积，mL；

V_1——吸取样品的体积，mL；

V_2——样品稀释后或水解定容的体积，mL；

V_3——消耗试样的体积，mL；

X_2——其他葡萄酒总糖或还原糖的含量，g/L。

结果表示：所得结果应保留一位小数。

精密度：在重复性条件下获得的两次独立测定结果的绝对差值不得超过算术平均值的 2%。

【工作任务实施记录与评价】

1. 原始记录

<table>
<tr><td colspan="6">原始记录</td></tr>
<tr><td>样品名称</td><td></td><td>检测项目</td><td>总糖含量</td><td>检测依据</td><td></td></tr>
<tr><td>仪器名称及编号</td><td>电子分析天平</td><td></td><td>环境温度：　℃</td><td colspan="2">相对湿度：　%</td></tr>
<tr><td>标准溶液名称</td><td colspan="2"></td><td>标定日期</td><td colspan="2"></td></tr>
<tr><td>平行测定</td><td colspan="2">1</td><td>2</td><td colspan="2">3(备用)</td></tr>
<tr><td>称取无水葡萄糖的质量/g</td><td colspan="2"></td><td></td><td colspan="2"></td></tr>
<tr><td>消耗葡萄糖标准溶液的体积/mL</td><td colspan="2"></td><td></td><td colspan="2"></td></tr>
<tr><td>平均值/mL</td><td colspan="5"></td></tr>
<tr><td>费林甲、乙液各 5 mL 相当于葡萄糖的质量/g</td><td colspan="5"></td></tr>
<tr><td>计算公式 1</td><td colspan="5">$F=\frac{m}{1\,000}\times V$</td></tr>
<tr><td>葡萄糖标准溶液的浓度/(g/mL)</td><td colspan="5"></td></tr>
<tr><td>吸取样品的体积/mL</td><td colspan="2"></td><td></td><td colspan="2"></td></tr>
<tr><td>样品稀释后或水解定容的体积/mL</td><td colspan="2"></td><td></td><td colspan="2"></td></tr>
<tr><td>消耗试样的体积/mL</td><td colspan="2"></td><td></td><td colspan="2"></td></tr>
<tr><td>平均值/mL</td><td colspan="5"></td></tr>
</table>

续表

<table>
<tr><td colspan="2">干葡萄酒、半干葡萄酒总糖或还原糖的含量/(g/L)</td><td colspan="4"></td></tr>
<tr><td colspan="2">标准值/(g/L)</td><td colspan="4"></td></tr>
<tr><td colspan="2">单项结论</td><td colspan="4">□合格　　□不合格</td></tr>
<tr><td colspan="2">计算公式 2</td><td colspan="4">$X_1=\dfrac{F-c\times V}{\dfrac{V_1}{V_2}\times V_3}\times 1\,000$</td></tr>
<tr><td colspan="2">其他葡萄酒总糖或还原糖的含量/(g/L)</td><td colspan="4"></td></tr>
<tr><td colspan="2">标准值/(g/L)</td><td colspan="4"></td></tr>
<tr><td colspan="2">单项结论</td><td colspan="4">□合格　　□不合格</td></tr>
<tr><td colspan="2">计算公式 3</td><td colspan="4">$X_2=\dfrac{F}{\dfrac{V_1}{V_2}\times V_3}\times 1\,000$</td></tr>
<tr><td>校核</td><td></td><td>检测</td><td></td><td>检测日期</td><td></td></tr>
</table>

2. 学徒关键职业能力评价表

评价项目	标准分值	评定值
分析天平的使用是否正确	10	
滴定操作是否规范	10	
容量瓶的使用是否规范	10	
移液管的使用是否规范	10	
原始数据的记录是否准确	10	
计算及数据处理是否正确	20	
检测结果的准确性	10	
操作熟练程度	10	
是否做到文明操作	5	
是否注意操作安全	5	
总体评价		

3. 学徒职业品质、工匠精神评价

项目	标准分值	评定值
工作态度	15	
吃苦耐劳	15	
团队协作	10	

续表

项目	标准分值	评定值
沟通交流	15	
学习钻研	15	
认真负责	15	
诚实守信	15	
总体评价		

任务四　葡萄酒中干浸出物含量的测定

【任务目标和质量要求】

1. 葡萄酒中干浸出物的质量指标，能根据检测结果判断样品中干浸出物含量是否合格。

2. 熟知葡萄酒中干浸出物含量测定的国家标准，培养实事求是、遵规守纪、科学严谨的职业品质。

3. 掌握分析天平、恒温水浴、附温度计密度瓶的正确使用方法，培养学生认真负责、严谨规范的实验态度，增强实验安全意识。

4. 掌握数据记录及处理的方法，培养学生耐心细致、一丝不苟、严谨务实的工作态度。

【学习产出目标】

1. 学会测定葡萄酒中干浸出物含量的操作方法，并通过企业师傅的考核。

2. 完成葡萄酒中干浸出物含量测定的检测报告。

【专业知识准备】

1. 原理

用密度瓶法测定样品或蒸出酒精后的样品的密度，然后用其密度值查附录 E，求得总浸出物的含量。再从中减去总糖的含量，即得干浸出物的含量。

2. 仪器

(1)瓷蒸发皿：200 mL。

(2)恒温水浴锅：精度±0.1℃。

(3)附温度计密度瓶：25 mL 或 50 mL。

【工作程序】

1. 试样的制备

用 100 mL 容量瓶量取 100 mL 样品(液温 20 ℃)，倒入 200 mL 瓷蒸发皿中，于水浴条件下蒸发至约为原体积的 1/3 取下，冷却后，将残液小心地移入原容量瓶中，用水多次冲洗蒸发皿，洗液并入容量瓶中，于 20 ℃定容至刻度。

2. 分析步骤

方法一：吸取制备的试样，按照密度瓶法测定酒精度的操作和计算方法，求出脱醇样品

20 ℃时的密度ρ_1，以$\rho_1 \times 1.00180$的值，查附录 E，得出总浸出物含量(g/L)。

方法二：直接吸取未经处理的样品，按照密度瓶法测定酒精度的操作和计算方法，求出该样品 20 ℃时的密度ρ_B，按下式计算出脱醇样品 20 ℃时的密度ρ_2，以ρ_2查附录 E，得出总浸出物含量(g/L)。

$$\rho_2 = 1.00180 \times (\rho_B - \rho) + 1000$$

式中：

ρ_2——脱醇样品 20 ℃时的密度，g/L；

ρ_B——含醇样品 20 ℃时密度，g/L；

ρ——与含醇样品含有同样酒精度的酒精水溶液在 20 ℃时的密度；

1.001 80——20 ℃时密度瓶体积的修正系数。

结果表示：所得结果保留至一位小数。

精密度：在重复性条件下获得的两次独立测定结果的绝对差值不得超过算术平均值的 2%。

样品中干浸出物的含量按下式计算：

$$X = X_1 + [X_2 + (X_3 + X_2) \times 0.95]$$

式中：

X——样品中干浸出物的含量，g/L；

X_1——查附录 C 得到的样品中总浸出物的含量，g/L；

X_2——样品中还原糖的含量，g/L；

X_3——样品中总糖的含量，g/L；

0.95——蔗糖水解还原糖换算为蔗糖的系数。

【工作任务实施记录与评价】

1. 原始记录

<table>
<tr><td colspan="8">原始记录</td></tr>
<tr><td>样品名称</td><td colspan="2"></td><td>检测项目</td><td colspan="2">干浸出物含量</td><td>检测依据</td><td></td></tr>
<tr><td rowspan="2" colspan="2">仪器名称及编号</td><td colspan="2">电子分析天平</td><td colspan="2"></td><td rowspan="2" colspan="2">环境温度：　℃
相对湿度：　%</td></tr>
<tr><td colspan="2">恒温水浴</td><td colspan="2"></td></tr>
<tr><td colspan="3">平行测定</td><td colspan="2">1</td><td colspan="2">2</td><td>3(备用)</td></tr>
<tr><td colspan="3">试样质量/g</td><td colspan="2"></td><td colspan="2"></td><td></td></tr>
<tr><td colspan="3">脱醇样品 20 ℃时的密度/(g/L)</td><td colspan="2"></td><td colspan="2"></td><td></td></tr>
<tr><td colspan="3">平均值/(g/L)</td><td colspan="5"></td></tr>
<tr><td colspan="3">以$\rho_1 \times 1.00180$查附录 E 得到的样品中总浸出物的含量/(g/L)</td><td colspan="5"></td></tr>
<tr><td colspan="3">含醇样品 20 ℃时的密度/(g/L)</td><td colspan="2"></td><td colspan="2"></td><td></td></tr>
<tr><td colspan="3">平均值/(g/L)</td><td colspan="5"></td></tr>
</table>

续表

<table>
<tr><td colspan="2">与含醇样品含有同样酒精度的酒精水溶液在 20 ℃时的密度/(g/L)</td><td colspan="2"></td><td colspan="2"></td><td></td></tr>
<tr><td colspan="2">平均值/(g/L)</td><td colspan="5"></td></tr>
<tr><td colspan="2">脱醇样品 20 ℃时的密度/(g/L)</td><td colspan="2"></td><td colspan="2"></td><td></td></tr>
<tr><td colspan="2">平均值/(g/L)</td><td colspan="5"></td></tr>
<tr><td colspan="2">计算公式 1</td><td colspan="5">$\rho_2=1.00180\times(\rho_B-\rho)+1000$</td></tr>
<tr><td colspan="2">以ρ_2查附录 E 得到的样品中总浸出物的含量/(g/L)</td><td colspan="5"></td></tr>
<tr><td colspan="2">样品中还原糖的含量/(g/L)</td><td colspan="5"></td></tr>
<tr><td colspan="2">样品中总糖的含量/(g/L)</td><td colspan="5"></td></tr>
<tr><td colspan="2">样品中干浸出物的含量/(g/L)</td><td colspan="5"></td></tr>
<tr><td colspan="2">标准值/(g/L)</td><td colspan="5"></td></tr>
<tr><td colspan="2">单项结论</td><td colspan="5">□合格　　□不合格</td></tr>
<tr><td colspan="2">计算公式 2</td><td colspan="5">$X=X_1+[X_2+(X_3+X_2)\times0.95]$</td></tr>
<tr><td>校核</td><td></td><td>检测</td><td colspan="2"></td><td>检测日期</td><td></td></tr>
</table>

2. 学徒关键职业能力评价表

评价项目	标准分值	评定值
分析天平的使用是否正确	5	
附温度计密度瓶的使用是否正确	5	
恒温水浴锅的使用是否正确	5	
原始数据的记录是否准确	20	
计算及数据处理是否正确	20	
检测结果的准确性	20	
操作熟练程度	15	
是否做到文明操作	5	
是否注意操作安全	5	
总体评价		

3. 学徒职业品质、工匠精神评价

项目	标准分值	评定值
工作态度	15	
吃苦耐劳	15	
团队协作	10	

续表

项目	标准分值	评定值
沟通交流	15	
学习钻研	15	
认真负责	15	
诚实守信	15	
总体评价		

任务五　葡萄酒中总酸含量的测定

【任务目标和质量要求】

1. 熟悉葡萄酒中总酸的质量指标，能根据检测结果判断样品中总酸含量是否合格。

2. 熟知葡萄酒中总酸含量测定的国家标准，培养实事求是、遵规守纪、科学严谨的职业品质。

3. 掌握酸度计、碱式滴定管、磁力搅拌器、恒温水浴锅的正确使用方法，培养学生认真负责、严谨规范的实验态度，增强实验安全意识。

4. 掌握数据记录及处理的方法，培养学生耐心细致、一丝不苟、严谨务实的工作态度。

【学习产出目标】

1. 学会电位滴定法测定葡萄酒中总酸含量的操作方法，并通过企业师傅的考核。

2. 完成葡萄酒中总酸含量测定的检测报告。

【专业知识准备】

1. 原理

利用酸碱中和原理，用氢氧化钠标准滴定溶液直接滴定样品中的有机酸，以 pH=8.2 为电位滴定终点，根据消耗氢氧化钠标准滴定溶液的体积，计算试样的总酸含量。

2. 试剂和材料

(1)氢氧化钠标准滴定溶液[c(NaOH)=0.05 mol/L]：按 GB/T 601 配制与标定，并准确稀释。

(2)酚酞指示液(10 g/L)：按 GB/T 603 配制。

3. 仪器

(1)酸度计：精度 0.01，附电磁搅拌器。

(2)恒温水浴锅：精度±0.1 ℃，带振荡装置。

【工作程序】

1. 试样的制备

吸取约 60 mL 样品于 100 mL 烧杯中，将烧杯置于 40 ℃±0.1 ℃振荡水浴中恒温 30 min，取出，冷却至室温。

注：试样的制备只针对起泡葡萄酒和葡萄汽酒，目的是排除二氧化碳。

2. 分析步骤

(1)按仪器使用说明书校正仪器。

(2)测定：吸取 10.00 mL 样品(液温 20 ℃)于 100 mL 烧杯中，加 50 mL 水，插入电极，放入一枚转子，置于电磁搅拌器上，开始搅拌，用氢氧化钠标准滴定溶液滴定。开始时滴定速度可稍快，当样液 pH＝8.0 后，放慢滴定速度，每次滴加半滴溶液直至 pH＝8.2 为其终点，记录消耗氢氧化钠标准滴定溶液的体积。同时做空白试验。

3. 结果计算

样品中总酸的含量按下式计算。

$$X=\frac{c\times(V_1-V_0)\times 75}{V_2}$$

X——样品中总酸的含量(以苯酚计)，g/L；

c——氢氧化钠标准滴定溶液的浓度，mol/L；

V_0——空白试验消耗氢氧化钠标准滴定溶液的体积，mL；

V_1——样品滴定时消耗氢氧化钠标准滴定溶液的体积，mL；

V_2——吸取样品的体积，mL；

75——苯酚的摩尔质量的数值，g/mol。

结果表示：所得结果保留一位小数。

精密度：在重复性条件下获得的两次独立测定结果的绝对差值不得超过算术平均值的 3%。

【工作任务实施记录与评价】

1. 原始记录

原始记录					
样品名称		检测项目	总酸	检测依据	
仪器名称及编号	电子分析天平			环境温度： ℃	相对湿度： %
标准溶液名称			标定日期		
平行测定	1		2		3(备用)
标准溶液浓度/(mol/L)					
吸取样品的体积/mL					
滴定管末读数/mL					
滴定管初读数/mL					
实际消耗量/mL					
空白消耗量/mL					
样品中的总酸含量/(g/L)					

续表

平均值/(g/L)					
标准值/(g/L)					
单项结论		□合格　□不合格			
计算公式		$X=\frac{c\times(V_1-V_0)\times 75}{V_2}$			
校核		检测		检测日期	

2. 学徒关键职业能力评价表

评价项目	标准分值	评定值
酸度计的使用是否正确	10	
磁力搅拌器的使用是否正确	5	
滴定操作是否规范	10	
原始数据的记录是否准确	15	
计算及数据处理是否正确	20	
检测结果的准确性	20	
操作熟练程度	10	
是否做到文明操作	5	
是否注意操作安全	5	
总体评价		

3. 学徒职业品质、工匠精神评价

项目	标准分值	评定值
工作态度	15	
吃苦耐劳	15	
团队协作	10	
沟通交流	15	
学习钻研	15	
认真负责	15	
诚实守信	15	
总体评价		

任务六　葡萄酒中挥发酸含量的测定

【任务目标和质量要求】

1. 熟悉葡萄酒中挥发酸的质量指标，能根据检测结果判断样品中挥发酸含量是否合格。
2. 熟知葡萄酒中挥发酸含量测定的国家标准，培养实事求是、遵规守纪、科学严谨的职业品质。

3. 掌握蒸馏装置、碱式滴定管、移液管的正确使用方法，培养学生认真负责、严谨规范的实验态度，增强实验安全意识。

4. 掌握数据记录及处理的方法，培养学生耐心细致、一丝不苟、严谨务实的工作态度。

【学习产出目标】

1. 学会测定葡萄酒中挥发酸含量的操作方法，并通过企业师傅的考核。

2. 完成葡萄酒中挥发酸含量测定的检测报告。

【专业知识准备】

1. 原理

以蒸馏的方式蒸出样品中的低沸点酸类即挥发酸，用碱标准溶液进行滴定，再测定游离二氧化硫和结合二氧化硫，通过计算与修正，得出样品中挥发酸的含量。

2. 试剂与溶液

(1)氢氧化钠标准滴定溶液[$c(\mathrm{NaOH})=0.05\ \mathrm{mol/L}$]：按 GB/T 601 配制与标定，并准确稀释。

(2)酚酞指示液(10 g/L)：按 GB/T 603 配制。

(3)盐酸溶液：将浓盐酸用水稀释 4 倍。

(4)碘标准滴定溶液$\left[c\left(\frac{1}{2}\mathrm{I_2}\right)=0.005\ \mathrm{mol/L}\right]$：按 GB/T 601 配制与标定，并准确稀释。

(5)碘化钾。

(6)淀粉指示液(5 g/L)：称取 5 g 淀粉溶于 500 mL 水中，加热至沸，并持续搅拌 10 min。再加入 200 g 氯化钠，冷却后定容至 1 000 mL。

(7)硼酸钠饱和溶液：称取 5 g 硼酸钠($\mathrm{Na_2B_4O_7\cdot 10H_2O}$)溶 100 mL 热水中，冷却备用。

【工作程序】

1. 测定挥发酸

安装好蒸馏装置。吸取 10 mL 样品(液温 20 ℃)在该装置上进行蒸馏，收集 100 mL 馏出液。将馏出液加热至沸，加入 2 滴酚酞指示液，用氢氧化钠标准滴定溶液滴定至粉红色，30 s 内不变色即为终点，记下消耗氢氧化钠标准滴定溶液的体积。

2. 测定游离二氧化硫

于上述溶液中加入 1 滴盐酸溶液酸化，加 2 mL 淀粉指示液和几粒碘化钾，混匀后用碘标准滴定溶液滴定，得到碘标准滴定溶液消耗的体积。

3. 测定结合二氧化硫

在上述溶液中加入硼酸钠饱和溶液，至溶液显粉红色，继续用碘标准滴定溶液滴定至溶液呈蓝色，得到碘标准滴定溶液消耗的体积。

4. 结果计算

样品中实测挥发酸的含量按下式计算。

$$X_1=\frac{c\times V_1\times 60.0}{V}$$

式中：

X_1——样品中实测挥发酸的含量(以乙酸计)，g/L；

c——氢氧化钠标准滴定溶液的浓度，mol/L；

V_1——消耗氢氧化钠标准滴定溶液的体积，mL；

60.0——乙酸的摩尔质量的数值，g/mol；

V——吸取样品的体积，mL。

若挥发酸含量接近或超过理化指标时，则需进行修正。修正时，按下式换算：

$$X = X_1 - \frac{c_2 \times V_2 \times 32 \times 1.875}{V} - \frac{c_2 \times V_3 \times 32 \times 0.9375}{V}$$

式中：

X——样品中真实挥发酸(以乙酸计)含量，g/L；

X_1——实测挥发酸含量，g/L；

c_2——碘标准滴定溶液的浓度，mol/L；

V——吸取样品的体积，mL；

V_2——测定游离二氧化硫消耗碘标准滴定溶液的体积，mL；

V_3——测定结合二氧化硫消耗碘标准滴定溶液的体积，mL；

32——二氧化硫的摩尔质量，g/mol；

1.875——1 g 游离二氧化硫相当于乙酸的质量，g；

0.937 5——1 g 结合二氧化硫相当于乙酸的质量，g。

结果表示：所得结果保留一位小数。

精密度：在重复性条件下获得的两次独立测定结果的绝对差值不得超过算术平均值的5%。

【工作任务实施记录与评价】

1. 原始记录

原始记录					
样品名称		检测项目	挥发酸含量	检测依据	
环境温度：　℃			相对湿度：　%		
标准溶液名称 1			标定日期		
标准溶液名称 2			标定日期		
平行测定	1		2	3(备用)	
吸取样品的体积/mL					
标准溶液浓度/(mol/L)					
实际消耗量/mL					
样品中实测挥发酸的含量/(g/L)					

续表

单项结论 1	□合格　　□不合格				
计算公式 1	$X_1=\frac{c\times V_1\times 60.0}{V}$				
标准溶液浓度/(mol/L)					
测定游离二氧化硫消耗碘标准滴定溶液的体积/mL					
测定结合二氧化硫消耗碘标准滴定溶液的体积/mL					
样品中真实挥发酸的含量/(g/L)					
平均值/(g/L)					
标准值/(g/L)					
单项结论 2	□合格　　□不合格				
计算公式	$X=X_1-\frac{c_2\times V_2\times 32\times 1.875}{V}-\frac{c_2\times V_3\times 32\times 0.9375}{V}$				
校核		检测		检测日期	

2. 学徒关键职业能力评价表

评价项目	标准分值	评定值
蒸馏装置的使用是否正确	10	
移液管的使用是否正确	10	
滴定操作是否规范	10	
原始数据的记录是否准确	15	
计算及数据处理是否正确	20	
检测结果的准确性	15	
操作熟练程度	10	
是否做到文明操作	5	
是否注意操作安全	5	
总体评价		

3. 学徒职业品质、工匠精神评价

项目	标准分值	评定值
工作态度	15	
吃苦耐劳	15	

续表

项目	标准分值	评定值
团队协作	10	
沟通交流	15	
学习钻研	15	
认真负责	15	
诚实守信	15	
总体评价		

任务七　葡萄酒中二氧化硫含量的测定

【任务目标和质量要求】

1. 熟悉葡萄酒中二氧化硫的质量指标，能根据检测结果判断样品中二氧化硫含量是否合格。

2. 熟知葡萄酒中二氧化硫含量测定的国家标准，培养实事求是、遵规守纪、科学严谨的职业品质。

3. 掌握移液管、酸式滴定管、恒温水浴锅的正确使用方法，培养学生认真负责、严谨规范的实验态度，增强实验安全意识。

4. 掌握数据记录及处理的方法，培养学生耐心细致、一丝不苟、严谨务实的工作态度。

【学习产出目标】

1. 学会直接碘量法测定葡萄酒中二氧化硫含量的操作方法，并通过企业师傅的考核。

2. 完成葡萄酒中二氧化硫含量测定的检测报告。

【专业知识准备】

1. 游离二氧化硫的测定(直接碘量法)

(1)原理：利用碘可以与二氧化硫发生氧化还原反应的性质，测定样品中二氧化硫的含量。

(2)试剂和材料

①硫酸溶液(1+3)：取 1 体积浓硫酸缓慢注入 3 体积水中。

②淀粉指示液(10 g/L)：按 GB/T 603 配制后，再加入 40 g 氯化钠。

③碘标准滴定溶液 $\left[c\left(\frac{1}{2}I_2\right)=0.005\ mol/L\right]$：按 GB/T 601 配制与标定，并准确稀释 5 倍。

2. 总二氧化硫的测定(直接碘量法)

(1)原理：在碱性条件下，结合态二氧化硫被解离出来，然后再用碘标准滴定溶液滴定，得到样品中结合二氧化硫的含量。

(2)试剂和材料

①硫酸溶液(1+3)：取 1 体积浓硫酸缓慢注入 3 体积水中。

②淀粉指示液(10 g/L):按 GB/T 603 配制后,再加入 40 g 氯化钠。

③氢氧化钠溶液(100 g/L)。

④碘标准滴定溶液 $\left[c\left(\frac{1}{2}I_2\right)=0.005\ mol/L\right]$:按 GB/T 601 配制与标定,并准确稀释 5 倍。

【工作程序】

1. 游离二氧化硫的测定

(1)分析步骤:吸取 50.00 mL 样品(液温 20 ℃)于 250 mL 碘量瓶中,加入少量碎冰块,再加入 1 mL 淀粉指示液、10 mL 硫酸溶液上用碘标准滴定溶液迅速滴定至淡蓝色,保持 30 s 不变即为终点,记下消耗碘标准滴定溶液的体积。以水代替样品,做空白试验,操作同上。

(2)结果计算:样品中游离二氧化硫的含量按下式计算。

$$X=\frac{c\times(V-V_0)\times 32}{50}\times 1\,000$$

式中:

X——样品中游离二氧化硫的含量,mg/L;

c——碘标准滴定溶液的浓度,mol/L;

V——消耗碘标准滴定溶液的体积,mL;

V_0——空白试验消耗碘标准滴定溶液的体积,mL;

32——二氧化硫的摩尔质量的数值,g/mol;

50——吸取样品的体积,mL。

结果表示:所得结果保留至整数。

精密度:在重复性条件下获得的两次独立测定结果的绝对差值不得超过算术平均值的 10%。

2. 总二氧化硫的测定(直接碘量法)

(1)分析步骤:吸取 25.00 mL 氢氧化钠溶液于 250 mL 碘量瓶中,再准确吸取 25.00 mL 样品(液温 20 ℃),并以吸管尖插入氢氧化钠溶液的方式,加入碘量瓶中,摇匀,盖塞,静置 15 min 后,再加入少量碎冰块、1 mL 淀粉指示液、10 mL 硫酸溶液,摇匀,用碘标准滴定溶液迅速滴定至淡蓝色,30 s 内不变即为终点,记下消耗碘标准滴定溶液的体积。以水代替样品做空白试验,操作同上。

(2)结果计算:样品中总二氧化硫的含量按下式计算。

$$X=\frac{c\times(V-V_0)\times 32}{25}\times 1\,000$$

式中:

X——样品中总二氧化硫的含量,mg/L;

c——碘标准滴定溶液的浓度,mol/L;

V——测定样品消耗碘标准滴定溶液的体积,mL;

V_0——空白试验消耗碘标准滴定溶液的体积,mL;

32——二氧化硫的摩尔质量的数值,g/mol;

25——吸取样品的体积,mL。

结果表示：所得结果保留至整数。

精密度：在重复性条件下获得的两次独立测定结果的绝对差值不得超过算术平均值的10%。

【工作任务实施记录与评价】

1. 原始记录

原始记录

样品名称		检测项目	二氧化硫含量	检测依据	
仪器名称及编号	恒温水浴锅		环境温度： ℃	相对湿度： %	
标准溶液名称			标定日期		
平行测定	1		2	3(备用)	
标准溶液浓度/(mol/L)					
滴定管末读数/mL					
滴定管初读数/mL					
实际消耗量/mL					
空白消耗量/mL					
样品中游离二氧化硫含量/(mg/L)					
平均值/(mg/L)					
标准值/(mg/L)					
单项结论	□合格 □不合格				
计算公式	$X=\frac{c\times(V-V_0)\times 32}{50}\times 1\,000$				
滴定管末读数/mL					
滴定管初读数/mL					
实际消耗量/mL					
空白消耗量/mL					
样品中总二氧化硫含量/(mg/L)					
平均值/(mg/L)					
标准值/(mg/L)					
单项结论	□合格 □不合格				
计算公式	$X=\frac{c\times(V-V_0)\times 32}{25}\times 1\,000$				
校核		检测		检测日期	

2. 学徒关键职业能力评价表

评价项目	标准分值	评定值
移液管的使用是否正确	10	
滴定操作是否规范	10	
原始数据的记录是否准确	20	
计算及数据处理是否正确	20	
检测结果的准确性	20	
操作熟练程度	10	
是否做到文明操作	5	
是否注意操作安全	5	
总体评价		

3. 学徒职业品质、工匠精神评价

项目	标准分值	评定值
工作态度	15	
吃苦耐劳	15	
团队协作	10	
沟通交流	15	
学习钻研	15	
认真负责	15	
诚实守信	15	
总体评价		

任务八　葡萄酒中铁含量的测定

【任务目标和质量要求】

1. 熟悉葡萄酒中铁的质量指标，能根据检测结果判断样品中铁含量是否超标。

2. 熟知葡萄酒中铁含量测定的国家标准，培养实事求是、遵规守纪、科学严谨的职业品质。

3. 掌握分光光度计、高温电炉、移液管的正确使用方法，培养学生认真负责、严谨规范的实验态度，增强实验安全意识。

4. 掌握数据记录及处理的方法，培养学生耐心细致、一丝不苟、严谨务实的工作态度。

【学习产出目标】

1. 学会邻菲罗啉比色法测定葡萄酒中铁含量的操作方法，并通过企业师傅的考核。

2. 完成葡萄酒中铁含量测定的检测报告。

【专业知识准备】

1. 原理

样品经处理后，试样中的三价铁在酸性条件下被盐酸羟胺还原成二价铁，二价铁与邻菲罗啉作用生成红色螯合物，其颜色的深度与铁含量成正比，用分光光度法进行铁的测定。

2. 试剂和材料

(1)浓硫酸。

(2)过氧化氢溶液(30%)。

(3)氨水(25%～28%)。

(4)盐酸羟胺溶液(100 g/L)：称取 100 g 盐酸羟胺，用水溶解并稀释至 1 000 mL，于棕色瓶中，低温贮存。

(5)盐酸溶液(1+1)。

(6)乙酸-乙酸钠溶液(pH＝4.8)：称取 272 g 乙酸钠($CH_3COONa \cdot 3H_2O$)，溶解于 500 mL 水中，加 200 mL 冰乙酸，加水稀释至 1 000 mL。

(7)1,10-邻菲罗啉溶液(2 g/L)：按 GB/T 603 配制。

(8)硝酸溶液(0.5%)：量取 8 mL 硝酸，稀释至 1 000 mL。

(9)铁标准贮备液(0.1 mg/mL)：按 GB/T 602 配制。

(10)铁标准使用液(10 μg/mL)：吸取 10.00 mL 铁标准贮备液于 100 mL 容量瓶中，用硝酸溶液稀释至刻度，此溶液每毫升含 10 μg 铁。

(11)铁标准系列：吸取铁标准使用液 0.00 mL，0.20 mL，0.40 mL，0.80 mL，1.00 mL，1.40 mL(含 0.0 μg，2.0 μg，4.0 μg，8.0 μg，10.0 μg，14.0 μg 铁)分别于 6 支 25 mL 比色管中，补加水至 10 mL，加 5 mL 乙酸-乙酸钠溶液(调 pH 至 3～5)、1 mL 盐酸羟胺溶液，摇匀，放置 5 min 后，再加入 1 mL 1,10-邻菲罗啉溶液，然后补加水至刻度，摇匀，放置 30 min，备用。该系列用于标准工作曲线的绘制。

3. 仪器

(1)分光光度计。

(2)高温电炉：550 ℃±25 ℃。

(3)瓷蒸发皿：100 mL。

【工作程序】

1. 试样的制备

(1)干法消化：准确吸取 25.00 mL 样品于蒸发皿中，在水浴上蒸干，置于电炉上小心炭化，然后移入 550 ℃±25 ℃高温电炉中灼烧，灰化至残渣呈白色，取出，加入 10 mL 盐酸溶液溶解，在水浴上蒸至约 2 mL，再加入 5 mL 水，加热煮沸后，移入 50 mL 容量瓶中，用水洗涤蒸发皿，洗液并入容量瓶，加水稀释至刻度，摇匀。同时做空白试验。

(2)湿法消化：准确吸取 1.00 mL 样品(可根据铁含量适当增减)于 10 mL 凯氏烧瓶中，置电炉上缓缓蒸发至近干，取下稍冷后，加 1 mL 浓硫酸(根据含糖量适当增减)、1 mL 过氧化氢，于通风橱内加热消化。如果消化液颜色较深，继续滴加过氧化氢溶液，直至消化液无色透明。稍冷，加 10 mL 水微火煮沸 3～5 min，取下冷却。同时做空白试验。

注：各实验室可根据各自条件选用干法或湿法进行样品的消化。

2. 分析步骤

(1)标准工作曲线的绘制：在 480 nm 波长下，测定标准系列溶液的吸光度。根据吸光度及相对应的铁浓度绘制标准工作曲线(或建立回归方程)。

(2)试样的测定：准确吸取试样 5～10 mL 及试剂空白消化液分别于 25 mL 比色管中，补加水 10 mL，然后在 480 nm 波长下，分别测其吸光度，从标准工作曲线上查出铁的含量(或用回归方程计算)。

或将试样及空白消化液分别洗入 25 mL 比色管中，在每支管中加入一小片刚果红试纸，用氨水中和至试纸显蓝紫色，然后各加 5 mL 乙酸-乙酸钠溶液(调 pH 至 3～5)，然后在 480 nm 波长下，分别测其吸光度，从标准工作曲线上查出铁的含量(或用回归方程计算)。

3. 结果计算

(1)干法计算：样品中铁的含量按下式计算。

$$X=\frac{(c_1-c_0)\times 1\ 000}{V\times\dfrac{V_2}{V_1}\times 1\ 000}=\frac{(c_1-c_0)\times V_1}{V\times V_2}$$

式中：

X——样品中铁的含量，mg/L；

c_1——测定用样品中铁的含量，μg；

c_0——试剂空白液中铁的含量，μg；

V——吸取样品的体积，mL；

V_1——样品消化液的总体积，mL；

V_2——测定用试样的体积，mL。

(2)湿法计算：样品中铁的含量按下式计算。

$$X=\frac{A-A_0}{V}$$

式中：

X——样品中铁的含量，mg/L；

A——测定用样品中铁的含量，μg；

A_0——试剂空白液中铁的含量，μg；

V——吸取样品的体积，mL。

结果表示：所得结果保留至一位小数。

精密度：在重复性条件下获得的两次独立测定结果的绝对差值不得超过算术平均值的 10%。

【工作任务实施记录与评价】

1. 原始记录

原始记录						
样品名称		检测项目	铁含量		检测依据	
仪器名称及编号	分光光度计			环境温度：℃ 相对湿度：%		
	高温电炉					
标准溶液名称			标定日期			
吸取试样的体积/mL			标准使用液浓度/(mol/L)			
标准曲线	1	2	3	4	5	6
铁标准使用液体积						
铁标准系列溶液浓度						
铁标准系列溶液的吸光度						
样品溶液的吸光度				空白溶液的吸光度		
测定用样品中铁的含量/μg				试剂空白液中铁的含量/μg		
平均值/μg				标线的相关系数		
样品中铁的含量/(mg/L)			标准值/(mg/L)			
单项结论	□合格　□不合格					
计算公式	$X=\frac{A-A_0}{V}$					
样品消化液的总体积/mL			测定用试样的体积/mL			
测定用样品中铁的含量/μg				试剂空白液中铁的含量/μg		
平均值/μg						
样品中的铁含量/(mg/L)			标准值/(mg/L)			
单项结论	□合格　□不合格					
计算公式	$X=\frac{(c_1-c_0)\times 1\,000}{V\times\frac{V_2}{V_1}\times 1\,000}=\frac{(c_1-c_0)\times V_1}{V\times V_2}$					
校核		检测		检测日期		

2. 学徒关键职业能力评价表

评价项目	标准分值	评定值
分光光度计的使用是否正确	10	
高温电炉的使用是否正确	5	
蒸发操作是否规范	5	
移液管的使用是否正确	10	
标准曲线的制作是否正确	10	
标准曲线的线性	10	
原始数据的记录是否准确	10	
计算及数据处理是否正确	10	
检测结果的准确性	10	
操作熟练程度	10	
是否做到文明操作	5	
是否注意操作安全	5	
总体评价		

3. 学徒职业品质、工匠精神评价

项目	标准分值	评定值
工作态度	15	
吃苦耐劳	15	
团队协作	10	
沟通交流	15	
学习钻研	15	
认真负责	15	
诚实守信	15	
总体评价		

任务九　葡萄酒中铜含量的测定

【任务目标和质量要求】

1. 熟悉葡萄酒中铜的质量指标，能根据检测结果判断样品中铜含量是否超标。

2. 熟知葡萄酒中铜含量测定的国家标准，培养实事求是、遵规守纪、科学严谨的职业品质。

3. 掌握原子吸收分光光度计的正确使用方法，培养学生认真负责、严谨规范的实验态度，增强实验安全意识。

4. 掌握数据记录及处理的方法，培养学生耐心细致、一丝不苟、严谨务实的工作态度。

【学习产出目标】

1. 学会原子吸收分光光度法测定葡萄酒中铜含量的操作方法，并通过企业师傅的考核。

2. 完成葡萄酒中铜含量测定的检测报告。

【专业知识准备】

1. 原理

将处理后的试样导入原子吸收分光光度计中，在乙炔-空气火焰中，样品中的铜被原子化，基态原子吸收特征波长(324.7 nm)的光，其吸收量的大小与试样中铜的含量呈正比，测其吸光度，求得铜含量。

2. 试剂和材料

(1)硝酸溶液(0.5%)。

(2)铜标准贮备液(0.1 mg/mL)：按 GB/T 602 制备。

(3)铜标准使用液(10 μg/mL)：吸取 10.00 mL 铜标准贮备液于 100 mL 容量瓶中，用硝酸溶液稀释至刻度，此溶液每毫升含 10 μg 铜。

(4)铜标准系列：吸取铜标准使用液 0.00 mL，0.50 mL，1.00 mL，2.00 mL，4.00 mL，6.00 mL(含 0.0 μg，5.0 μg，10.0 μg，20.0 μg，40.0 μg，60.0 μg 铜)分别置于 6 个 50 mL 容量瓶中，用硝酸溶液稀释至刻度，摇匀。该系列用于标准工作曲线的绘制。

3. 仪器

原子吸收分光光度计：备有铜空心阴极灯。

【工作程序】

1. 试样的制备

用硝酸溶液准确将样品稀释至 5～10 倍，摇匀，备用。

2. 分析步骤

(1)标准工作曲线的绘制：设置仪器于合适的工作状态下，调波长至 324.7 nm，导入标准系列溶液，以零管调零，分别测其吸光度，以铜的含量对应吸光度绘制标准工作曲线(或建立回归方程)。

(2)试样的测定：将试样导入仪器，测其吸光度，然后根据吸光度在标准工作曲线上查得铜的含量(或者用回归方程计算)。

3. 结果计算

样品中铜的含量按下式计算。

$$X = A \times F$$

式中：

X——样品中铜的含量，mg/L；

A——试样中铜的含量，mg/L；

F——样品稀释倍数。

精密度：在重复性条件下获得的两次独立测定结果的绝对差值不得超过算术平均值的10%。

【工作任务实施记录与评价】

1. 原始记录

<table>
<tr><td colspan="7">原始记录</td></tr>
<tr><td>样品名称</td><td></td><td>检测项目</td><td colspan="2">铜含量</td><td>检测依据</td><td></td></tr>
<tr><td>仪器名称及编号</td><td colspan="2">原子吸收分光光度计</td><td></td><td colspan="2">环境温度：　℃</td><td>相对湿度：　%</td></tr>
<tr><td>标准溶液名称</td><td colspan="3"></td><td colspan="2">配制日期</td><td></td></tr>
<tr><td>标准使用液浓度/(mol/L)</td><td colspan="3"></td><td colspan="2">试液的稀释倍数</td><td></td></tr>
<tr><td>标准曲线</td><td>1</td><td>2</td><td>3</td><td>4</td><td>5</td><td>6</td></tr>
<tr><td>铜标准使用液体积</td><td></td><td></td><td></td><td></td><td></td><td></td></tr>
<tr><td>铜标准系列溶液浓度</td><td></td><td></td><td></td><td></td><td></td><td></td></tr>
<tr><td>铜标准系列溶液的吸光度</td><td></td><td></td><td></td><td></td><td></td><td></td></tr>
<tr><td>样品溶液的吸光度</td><td></td><td></td><td></td><td colspan="2">标线的相关系数</td><td></td></tr>
<tr><td>试样中铜的含量/(mg/L)</td><td></td><td></td><td></td><td colspan="2">平均值/(mg/L)</td><td></td></tr>
<tr><td>样品中铜的含量/(mg/L)</td><td colspan="2"></td><td colspan="2">标准值/(mg/L)</td><td colspan="2"></td></tr>
<tr><td>单项结论</td><td colspan="6">□合格　　　□不合格</td></tr>
<tr><td>计算公式</td><td colspan="6">$X=A\times F$</td></tr>
<tr><td>校核</td><td></td><td>检测</td><td colspan="2"></td><td>检测日期</td><td></td></tr>
</table>

2. 学徒关键职业能力评价表

评价项目	标准分值	评定值
原子吸收分光光度计的是正确	10	
容量瓶的使用是否正确	5	
移液管的使用是否正确	5	
标准曲线的制作是否正确	15	
标准曲线的线性	10	
原始数据的记录是否准确	10	
计算及数据处理是否正确	15	
检测结果的准确性	10	
操作熟练程度	10	
是否做到文明操作	5	
是否注意操作安全	5	
总体评价		

3. 学徒职业品质、工匠精神评价

项目	标准分值	评定值
工作态度	15	
吃苦耐劳	15	
团队协作	10	
沟通交流	15	
学习钻研	15	
认真负责	15	
诚实守信	15	
总体评价		

附 录

Appendix

Appendix

Appendix

Appendix

附录A 标准溶液的配制

1. HCl标准滴定溶液

(1)配制

①HCl标准溶液的配制见表A-1。

表A-1 HCl标准滴定溶液的配制

HCl标准溶液的浓度/(mol/L)	浓HCl的取用量/mL	配制方法
1	90	加适量水稀释至1 000 mL
0.5	45	
0.1	9	

②溴甲酚绿-甲基红混合指示剂的配制:量取30 mL溴甲酚绿乙醇溶液(2 g/L),加入20 mL甲基红乙醇溶液(1 g/L),混匀。

(2)标定:按估计用量准确称取在270～300 ℃干燥至恒重的基准无水$NaCO_3$(表A-2),加50 mL水使之溶解,加10滴溴甲酚绿-甲基红混合指示剂,用本溶液滴定至溶液由绿色转变为紫红色,煮沸20 min,冷却至室温,继续滴定至溶液由绿色变为暗紫色。同时做试剂空白试验。

表A-2 基准无水$NaCO_3$的用量

HCl标准溶液的浓度/(mol/L)	基准无水$NaCO_3$的大约用量/g
1	1.5
0.5	0.8
0.1	0.15

(3)计算:HCl标准滴定溶液的浓度按下式计算。

$$c=\frac{m}{(V_1-V_2)\times 0.0530}$$

式中:

c——HCl标准滴定溶液的实际浓度,mol/L;

m——基准无水 $NaCO_3$ 的质量，g；

V_1——HCl 标准滴定溶液的用量，mL；

V_2——试剂空白试验中 HCl 标准滴定溶液用量，mL；

0.053 0——与 1.00 mL 1 mol/L HCl 标准滴定溶液相当的基准无水 $NaCO_3$ 的质量，g。

2. NaOH 标准滴定溶液

(1)配制

①NaOH 饱和溶液：称取 120 g NaOH，加 100 mL 水，振摇使之溶解成饱和溶液，冷却后置于聚乙烯塑料瓶中，密塞，放置数日，澄清后备用。

②NaOH 标准溶液见表 A-3。

表 A-3　NaOH 标准溶液的配制

NaOH 标准溶液的浓度/(mol/L)	NaOH 饱和溶液的取用量/mL	配制方法
1	56	按用量吸取澄清的 NaOH 饱和溶液，加适量新煮沸过的冷水至 1 000 mL，摇匀。
0.5	28	
0.1	5.6	

③酚酞指示液：称取酚酞 1 g，溶于适量乙醇中再稀释至 100 mL。

(2)标定：按估计取用量准确称取在 105～110 ℃干燥至恒量的基准邻苯二甲酸氢钾，(表 A-4)加 80 mL 新煮沸过的冷水，使之尽量溶解，加 2 滴酚酞指示液，用本溶液滴定至溶液呈粉红色，0.5 min 不褪色。同时做空白试验。

表 A-4　基准邻苯二甲酸氢钾的用量

NaOH 标准溶液的浓度/(mol/L)	基准邻苯二甲酸氢钾的大约用量/g
1	6
0.5	3
0.1	0.6

(3)计算：NaOH 标准滴定溶液的浓度按下式计算。

$$c=\frac{m}{(V_1-V_2)\times 0.204\,2}$$

式中：

c——NaOH 标准滴定溶液的实际浓度，mol/L；

m——基准邻苯二甲酸氢钾的质量，g；

V_1——NaOH 标准滴定溶液的用量，mL；

V_2——试剂空白试验中 NaOH 标准滴定溶液用量，mL；

0.204 2——与 1.00 mL 1 mol/L 标准滴定溶液相当的基准邻苯二甲酸氢钾的质量，g。

附录B 常用标准缓冲溶液的配制

1. 邻苯二甲酸氢钾缓冲液（pH＝4.01）

称取在115 ℃±5 ℃干燥2 h的邻苯二甲酸氢钾10.120 0 g，置于100 mL烧杯中，加蒸馏水溶解后，稀释至1 000 mL。

2. 磷酸盐缓冲液（pH＝6.88）

称取在115 ℃±5 ℃干燥2 h的无水Na_2HPO_4 3.550 0 g，KH_2PO_4 3.390 0 g，置于100 mL烧杯中，加蒸馏水溶解后，稀释至1 000 mL。

3. 硼砂缓冲液（pH＝9.22）

称取硼砂3.800 g，置于100 mL烧杯中，用去除CO_2的蒸馏水溶解后，稀释至1 000 mL，贮存于聚乙烯塑料瓶中。

4. 温度对标准缓冲溶液pH的影响见表B-1。

表B-1 温度对标准缓冲溶液pH的影响

温度/℃	溶液的pH		
	邻苯二甲酸盐	中性磷酸盐	硼酸盐
5	4.01	6.95	9.39
10	4.00	6.92	9.33
15	4.00	6.90	9.27
20	4.01	6.88	9.22
25	4.01	6.86	9.18
30	4.02	6.85	9.14
35	4.03	6.84	9.10
40	4.04	6.84	9.07
45	4.05	6.83	9.04
50	4.06	6.83	9.01
55	4.08	6.84	8.99
60	4.10	6.84	8.96

附录C

酒精水溶液密度与酒精度（乙醇含量）对照表（20 ℃）

酒精水溶液密度与酒精度(乙醇含量)对照见表 C-1。

表 C-1　酒精水溶液密度与酒精度(乙醇含量)对照表(20℃)

相对密度 20 ℃/20 ℃	乙醇(体积分数)/%	乙醇(质量分数)/%	乙醇 g/100 mL	相对密度 20 ℃/20 ℃	乙醇(体积分数)/%	乙醇(质量分数)/%	乙醇 g/100 mL
1.000 00	0.00	0.00	0.00	0.999 42	0.38	0.30	0.30
0.999 97	0.02	0.02	0.02	0.999 39	0.40	0.32	0.32
0.999 94	0.04	0.03	0.03	0.999 36	0.42	0.34	0.34
0.999 91	0.06	0.05	0.05	0.999 33	0.44	0.35	0.35
0.999 88	0.08	0.06	0.06	0.999 30	0.46	0.37	0.37
0.999 85	0.10	0.08	0.08	0.999 27	0.48	0.38	0.38
0.999 82	0.12	0.10	0.10	0.999 24	0.50	0.40	0.40
0.999 79	0.14	0.11	0.11	0.999 21	0.52	0.41	0.41
0.999 76	0.16	0.13	0.13	0.999 18	0.54	0.43	0.43
0.999 73	0.18	0.14	0.14	0.999 16	0.56	0.44	0.44
0.999 70	0.20	0.16	0.16	0.999 13	0.58	0.46	0.46
0.999 67	0.22	0.18	0.18	0.999 10	0.60	0.47	0.47
0.999 64	0.24	0.19	0.19	0.999 07	0.62	0.49	0.49
0.999 61	0.26	0.21	0.21	0.999 04	0.64	0.50	0.50
0.999 58	0.28	0.22	0.22	0.999 01	0.66	0.52	0.52
0.999 55	0.30	0.24	0.24	0.998 98	0.68	0.53	0.53
0.999 52	0.32	0.26	0.26	0.998 95	0.70	0.55	0.55
0.999 49	0.34	0.27	0.27	0.998 92	0.72	0.57	0.57
0.999 45	0.36	0.29	0.29	0.998 89	0.74	0.58	0.58

续表C-1

相对密度 20 ℃/20 ℃	乙醇(体积分数)/%	乙醇(质量分数)/%	乙醇 g/100 mL	相对密度 20 ℃/20 ℃	乙醇(体积分数)/%	乙醇(质量分数)/%	乙醇 g/100 mL
0.998 86	0.76	0.60	0.60	0.997 95	1.38	1.09	1.09
0.998 83	0.78	0.61	0.61	0.997 92	1.40	1.11	1.11
0.998 80	0.80	0.63	0.63	0.997 89	1.42	1.13	1.13
0.998 77	0.82	0.65	0.65	0.997 86	1.44	1.14	1.14
0.998 74	0.84	0.66	0.66	0.997 83	1.46	1.16	1.16
0.998 72	0.86	0.68	0.68	0.997 80	1.48	1.17	1.17
0.998 69	0.88	0.69	0.69	0.997 77	1.50	1.19	1.19
0.998 66	0.90	0.71	0.71	0.997 74	1.52	1.21	1.21
0.998 63	0.92	0.73	0.73	0.997 71	1.54	1.22	1.22
0.998 60	0.94	0.74	0.74	0.997 69	1.56	1.24	1.24
0.998 57	0.96	0.76	0.76	0.997 66	1.58	1.25	1.25
0.998 54	0.98	0.77	0.77	0.997 63	1.60	1.27	1.26
0.998 51	1.00	0.79	0.79	0.997 60	1.62	1.29	1.28
0.998 48	1.02	0.81	0.81	0.997 57	1.64	1.30	1.29
0.998 45	1.04	0.82	0.82	0.997 54	1.66	1.32	1.31
0.998 42	1.06	0.84	0.84	0.997 51	1.68	1.33	1.32
0.998 39	1.08	0.85	0.85	0.997 48	1.70	1.35	1.34
0.998 36	1.10	0.87	0.87	0.997 45	1.72	1.37	1.36
0.998 33	1.12	0.89	0.89	0.997 42	1.74	1.38	1.37
0.998 30	1.14	0.90	0.90	0.997 39	1.76	1.40	1.39
0.998 27	1.16	0.92	0.92	0.997 36	1.78	1.41	1.40
0.998 24	1.18	0.93	0.93	0.997 33	1.80	1.43	1.42
0.998 21	1.20	0.95	0.95	0.997 30	1.82	1.45	1.44
0.998 18	1.22	0.97	0.97	0.997 27	1.84	1.46	1.45
0.998 15	1.24	0.98	0.98	0.997 25	1.86	1.48	1.47
0.998 13	1.26	1.00	1.00	0.997 22	1.88	1.49	1.48
0.998 10	1.28	1.01	1.01	0.997 19	1.90	1.51	1.50
0.998 07	1.30	1.03	1.03	0.997 16	1.92	1.53	1.52
0.998 04	1.32	1.05	1.05	0.997 13	1.94	1.54	1.53
0.998 01	1.34	1.06	1.06	0.997 10	1.96	1.56	1.55
0.997 98	1.36	1.08	1.08	0.997 07	1.98	1.57	1.56

续表C-1

相对密度 20 ℃/20 ℃	乙醇(体积分数)/%	乙醇(质量分数)/%	乙醇 g/100 mL	相对密度 20 ℃/20 ℃	乙醇(体积分数)/%	乙醇(质量分数)/%	乙醇 g/100 mL
0.997 04	2.00	1.59	1.58	0.996 15	2.62	2.08	2.07
0.997 01	2.02	1.61	1.60	0.996 12	2.64	2.09	2.08
0.996 98	2.04	1.62	1.61	0.996 09	2.66	2.11	2.10
0.996 95	2.06	1.64	1.63	0.996 06	2.68	2.12	2.11
0.996 92	2.08	1.65	1.64	0.996 03	2.70	2.14	2.13
0.996 89	2.10	1.67	1.66	0.996 00	2.72	2.16	2.15
0.996 86	2.12	1.69	1.68	0.995 97	2.74	2.17	2.16
0.996 83	2.14	1.70	1.69	0.995 95	2.76	2.19	2.18
0.996 81	2.16	1.72	1.71	0.995 92	2.78	2.20	2.19
0.996 78	2.18	1.73	1.72	0.995 89	2.80	2.22	2.21
0.996 75	2.20	1.75	1.74	0.995 86	2.82	2.24	2.23
0.996 72	2.22	1.76	1.75	0.995 83	2.84	2.25	2.24
0.996 69	2.24	1.78	1.77	0.995 80	2.86	2.27	2.26
0.996 67	2.26	1.79	1.78	0.995 77	2.88	2.28	2.27
0.996 64	2.28	1.81	1.80	0.995 74	2.90	2.30	2.29
0.996 61	2.30	1.82	1.81	0.995 71	2.92	2.32	2.31
0.996 58	2.32	1.84	1.83	0.995 68	2.94	2.33	2.32
0.996 55	2.34	1.85	1.84	0.995 66	2.96	2.35	2.34
0.996 52	2.36	1.87	1.86	0.995 63	2.98	2.36	2.35
0.996 49	2.38	1.88	1.87	0.995 60	3.00	2.38	2.37
0.996 46	2.40	1.90	1.89	0.995 57	3.02	2.40	2.39
0.996 43	2.42	1.92	1.91	0.995 54	3.04	2.41	2.40
0.996 40	2.44	1.93	1.92	0.995 52	3.06	2.43	2.42
0.996 38	2.46	1.95	1.94	0.995 49	3.08	2.44	2.43
0.996 35	2.48	1.96	1.95	0.995 46	3.10	2.26	2.25
0.996 32	2.50	1.98	1.97	0.995 43	3.12	2.48	2.47
0.996 29	2.52	2.00	1.99	0.995 40	3.14	2.49	2.48
0.996 26	2.54	2.01	2.00	0.995 37	3.16	2.51	2.50
0.996 24	2.56	2.03	2.02	0.995 34	3.18	2.52	2.51
0.996 21	2.58	2.04	2.03	0.995 31	3.20	2.54	2.55
0.996 18	2.60	2.06	2.05	0.995 28	3.22	2.56	2.56

续表C-1

相对密度 20 ℃/20 ℃	乙醇(体积分数)/%	乙醇(质量分数)/%	乙醇 g/100 mL	相对密度 20 ℃/20 ℃	乙醇(体积分数)/%	乙醇(质量分数)/%	乙醇 g/100 mL
0.995 25	3.24	2.57	2.58	0.994 39	3.86	3.07	3.05
0.995 23	3.26	2.59	2.59	0.994 36	3.88	3.08	3.06
0.995 20	3.28	2.60	2.61	0.994 33	3.90	3.10	3.08
0.995 17	3.30	2.62	2.60	0.994 30	3.92	3.12	3.10
0.995 14	3.32	2.64	2.62	0.994 27	3.94	3.13	3.11
0.995 11	3.34	2.65	2.63	0.994 25	3.96	3.15	3.13
0.995 09	3.36	2.67	2.65	0.994 22	3.98	3.16	3.14
0.995 06	3.38	2.68	2.66	0.994 19	4.00	3.18	3.16
0.995 03	3.40	2.70	2.68	0.994 16	4.02	3.20	3.18
0.995 00	3.42	2.72	2.70	0.994 13	4.04	3.21	3.19
0.994 97	3.44	2.73	2.71	0.994 11	4.06	3.23	3.21
0.994 95	3.46	2.75	2.73	0.994 08	4.08	3.24	3.22
0.994 92	3.48	2.76	2.74	0.994 05	4.10	3.26	3.24
0.994 89	3.50	2.78	2.76	0.994 02	4.12	3.28	3.26
0.994 86	3.52	2.80	2.78	0.993 99	4.14	3.29	3.27
0.994 83	3.54	2.81	2.79	0.993 97	4.16	3.31	3.29
0.994 81	3.56	2.83	2.81	0.993 94	4.18	3.32	3.30
0.994 78	3.58	2.84	2.82	0.993 91	4.20	3.34	3.32
0.994 75	3.60	2.86	2.84	0.993 88	4.22	3.36	3.33
0.994 72	3.62	2.88	2.86	0.993 85	4.24	3.37	3.35
0.994 69	3.64	2.89	2.87	0.993 83	4.26	3.39	3.36
0.994 67	3.66	2.91	2.89	0.993 80	4.28	3.40	3.38
0.994 64	3.68	2.92	2.90	0.993 77	4.30	3.42	3.39
0.994 61	3.70	2.94	2.92	0.993 74	4.32	3.44	3.41
0.994 58	3.72	2.96	2.94	0.993 71	4.34	3.45	3.42
0.994 55	3.74	2.97	2.95	0.993 69	4.36	3.47	3.44
0.994 53	3.76	2.99	2.97	0.993 66	4.38	3.48	3.45
0.994 50	3.78	3.00	2.98	0.993 63	4.40	3.50	3.47
0.994 47	3.80	3.02	3.00	0.993 60	4.42	3.52	3.49
0.994 44	3.82	3.04	3.02	0.993 57	4.44	3.53	3.50
0.994 41	3.84	3.05	3.03	0.993 55	4.46	3.55	3.52

续表C-1

相对密度 20 ℃/20 ℃	乙醇(体积分数)/%	乙醇(质量分数)/%	乙醇 g/100 mL	相对密度 20 ℃/20 ℃	乙醇(体积分数)/%	乙醇(质量分数)/%	乙醇 g/100 mL
0.993 52	4.48	3.56	3.53	0.992 68	5.10	4.06	4.03
0.993 49	4.50	3.58	3.55	0.992 65	5.12	4.08	4.04
0.993 46	4.52	3.60	3.57	0.992 63	5.14	4.09	4.05
0.993 44	4.54	3.61	3.58	0.992 60	5.16	4.11	4.07
0.993 41	4.56	3.63	3.60	0.992 58	5.18	4.12	4.08
0.993 39	4.58	3.64	3.61	0.992 55	5.20	4.14	4.10
0.993 36	4.60	3.66	3.63	0.992 52	5.22	4.16	4.12
0.993 33	4.62	3.68	3.65	0.992 49	5.24	4.17	4.13
0.993 30	4.64	3.69	3.66	0.992 47	5.26	4.18	4.14
0.993 28	4.66	3.71	3.68	0.992 44	5.28	4.20	4.16
0.993 25	4.68	3.72	3.69	0.992 41	5.30	4.22	4.18
0.993 22	4.70	3.74	3.71	0.992 38	5.32	4.24	4.20
0.993 19	4.72	3.76	3.73	0.992 36	5.34	4.25	4.21
0.993 16	4.74	3.77	3.74	0.992 33	5.36	4.27	4.23
0.993 14	4.76	3.79	3.76	0.992 31	5.38	4.28	4.24
0.993 11	4.78	3.80	3.77	0.992 28	5.40	4.30	4.26
0.993 08	4.80	3.82	3.79	0.992 25	5.42	4.32	4.28
0.993 05	4.82	3.84	3.81	0.992 23	5.44	4.33	4.29
0.993 03	4.84	3.85	3.82	0.992 20	5.46	4.35	4.31
0.992 00	4.86	3.87	3.84	0.992 18	5.48	4.36	4.32
0.992 98	4.88	3.88	3.85	0.992 15	5.50	4.38	4.34
0.992 95	4.90	3.90	3.87	0.992 12	5.52	4.40	4.36
0.992 92	4.92	3.92	3.89	0.992 09	5.54	4.41	4.37
0.992 89	4.94	3.93	3.90	0.992 07	5.56	4.43	4.39
0.992 87	4.96	3.95	3.92	0.992 04	5.58	4.44	4.40
0.992 84	4.98	3.96	3.93	0.992 01	5.60	4.46	4.42
0.992 81	5.00	3.98	3.95	0.991 98	5.62	4.48	4.44
0.992 78	5.02	4.00	3.97	0.991 96	5.64	4.49	4.45
0.992 76	5.04	4.01	3.98	0.991 93	5.66	4.51	4.47
0.992 73	5.06	4.03	4.00	0.991 91	5.68	4.52	4.48
0.992 71	5.08	4.04	4.01	0.991 88	5.70	4.54	4.50

续表C-1

相对密度 20 ℃/20 ℃	乙醇(体积分数)/%	乙醇(质量分数)/%	乙醇 g/100 mL	相对密度 20 ℃/20 ℃	乙醇(体积分数)/%	乙醇(质量分数)/%	乙醇 g/100 mL
0.991 85	5.72	4.56	4.52	0.991 04	6.34	5.06	5.00
0.991 82	5.74	4.57	4.53	0.991 01	6.36	5.08	5.02
0.991 80	5.76	4.59	4.55	0.990 99	6.38	5.09	5.03
0.991 77	5.78	4.60	4.56	0.990 96	6.40	5.11	5.05
0.991 74	5.80	4.62	4.58	0.990 93	6.42	5.13	5.07
0.991 71	5.82	4.64	4.60	0.990 91	6.44	5.14	5.08
0.991 69	5.84	4.65	4.61	0.990 88	6.46	5.16	5.10
0.991 66	5.86	4.67	4.63	0.990 86	6.48	5.17	5.11
0.991 64	5.88	4.68	4.64	0.990 83	6.50	5.19	5.13
0.991 61	5.90	4.70	4.66	0.990 80	6.52	5.21	5.15
0.991 58	5.92	4.72	4.68	0.990 78	6.54	5.22	5.16
0.991 56	5.94	4.73	4.69	0.990 75	6.56	5.24	5.18
0.991 53	5.96	4.75	4.71	0.990 73	6.58	5.26	5.20
0.991 51	5.98	4.76	4.72	0.990 70	6.60	5.27	5.21
0.991 48	6.00	4.78	4.74	0.990 67	6.62	5.29	5.23
0.991 45	6.02	4.80	4.76	0.990 65	6.64	5.30	5.24
0.991 43	6.04	4.82	4.78	0.990 62	6.66	5.32	5.26
0.991 40	6.06	4.83	4.79	0.990 60	6.68	5.33	5.27
0.991 38	6.08	4.85	4.81	0.990 27	6.70	5.36	5.30
0.991 35	6.10	4.87	4.83	0.990 55	6.72	5.37	5.31
0.991 32	6.12	4.89	4.85	0.990 52	6.74	5.38	5.32
0.991 30	6.14	4.90	4.86	0.990 50	6.76	5.40	5.34
0.991 27	6.16	4.92	4.88	0.990 47	6.78	5.41	5.35
0.991 25	6.18	4.93	4.89	0.990 45	6.80	5.43	5.37
0.991 22	6.20	4.95	4.91	0.990 42	6.82	5.45	5.39
0.991 19	6.22	4.97	4.93	0.990 40	6.84	5.46	5.40
0.991 17	6.24	4.98	4.94	0.990 37	6.86	5.48	5.42
0.991 14	6.26	5.00	4.96	0.990 35	6.88	5.49	5.43
0.991 12	6.28	5.01	4.95	0.990 32	6.90	5.51	5.45
0.991 09	6.30	5.03	4.97	0.990 30	6.92	5.53	5.47
0.991 06	6.32	5.05	4.99	0.990 27	6.94	5.54	5.48

续表C-1

相对密度 20 ℃/20 ℃	乙醇(体积分数)/%	乙醇(质量分数)/%	乙醇 g/100 mL	相对密度 20 ℃/20 ℃	乙醇(体积分数)/%	乙醇(质量分数)/%	乙醇 g/100 mL
0.990 25	6.96	5.56	5.50	0.989 46	7.58	3.05	2.98
0.990 22	6.98	5.57	5.51	0.989 44	7.60	6.07	6.00
0.990 20	7.00	5.59	5.53	0.989 41	7.62	6.09	6.02
0.990 17	7.02	5.61	5.55	0.989 38	7.64	6.10	6.03
0.990 15	7.04	5.62	5.56	0.989 36	7.66	6.12	6.05
0.990 12	7.06	5.64	5.57	0.989 34	7.68	6.13	6.06
0.990 10	7.08	5.65	5.59	0.989 31	7.70	6.15	6.08
0.990 07	7.10	5.67	5.60	0.989 29	7.72	6.17	6.10
0.990 04	7.12	5.69	5.62	0.989 26	7.74	6.19	6.11
0.990 02	7.14	5.70	5.63	0.989 24	7.76	6.20	6.12
0.989 99	7.16	5.72	5.65	0.989 21	7.78	6.22	6.14
0.989 97	7.18	5.73	5.66	0.989 19	7.80	6.24	6.16
0.989 94	7.20	5.75	5.68	0.989 16	7.82	6.26	6.18
0.989 91	7.22	5.77	5.70	0.989 14	7.84	6.27	6.19
0.989 89	7.24	5.78	5.71	0.989 11	7.86	6.29	6.21
0.989 86	7.26	5.80	5.73	0.989 09	7.88	6.30	6.22
0.989 84	7.28	5.81	5.74	0.989 06	7.90	6.32	6.24
0.989 81	7.30	5.83	5.76	0.989 03	7.92	6.34	6.26
0.989 79	7.32	5.85	5.78	0.989 01	7.94	6.35	6.27
0.989 76	7.34	5.86	5.79	0.988 98	7.96	6.37	6.29
0.989 74	7.36	5.88	5.81	0.988 96	7.98	6.38	6.30
0.989 71	7.38	5.89	5.82	0.988 93	8.00	6.40	6.32
0.989 69	7.40	5.91	5.84	0.988 91	8.02	6.42	6.34
0.989 66	7.42	5.93	5.86	0.988 88	8.04	6.43	6.35
0.989 64	7.44	5.94	5.87	0.988 86	8.06	6.45	6.37
0.989 61	7.46	5.96	5.89	0.988 83	8.08	6.46	6.38
0.989 59	7.48	5.97	5.90	0.988 81	8.10	6.48	6.39
0.989 56	7.50	5.99	5.92	0.988 79	8.12	6.50	6.41
0.989 54	7.52	6.01	5.94	0.988 76	8.14	6.51	6.42
0.989 51	7.54	6.02	5.95	0.988 74	8.16	6.53	6.44
0.989 49	7.56	6.04	5.97	0.988 71	8.18	6.54	6.45

续表C-1

相对密度 20 ℃/20 ℃	乙醇(体积分数)/%	乙醇(质量分数)/%	乙醇 g/100 mL	相对密度 20 ℃/20 ℃	乙醇(体积分数)/%	乙醇(质量分数)/%	乙醇 g/100 mL
0.988 69	8.20	6.56	6.47	0.987 92	8.82	7.06	6.97
0.988 67	8.22	6.58	6.49	0.987 89	8.84	7.07	6.98
0.988 64	8.24	6.59	6.50	0.987 87	8.86	7.09	7.00
0.988 62	8.26	6.61	6.52	0.987 84	8.88	7.10	7.01
0.988 59	8.28	6.62	6.53	0.987 82	8.90	7.12	7.03
0.988 57	8.30	6.64	6.55	0.987 80	8.92	7.14	7.05
0.988 55	8.32	6.66	6.57	0.987 77	8.94	7.15	7.06
0.988 52	8.34	6.67	6.58	0.987 75	8.96	7.17	7.08
0.988 50	8.36	6.69	6.60	0.987 72	8.98	7.18	7.09
0.988 47	8.38	6.70	6.61	0.987 70	9.00	7.20	7.10
0.988 45	8.40	6.72	6.63	0.987 68	9.02	7.22	7.12
0.988 43	8.42	6.74	6.65	0.987 65	9.04	7.24	7.13
0.988 40	8.44	6.75	6.66	0.987 63	9.06	7.25	7.15
0.988 38	8.46	6.77	6.68	0.987 60	9.08	7.27	7.16
0.988 35	8.48	6.78	6.69	0.987 58	9.10	7.29	7.18
0.988 33	8.50	6.80	6.71	0.987 56	9.12	7.31	7.20
0.988 30	8.52	6.82	6.73	0.987 53	9.14	7.32	7.21
0.988 28	8.54	6.83	6.74	0.987 51	9.16	7.34	7.23
0.988 25	8.56	6.85	6.76	0.987 48	9.18	7.35	7.24
0.988 23	8.58	6.86	6.77	0.987 46	9.20	7.37	7.26
0.988 20	8.60	6.88	6.79	0.987 44	9.22	7.39	7.28
0.988 17	8.62	6.90	6.81	0.987 41	9.24	7.40	7.29
0.988 15	8.64	6.91	6.82	0.987 39	9.26	7.42	7.31
0.988 12	8.66	6.93	6.84	0.987 36	9.28	7.43	7.32
0.988 10	8.68	6.94	6.85	0.987 34	9.30	7.45	7.34
0.988 07	8.70	6.96	6.87	0.987 32	9.32	7.47	7.36
0.988 04	8.72	6.98	6.89	0.987 29	9.34	7.48	7.37
0.988 02	8.74	6.99	6.90	0.987 27	9.36	7.50	7.39
0.987 99	8.76	7.01	6.92	0.987 24	9.38	7.51	7.40
0.987 97	8.78	7.02	6.93	0.987 22	9.40	7.53	7.42
0.987 94	8.80	7.04	6.95	0.987 20	9.42	7.55	7.44

续表C-1

相对密度 20 ℃/20 ℃	乙醇(体积分数)/%	乙醇(质量分数)/%	乙醇 g/100 mL	相对密度 20 ℃/20 ℃	乙醇(体积分数)/%	乙醇(质量分数)/%	乙醇 g/100 mL
0.987 17	9.44	7.56	7.45	0.986 81	9.74	7.80	7.69
0.987 15	9.46	7.58	7.47	0.986 79	9.76	7.82	7.70
0.987 12	9.48	7.59	7.48	0.986 76	9.78	7.83	7.72
0.987 10	9.50	7.61	7.50	0.986 74	9.80	7.85	7.73
0.987 08	9.52	7.63	7.52	0.986 72	9.82	7.87	7.75
0.987 05	9.54	7.64	7.53	0.986 69	9.84	7.88	7.76
0.987 03	9.56	7.66	7.55	0.986 67	9.86	7.90	7.78
0.987 00	9.58	7.67	7.56	0.986 64	9.88	7.91	7.79
0.986 98	9.60	7.69	7.58	0.986 62	9.90	7.93	7.81
0.986 96	9.62	7.71	7.60	0.986 60	9.92	7.95	7.82
0.986 93	9.64	7.72	7.61	0.986 57	9.94	7.97	7.84
0.986 91	9.66	7.74	7.63	0.986 55	9.96	7.98	7.85
0.986 88	9.68	7.75	7.64	0.986 52	9.98	8.00	7.87
0.986 86	9.70	7.77	7.66	0.986 50	10.00	8.02	7.89
0.986 84	9.72	7.78	7.67				

附录D

酒精计温度与20℃乙醇浓度（酒精度）换算表

酒精计温度与20℃乙醇浓度(酒精度)换算见表D-1。

表D-1　酒精计温度与20℃乙醇浓度(酒精度)换算表

溶液温度	酒精计示值									
	70.0	69.5	69	68.5	68	67.5	67	66.5	66	65.5
	温度+20℃时用容量百分数表示乙醇浓度									
35	65.0	64.5	64.0	63.4	62.9	62.4	61.9	61.4	60.9	60.4
34	65.3	64.8	64.3	63.8	63.2	62.7	62.2	61.7	61.2	60.7
33	65.7	65.2	64.6	64.1	63.6	63.1	62.6	62.1	61.6	61.1
32	66.0	65.5	65.0	64.4	63.9	63.4	62.9	62.4	61.9	61.4
31	66.4	65.9	65.4	64.8	64.3	63.8	63.3	62.8	62.3	61.8
30	66.7	66.2	65.7	65.2	64.6	64.1	63.6	63.1	62.6	62.1
29	67.0	66.5	66.0	65.5	65.0	64.5	64.0	63.4	62.9	62.4
28	67.4	66.8	66.3	65.8	65.3	64.8	64.3	63.8	63.3	62.8
27	67.7	67.2	66.7	66.2	65.7	65.2	64.6	64.1	63.6	63.1
26	68.0	67.5	67.0	66.5	66.0	65.5	65.0	64.5	64.0	63.5
25	68.4	67.8	67.3	66.8	66.3	65.8	65.3	64.8	64.3	63.8
24	68.7	67.2	67.7	67.2	66.7	66.2	65.6	65.1	64.6	64.1
23	69.0	67.5	68.0	67.5	67.0	66.5	66.0	65.5	65.0	64.5
22	69.3	68.2	68.3	67.8	67.3	66.8	66.3	65.8	65.3	64.8
21	69.7	69.2	68.7	68.2	67.7	67.2	66.7	66.2	65.7	65.2
20	70.0	69.5	69.0	68.0	68.0	67.5	67.0	66.5	66.0	65.5
19	70.3	69.8	69.3	68.8	68.3	67.8	67.3	66.8	66.3	65.8
18	70.6	70.2	69.6	69.2	68.7	68.2	67.7	67.2	66.7	66.2
17	71.0	70.5	70.0	69.5	69.0	68.5	68.0	67.5	67.0	66.5
16	71.3	70.8	70.3	69.8	69.3	68.8	68.3	67.8	67.3	66.8

续表D-1

溶液温度	酒精计示值									
	70.0	69.5	69	68.5	68	67.5	67	66.5	66	65.5
	温度+20 ℃时用容量百分数表示乙醇浓度									
15	71.6	71.1	70.6	70.1	69.6	69.1	68.6	68.2	67.7	67.2
14	72.0	71.4	71.0	70.5	70.0	69.5	69.0	68.5	68.0	67.5
13	72.3	71.8	71.3	70.8	70.3	69.8	69.3	68.8	68.3	67.8
12	72.6	72.1	71.6	71.1	70.6	70.1	69.6	69.2	68.7	68.2
11	72.9	72.4	71.9	71.4	71.0	70.5	70.0	69.5	69.0	68.5
10	73.2	72.7	72.2	71.8	71.3	70.8	70.3	69.8	69.3	68.8

溶液温度	酒精计示值									
	65	64.5	64	63.5	63	62.5	62	61.5	61	60.5
	温度+20 ℃时用容量百分数表示乙醇浓度									
35	59.9	59.4	58.9	58.4	57.8	57.2	56.7	56.2	55.8	55.2
34	60.2	59.7	59.2	58.6	58.1	57.6	57.1	56.6	56.1	55.6
33	60.6	60.1	59.6	59.0	58.5	58.0	57.4	57.0	56.5	55.9
32	60.9	60.4	59.9	59.4	58.8	58.3	57.8	57.3	56.8	56.2
31	61.3	60.8	60.3	59.8	59.2	58.6	58.1	57.6	57.2	56.6
30	61.6	61.1	60.6	60.0	59.5	59.0	58.5	58.0	57.5	57.0
29	61.9	61.4	60.9	60.4	59.9	59.4	58.8	58.3	57.8	57.3
28	62.3	61.8	61.2	60.7	60.2	59.7	59.2	58.7	58.2	57.7
27	62.6	62.1	61.6	61.1	60.6	60.1	59.6	59.0	58.5	58.0
26	63.0	62.4	61.9	61.4	60.9	60.4	59.9	59.4	58.9	58.4
25	63.3	62.8	62.3	61.8	61.3	60.8	60.3	59.8	59.2	58.7
24	63.6	63.1	62.6	62.1	61.6	61.1	60.6	60.1	59.6	59.1
23	64.0	63.5	63.0	62.5	62.0	61.5	61.0	60.4	60.0	59.4
22	64.3	63.8	63.3	62.8	62.3	61.8	61.3	60.8	60.3	59.8
21	64.6	64.2	63.6	63.2	62.6	62.2	61.6	61.2	60.6	60.1
20	65.0	64.5	64.0	63.5	63.0	62.5	62.0	61.5	61.0	60.5
19	65.3	64.8	64.3	63.8	63.3	62.8	62.3	61.8	61.3	60.8
18	65.7	63.2	64.7	64.2	63.7	63.2	62.7	62.2	61.7	61.2
17	66.0	65.5	65.0	64.5	64.0	63.5	63.0	62.5	62.0	61.5
16	66.3	65.8	65.4	64.8	64.4	63.9	63.4	62.9	62.4	61.9
15	66.7	66.2	65.7	65.2	64.7	64.2	63.7	63.2	62.7	62.2
14	67.0	66.5	66.0	65.5	65.0	64.6	64.1	63.6	63.1	62.6
13	67.4	66.8	66.4	65.9	65.4	64.9	64.4	63.9	63.4	62.9
12	67.7	67.2	66.7	66.2	65.7	65.2	64.7	64.2	63.8	63.3
11	68.0	67.5	67.0	66.5	66.0	65.6	65.1	64.6	64.1	63.6
10	68.3	67.8	67.4	66.9	66.4	65.9	65.4	64.9	64.4	63.9

续表 D-1

溶液温度	酒精计示值									
	60	59.5	59	58.5	58	57.5	57	56.5	56	55.5
	温度+20 ℃时用容量百分数表示乙醇浓度									
35	54.6	54.1	53.6	53.1	52.6	52.1	51.6	51.0	50.5	50.0
34	55.0	54.5	54.0	53.5	53.0	52.4	51.9	51.4	50.8	50.3
33	55.3	54.8	54.3	53.8	53.3	52.8	52.3	51.8	51.2	50.7
32	55.7	55.2	54.7	54.2	53.7	53.2	52.7	52.2	51.6	51.1
31	56.1	55.5	55.0	54.5	54.0	53.5	53.0	52.4	51.9	51.4
30	56.4	55.9	55.4	54.9	54.4	53.9	53.4	52.9	52.3	51.8
29	56.8	56.3	55.8	55.3	54.8	54.2	53.7	53.2	52.7	52.2
28	57.2	56.6	56.1	55.6	55.1	54.6	54.1	53.6	53.1	52.6
27	57.5	57.0	56.5	56.0	55.5	55.0	54.5	54.0	53.4	52.9
26	57.9	57.4	56.9	56.4	55.8	55.3	54.8	54.3	53.8	53.3
25	58.2	57.7	57.2	56.7	56.2	55.7	55.2	54.7	54.2	53.7
24	58.6	58.1	57.6	57.1	56.6	56.1	55.6	55.0	54.5	54.0
23	58.9	58.4	57.9	57.4	56.9	56.4	55.9	55.4	54.9	54.4
22	59.3	58.8	58.3	57.8	57.3	56.8	56.3	55.8	55.3	54.8
21	59.6	59.1	58.6	58.1	57.6	57.1	56.6	56.1	55.6	55.1
20	60.0	59.5	59.0	58.5	58.0	57.5	57.0	56.5	56.0	55.5
19	60.4	59.8	59.4	58.8	58.4	57.8	57.4	56.9	56.4	55.9
18	60.7	60.2	59.7	59.2	58.7	58.2	57.7	57.2	56.7	56.2
17	61.0	60.5	60.0	59.6	59.1	58.6	58.1	57.6	57.1	56.6
16	61.4	60.9	60.4	59.9	59.4	58.9	58.4	57.9	57.4	56.9
15	61.7	61.2	60.8	60.2	59.8	59.3	58.8	58.3	57.8	57.3
14	62.1	61.6	61.1	60.6	60.1	59.6	59.1	58.6	58.2	57.7
13	62.4	61.9	61.4	61.1	60.5	60.0	59.5	59.0	58.5	58.0
12	62.8	62.3	61.8	61.3	60.8	60.3	59.8	59.4	58.9	58.4
11	63.1	62.6	62.1	61.6	61.2	60.7	60.2	59.7	59.2	58.7
10	63.5	63.0	62.5	62.0	61.5	61.0	60.5	60.0	59.5	59.1

续表 D-1

溶液温度	酒精计示值									
	55	54.5	54	53.5	53	52.5	52	51.5	51	50.5
	温度+20 ℃时用容量百分数表示乙醇浓度									
35	49.5	49.0	48.5	48.0	47.4	46.8	46.3	45.8	45.3	44.8
34	49.8	49.3	48.8	48.3	47.8	47.2	46.7	46.2	45.7	45.2
33	50.2	49.7	49.2	48.7	48.2	47.6	47.1	46.6	46.1	45.6
32	50.6	50.1	49.6	49.0	48.5	48.0	47.4	46.9	46.4	45.9
31	50.9	50.4	49.9	49.4	48.9	48.4	47.8	47.3	46.8	46.3
30	51.3	50.8	50.3	49.8	49.3	48.8	48.2	47.7	47.2	46.7
29	51.7	51.2	50.7	50.2	49.6	49.1	48.6	48.1	47.6	47.1
28	52.1	51.5	51.0	50.5	50.0	49.5	49.0	48.5	48.0	47.5
27	52.4	51.9	51.4	50.9	50.4	49.9	49.4	48.8	48.3	47.8
26	52.8	52.3	51.8	51.3	50.8	50.2	49.7	49.2	48.7	48.2
25	53.2	52.6	52.2	51.6	51.1	50.6	50.1	49.6	49.1	48.6
24	53.5	53.0	52.5	52.0	51.5	51.0	50.5	50.0	49.5	49.0
23	53.9	53.4	52.9	52.4	51.9	51.4	50.9	50.4	49.9	49.4
22	54.3	53.8	53.3	52.8	52.2	51.8	51.2	50.7	50.2	49.7
21	54.6	54.1	53.6	53.1	52.6	52.1	51.6	51.1	50.6	50.1
20	55.0	54.5	54.0	53.5	53.0	52.5	52.0	51.5	51.0	50.5
19	55.4	54.9	54.4	53.9	53.4	52.9	52.4	51.9	51.4	50.9
18	55.7	55.2	54.7	54.2	53.7	53.2	52.7	52.2	51.7	51.2
17	56.1	55.6	55.1	54.6	54.1	53.6	53.1	52.6	52.1	51.6
16	56.4	56.0	55.5	55.0	54.5	54.0	53.5	53.0	52.5	52.0
15	56.8	56.3	55.8	55.3	54.8	54.4	53.9	53.4	52.9	52.4
14	57.2	56.7	56.2	55.7	55.2	54.7	54.2	53.7	53.2	52.7
13	57.5	57.0	56.5	56.0	55.6	55.1	54.6	54.1	53.6	53.1
12	57.9	57.4	56.9	56.4	55.9	55.4	55.0	54.5	54.0	53.5
11	58.2	57.7	57.2	56.8	56.3	55.8	55.3	54.8	54.3	53.8
10	58.6	58.1	57.6	57.1	56.6	56.2	55.7	55.2	54.7	54.2

续表 D-1

溶液温度	酒精计示值									
	50	49.5	49	48.5	48	47.5	47	46.5	46	45.5
	温度+20 ℃时用容量百分数表示乙醇浓度									
35	44.3	43.8	43.3	42.8	42.3	41.8	41.2	40.7	40.2	39.6
34	44.7	44.2	43.7	43.2	42.7	42.1	41.5	41.0	40.5	40.0
33	45.0	44.6	44.1	43.6	43.1	42.5	41.9	41.4	40.9	40.4
32	45.4	44.9	44.4	43.9	43.4	42.8	42.3	41.8	41.3	40.8
31	45.8	45.3	44.8	44.3	43.8	43.2	42.7	42.2	41.7	41.2
30	46.2	45.7	45.2	44.7	44.2	43.6	43.1	42.6	42.1	41.6
29	46.6	46.1	45.6	45.0	44.5	44.0	43.5	43.0	42.5	42.0
28	47.0	46.4	45.9	45.4	44.9	44.4	43.9	43.4	42.9	42.4
27	47.3	46.8	46.3	45.8	45.3	44.8	44.3	43.8	43.3	42.8
26	47.7	47.2	46.7	46.2	45.7	45.2	44.7	44.2	43.7	43.2
25	48.1	47.6	47.1	46.6	46.1	45.6	45.1	44.6	44.1	43.6
24	48.5	48.0	47.5	47.0	46.4	46.0	45.4	44.9	44.4	43.9
23	48.9	48.4	47.8	47.3	46.8	46.3	45.8	45.3	44.8	44.3
22	49.2	48.7	48.2	47.7	47.2	46.7	46.2	45.7	45.2	44.7
21	49.6	49.1	48.6	48.1	47.6	47.1	46.6	46.1	45.6	45.1
20	50.0	49.5	49.0	48.5	48.0	47.5	47.0	46.5	46.0	45.5
19	50.4	49.9	49.4	48.9	48.4	47.9	47.4	46.9	46.4	45.9
18	50.7	50.2	49.8	49.3	48.8	48.3	47.8	47.3	46.8	46.3
17	51.1	50.6	50.1	49.6	49.2	48.7	48.2	47.7	47.2	46.7
16	51.5	51.0	50.5	50.0	49.5	49.0	48.6	48.0	47.6	47.1
15	51.9	51.4	50.9	50.4	49.9	49.4	48.9	48.4	47.9	47.4
14	52.2	51.8	51.3	50.8	50.3	49.8	49.3	48.8	48.3	47.8
13	52.6	52.1	51.6	51.2	50.7	50.2	49.7	49.2	48.7	48.2
12	53.0	52.5	52.0	51.6	51.0	50.6	50.1	49.6	49.1	48.6
11	53.4	52.9	52.4	51.9	51.4	50.9	50.4	50.0	49.5	49.0
10	53.7	53.2	52.8	52.3	51.8	51.3	50.8	50.3	49.8	49.4

续表 D-1

溶液温度	酒精计示值									
	45	44.5	44	43.5	43	42.5	42	41.5	41	40.5
	温度+20 ℃时用容量百分数表示乙醇浓度									
35	39.0	38.6	38.1	37.6	37.0	36.5	36.0	35.5	35.0	34.5
34	39.5	39.0	38.5	38.0	37.4	36.9	36.4	35.9	35.4	34.9
33	39.9	39.4	38.9	38.4	37.8	37.3	36.8	36.3	35.8	35.3
32	40.3	39.8	39.3	38.8	38.2	37.7	37.2	36.7	36.2	35.7
31	40.7	40.2	39.7	39.2	38.6	38.1	37.6	37.1	36.6	36.1
30	41.0	40.6	40.1	39.5	39.0	38.5	38.0	37.5	37.0	36.5
29	41.5	41.0	40.4	39.9	39.4	38.9	38.4	37.9	37.4	36.9
28	41.9	41.4	40.8	40.3	39.8	39.3	38.8	38.3	37.8	37.3
27	42.3	41.8	41.2	40.7	40.2	39.7	39.2	38.7	38.2	37.7
26	42.7	42.2	41.6	41.1	40.6	40.1	39.6	39.1	38.6	38.1
25	43.0	42.5	42.0	41.5	41.0	40.5	40.0	39.5	39.0	38.5
24	43.4	42.9	42.4	41.9	41.4	40.9	40.4	39.9	39.4	38.9
23	43.8	43.3	42.8	42.3	41.8	41.3	40.8	40.3	39.8	39.3
22	44.2	43.7	43.2	42.7	42.2	41.7	41.2	40.7	40.2	39.7
21	44.6	44.1	43.6	43.1	42.6	42.1	41.6	41.1	40.6	40.1
20	45.0	44.5	44.0	43.5	43.0	42.5	42.0	41.5	41.0	40.5
19	45.4	44.9	44.4	43.9	43.4	42.9	42.4	41.9	41.4	40.9
18	45.8	45.3	44.8	44.3	43.8	43.3	42.8	42.3	41.8	41.3
17	46.2	45.7	45.2	44.7	44.2	43.7	43.2	42.7	42.2	41.7
16	46.6	46.1	45.6	45.1	44.6	44.1	43.6	43.1	42.6	42.1
15	47.0	46.4	46.0	45.5	45.0	44.5	44.0	43.5	43.0	42.5
14	47.3	46.8	46.4	45.8	45.4	44.9	44.4	43.9	43.4	42.9
13	47.7	47.2	46.7	46.2	45.8	45.3	44.8	44.3	43.8	43.3
12	48.1	47.6	47.1	46.6	46.1	45.6	45.2	44.7	44.2	43.7
11	48.5	48.0	47.5	47.0	46.5	46.0	45.6	45.1	44.6	44.1
10	48.9	48.4	47.9	47.4	46.9	46.4	46.0	45.5	45.0	44.5

续表 D-1

溶液温度	酒精计示值									
	40	39.5	39	38.5	38	37.5	37	36.5	36	35.5
	温度+20 ℃时用容量百分数表示乙醇浓度									
35	34.0	33.5	33.0	32.5	32.0	31.5	31.0	30.5	30.0	29.4
34	34.4	33.9	33.4	32.9	32.4	31.9	31.4	30.9	30.4	29.8
33	34.8	34.3	33.8	33.3	32.8	32.3	31.8	31.3	30.8	30.2
32	35.2	34.7	34.2	33.7	33.2	32.7	32.2	31.7	31.2	30.6
31	35.6	35.1	34.6	34.1	33.6	33.1	32.6	32.1	31.6	31.0
30	36.0	35.5	35.0	34.5	34.0	33.5	33.0	32.4	32.0	31.4
29	36.4	35.9	35.4	34.9	34.4	33.9	33.4	32.8	32.3	31.8
28	36.8	36.3	35.8	35.3	34.8	34.3	33.8	33.2	32.8	32.2
27	37.2	36.7	36.2	35.7	35.2	34.7	34.2	33.7	33.2	32.7
26	37.6	37.1	36.6	36.1	35.6	35.1	34.6	34.1	33.6	33.1
25	38.0	37.5	37.0	36.5	36.0	35.5	35.0	34.5	34.0	33.5
24	38.4	37.9	37.4	36.9	36.4	35.9	35.4	34.9	34.4	33.9
23	38.8	38.3	37.8	37.3	36.8	36.3	35.8	35.3	34.8	34.3
22	49.2	38.7	38.2	37.7	37.2	36.7	36.2	35.7	35.2	34.7
21	49.6	39.1	38.6	38.1	37.6	37.1	36.6	36.1	35.6	35.1
20	40.0	39.5	39.0	38.5	38.0	37.5	37.0	36.5	36.0	35.5
19	40.4	39.9	39.4	38.9	38.4	37.9	37.4	36.9	36.4	35.9
18	40.8	40.3	39.8	39.3	38.8	38.3	37.8	37.3	36.8	36.3
17	41.2	40.7	40.2	39.7	39.2	38.7	38.2	37.7	37.2	36.7
16	41.6	41.1	40.6	40.1	39.6	39.1	38.6	38.1	37.6	37.1
15	42.0	41.5	41.0	40.5	40.0	39.5	39.0	38.5	38.0	37.5
14	42.4	41.9	41.4	40.9	40.4	39.9	39.4	38.9	38.4	37.9
13	42.8	42.3	41.8	41.3	40.8	40.3	39.8	39.3	38.8	38.3
12	43.2	42.7	42.2	41.7	41.2	40.7	40.2	39.7	39.2	38.7
11	43.6	43.1	42.6	42.1	41.6	41.1	40.6	40.2	39.6	39.2
10	44.0	43.5	43.0	42.5	42.0	41.6	41.0	40.6	40.1	39.6

续表 D-1

溶液温度	酒精计示值									
	35	34.5	34	33.5	33	32.5	32	31.5	31	30.5
	温度＋20 ℃时用容量百分数表示乙醇浓度									
35	28.8	28.3	27.8	27.3	26.8	26.4	26.0	25.5	25.0	24.6
34	29.3	28.8	28.3	27.8	27.3	26.8	26.4	25.9	25.4	25.0
33	29.7	29.2	28.7	28.2	27.7	27.2	26.8	26.3	25.8	25.4
32	30.1	29.6	29.1	28.6	28.1	27.6	27.2	26.7	26.2	25.8
31	30.5	30.0	29.5	29.0	28.5	28.0	27.6	27.1	26.6	26.2
30	30.9	30.4	29.9	29.4	28.9	28.4	28.0	27.5	27.0	26.5
29	31.3	30.8	30.3	29.8	29.4	28.8	28.4	27.9	27.4	26.9
28	31.7	31.2	30.7	30.2	29.7	29.2	28.8	28.3	27.8	27.3
27	32.2	31.6	31.2	30.6	30.2	29.6	29.2	28.7	28.2	27.7
26	32.6	32.0	31.6	31.0	30.6	30.0	29.6	29.1	28.6	28.1
25	33.0	32.5	32.0	31.5	31.0	30.5	30.0	29.5	29.0	28.5
24	33.4	32.9	32.4	31.9	31.4	30.9	30.4	29.9	29.4	28.9
23	33.8	33.3	32.8	32.3	31.8	31.3	30.8	30.3	29.8	29.3
22	34.2	33.7	33.2	32.7	32.2	31.7	31.2	30.7	30.2	29.7
21	34.6	34.1	33.6	33.1	32.6	32.0	31.6	31.1	30.6	30.1
20	35.0	34.5	34.0	33.5	33.0	32.5	32.0	31.5	31.0	30.5
19	35.4	34.9	34.4	33.9	33.4	32.9	32.4	31.9	31.4	30.9
18	35.8	35.3	34.8	34.3	33.8	33.3	32.8	32.3	31.8	31.3
17	36.2	35.7	35.2	34.7	34.2	33.7	33.2	32.7	32.2	31.7
16	36.6	36.1	35.6	35.1	34.6	34.1	33.6	33.1	32.6	32.1
15	37.0	36.5	36.0	35.5	35.0	34.5	34.0	33.5	33.0	32.5
14	37.4	36.9	36.4	35.9	35.4	35.0	34.4	34.0	33.5	33.0
13	37.8	37.3	36.8	36.4	35.9	35.4	34.9	34.4	33.9	33.4
12	38.2	37.8	37.3	36.8	36.3	35.8	35.3	34.8	34.3	33.8
11	38.7	38.2	37.7	37.2	36.7	36.2	35.7	35.2	34.7	34.2
10	39.1	38.6	38.1	37.6	37.1	36.6	36.1	35.6	35.1	34.6

续表 D-1

溶液温度	酒精计示值									
	30	29.5	29	28.5	28	27.5	27	26.5	26	25.5
	温度+20 ℃时用容量百分数表示乙醇浓度									
35	24.2	23.7	23.2	22.8	22.3	21.8	21.3	20.8	20.4	20.0
34	24.5	24.0	23.5	23.1	22.7	22.2	21.7	21.2	20.8	20.4
33	24.9	24.4	23.9	23.5	23.1	22.6	22.0	21.6	21.2	20.8
32	25.3	24.8	24.3	23.8	23.4	22.9	22.4	22.0	21.6	21.2
31	25.7	25.2	24.7	24.2	23.8	23.3	22.8	22.4	21.9	21.4
30	26.1	25.6	25.1	24.6	24.2	23.7	23.2	22.8	22.3	21.9
29	26.4	26.0	25.5	25.0	24.6	24.1	23.6	23.2	22.7	22.2
28	26.8	26.4	25.9	25.4	24.9	24.4	24.0	23.5	23.0	22.6
27	27.2	26.7	26.3	25.8	25.3	24.8	24.4	23.9	23.4	22.9
26	27.6	27.1	26.6	26.2	25.7	25.2	24.7	24.2	23.8	23.3
25	28.0	27.5	27.0	26.6	26.1	25.6	25.1	24.6	24.1	23.7
24	28.4	27.9	27.4	26.9	26.4	26.0	25.5	25.0	24.5	24.0
23	28.8	28.3	27.8	27.2	26.8	26.3	25.8	25.4	24.9	24.4
22	29.2	28.7	28.2	27.7	27.2	26.7	26.2	25.8	25.3	24.8
21	29.6	29.1	28.6	28.1	27.6	27.1	26.6	26.1	25.6	25.1
20	30.0	29.5	29.0	28.5	28.0	27.5	27.0	26.5	26.0	25.5
19	30.4	29.9	29.4	28.9	28.4	27.9	27.4	26.9	26.4	25.9
18	30.8	30.3	29.8	29.3	28.8	28.3	27.9	27.2	26.7	26.2
17	31.2	30.7	30.2	29.7	29.2	28.6	28.1	27.6	27.1	26.6
16	31.6	31.1	30.6	30.1	29.5	29.0	28.5	28.0	27.5	27.0
15	32.0	31.5	31.0	30.5	29.9	29.5	28.9	28.4	27.9	27.4
14	32.4	31.9	31.4	30.9	30.4	29.9	29.3	28.8	28.3	27.8
13	32.8	32.3	31.8	31.2	30.8	30.3	29.7	29.2	28.7	28.2
12	33.3	32.8	32.2	31.6	31.2	30.7	30.2	29.6	29.1	28.5
11	33.7	33.2	32.7	32.0	31.6	31.1	30.6	30.0	29.5	28.9
10	30.1	33.6	33.1	32.5	32.0	31.5	31.0	30.4	29.9	29.3

续表 D-1

溶液温度	酒精计示值									
	25	24.5	24	23.5	23	22.5	22	21.5	21	20.5
	温度+20 ℃时用容量百分数表示乙醇浓度									
35	19.6	19.2	18.8	18.4	17.9	17.4	16.9	16.4	16.0	15.6
34	20.0	19.6	19.1	18.6	18.2	17.7	17.2	16.8	16.4	16.0
33	20.3	19.8	19.4	19.0	18.6	18.1	17.6	17.2	16.7	16.2
32	20.7	20.2	19.8	19.4	18.9	18.4	17.9	17.4	17.0	16.6
31	21.0	20.6	20.2	19.8	19.3	18.8	18.3	17.8	17.4	17.0
30	21.4	20.9	20.5	20.0	19.6	19.1	18.6	18.2	17.7	17.3
29	21.8	21.3	20.8	20.4	19.9	19.4	19.0	18.5	18.0	17.6
28	22.1	21.6	21.2	20.7	20.2	19.8	19.3	18.8	18.4	17.9
27	22.5	22.0	21.5	21.0	20.6	20.1	19.6	19.2	18.7	18.2
26	22.8	22.4	21.9	21.4	20.9	20.5	20.0	19.5	19.0	18.6
25	23.2	22.7	22.2	21.8	21.3	20.8	20.3	19.8	19.4	18.9
24	23.5	23.1	22.6	22.1	21.6	21.1	20.7	20.2	19.7	19.2
23	23.9	23.4	22.9	22.4	22.0	21.5	21.0	20.5	20.0	19.5
22	24.3	23.8	23.3	22.8	22.3	21.8	21.3	20.8	20.4	19.9
21	24.6	24.1	23.6	23.1	22.6	22.2	21.7	21.2	20.7	20.2
20	25.0	24.5	24.0	23.5	23.0	22.5	22.0	21.5	21.0	20.5
19	25.4	24.8	24.4	23.8	23.3	22.8	22.3	21.8	21.3	20.8
18	25.7	25.2	24.7	24.2	23.7	23.2	22.6	22.1	21.6	21.1
17	26.1	25.6	25.1	24.5	24.0	23.5	23.0	22.5	22.0	21.4
16	26.5	25.9	25.4	24.9	24.4	23.8	23.3	22.8	22.3	21.8
15	26.8	26.3	25.8	25.3	24.7	24.2	23.7	23.1	22.6	22.1
14	27.2	26.7	26.2	25.6	25.1	24.6	24.0	23.5	23.0	22.4
13	27.6	27.1	26.5	26.0	25.4	24.9	24.4	23.8	23.3	22.7
12	28.0	27.4	26.9	26.4	25.8	25.3	24.7	24.2	23.6	23.0
11	28.4	27.8	27.3	26.7	26.2	25.6	25.0	24.5	23.9	23.4
10	28.8	28.2	27.7	27.1	26.6	26.0	25.4	24.8	24.3	23.7

续表 D-1

溶液温度	酒精计示值									
	20	19.5	19	18.5	18	17.5	17	16.5	16	15.5
	温度+20 ℃时用容量百分数表示乙醇浓度									
35	15.2	14.8	14.5	14.0	13.6	13.2	12.8	12.4	12.1	11.6
34	15.5	15.2	14.8	14.4	13.9	13.5	13.1	12.3	12.4	12.0
33	15.8	15.4	15.1	14.6	14.2	13.8	13.4	13.0	12.6	12.2
32	16.2	15.8	15.4	15.0	14.5	14.0	13.6	13.2	12.9	12.4
31	16.5	16.1	15.7	15.2	14.8	14.4	13.9	13.5	13.1	12.6
30	16.8	16.4	16.0	15.5	15.1	14.7	14.2	13.8	13.4	12.9
29	17.2	16.7	16.3	15.8	15.4	15.0	14.5	14.1	13.6	13.2
28	17.5	17.0	16.6	16.1	15.7	15.2	14.8	14.4	13.9	13.4
27	17.8	17.3	16.9	16.4	16.0	15.5	15.1	14.6	14.2	13.7
26	18.1	17.6	17.2	16.7	16.3	15.8	15.4	14.9	14.4	14.0
25	18.4	18.0	17.5	17.0	16.6	16.1	15.6	15.2	14.7	14.2
24	18.7	18.3	17.8	17.3	16.9	16.4	15.9	15.4	15.0	14.5
23	19.0	18.6	18.1	17.6	17.1	16.6	16.2	15.7	15.2	14.7
22	19.4	18.9	18.4	17.9	17.4	17.0	16.5	16.0	15.5	15.0
21	19.7	19.2	18.7	18.2	17.7	17.2	16.7	16.2	15.7	15.2
20	20.0	19.5	19.0	18.5	18.0	17.5	17.0	16.5	16.0	15.5
19	20.3	19.8	19.3	18.8	18.3	17.8	17.3	16.8	16.3	15.8
18	20.6	20.1	19.6	19.1	18.6	18.1	17.6	17.0	16.5	16.0
17	20.9	20.4	19.9	19.4	18.9	18.3	17.9	17.3	16.8	16.2
16	21.2	20.7	20.2	19.7	19.2	18.6	18.1	17.5	17.0	16.5
15	21.6	21.0	20.5	20.0	19.4	18.9	18.3	17.8	17.2	16.7
14	21.9	21.3	20.8	20.2	19.7	19.1	18.6	18.0	17.5	16.9
13	22.2	21.6	21.1	20.5	20.0	19.4	18.8	18.3	17.7	17.2
12	22.5	21.9	21.4	20.8	20.2	19.7	19.1	18.5	18.0	17.4
11	22.8	22.2	21.7	21.1	20.5	20.0	19.4	18.8	18.2	17.6
10	23.1	22.5	22.0	21.4	20.8	20.2	19.6	19.0	18.4	17.8

续表 D-1

溶液温度	酒精计示值									
	15	14.5	14 5	13.5	13	12.5	12	11.5	11	10.5
	温度+20 ℃时用容量百分数表示乙醇浓度									
35	11.2	10.8	10.4	10.0	9.6	9.2	8.7	8.3	7.9	7.4
34	11.5	11.0	10.6	10.2	9.8	9.4	8.9	8.5	8.1	7.6
33	11.8	11.4	10.9	10.4	10.0	9.6	9.1	8.7	8.3	7.8
32	12.0	11.6	11.0	10.6	10.2	9.8	9.4	9.0	8.5	8.0
31	12.2	11.8	11.4	11.0	10.5	10.0	9.6	9.2	8.7	8.2
30	12.5	12.0	11.6	11.1	10.7	10.2	9.8	9.3	8.9	8.4
29	12.7	12.3	11.8	11.4	10.9	10.5	10.0	9.5	9.1	8.6
28	13.0	12.6	12.1	11.6	11.2	10.7	10.3	9.8	9.3	8.9
27	13.2	12.8	12.3	11.9	11.4	10.9	10.5	10.0	9.5	9.1
26	13.5	13.0	12.6	12.1	11.7	11.2	10.7	10.2	9.8	9.3
25	13.8	13.3	12.8	12.4	11.9	11.4	10.9	10.4	10.0	9.5
24	14.0	13.5	13.1	12.6	12.1	11.6	11.2	10.7	10.2	9.7
23	14.3	13.8	13.3	12.8	12.3	11.8	11.4	10.9	10.4	9.9
22	14.5	14.0	13.6	13.1	12.6	12.1	11.6	11.1	10.6	10.1
21	14.8	14.3	13.8	13.3	12.8	12.3	11.8	11.3	10.8	10.3
20	15.0	14.5	14.0	13.5	13.0	12.5	12.0	11.5	11.0	10.5
19	15.2	14.7	14.2	13.7	13.2	12.7	12.2	11.7	11.2	10.7
18	15.5	15.0	14.4	13.9	13.4	12.9	12.4	11.9	11.4	10.9
17	15.7	15.2	14.7	14.1	13.6	13.1	12.6	12.1	11.5	11.0
16	15.9	15.4	14.9	14.3	13.8	13.3	12.8	12.2	11.7	11.2
15	16.2	15.6	15.1	14.5	14.0	13.5	12.9	12.4	11.9	11.3
14	16.4	15.8	15.3	14.7	14.2	13.6	13.1	12.5	12.0	11.5
13	16.6	16.0	15.5	14.9	14.4	13.8	13.2	12.7	12.2	11.6
12	16.8	16.2	15.7	15.1	14.5	14.0	13.4	12.8	12.3	11.8
11	17.0	16.4	15.8	15.3	14.7	14.1	13.6	13.0	12.4	11.9
10	17.2	16.6	16.0	15.4	14.9	14.3	13.7	13.1	12.6	12.0

续表 D-1

溶液温度	酒精计示值									
	10	9.5	9	8.5	8	7.5	7	6.5	6	5.5
	温度+20 ℃时用容量百分数表示乙醇浓度									
35	6.8	6.4	6.0	5.6	5.2	4.8	4.3	3.8	3.3	2.8
34	7.1	6.6	6.2	5.8	5.3	4.9	4.5	4.0	3.5	3.0
33	7.3	6.8	6.4	6.0	5.5	5.1	4.7	4.2	3.7	3.2
32	7.5	7.0	6.6	6.2	5.7	5.2	4.8	4.3	3.8	3.4
31	7.7	7.2	6.8	6.4	5.9	5.4	5.0	4.5	4.0	3.6
30	7.9	7.5	7.0	6.6	6.1	5.6	5.2	4.7	4.2	3.8
29	8.2	7.7	7.2	6.8	6.3	5.8	5.4	4.9	4.4	4.0
28	8.4	7.9	7.5	7.0	6.5	6.1	5.6	5.1	4.6	4.2
27	8.6	8.1	7.7	7.2	6.7	6.3	5.8	5.3	4.8	4.3
26	8.8	8.3	7.9	7.4	6.9	6.4	6.0	5.5	5.0	4.5
25	9.0	8.6	8.1	7.6	7.1	6.6	6.2	5.7	5.2	4.7
24	9.2	8.8	8.3	7.8	7.3	6.8	6.3	5.8	5.4	4.9
23	9.4	8.9	8.4	8.0	7.5	7.0	6.5	6.0	5.5	5.0
22	9.6	9.1	8.6	8.2	7.7	7.2	6.7	6.2	5.7	5.2
21	9.8	9.3	8.8	8.3	7.8	7.3	6.8	6.3	5.8	5.4
20	10.0	9.5	9.0	8.5	8.0	7.5	7.0	6.5	6.0	5.5
19	10.2	9.7	9.2	8.7	8.2	7.6	7.2	6.6	6.1	5.6
18	10.4	9.8	9.3	8.8	8.3	7.8	7.3	6.8	6.3	5.8
17	10.5	10.0	9.5	9.0	8.5	8.0	7.4	6.9	6.4	5.9
16	10.7	10.2	9.6	9.1	8.6	8.1	7.6	7.0	6.5	6.0
15	10.8	10.3	9.8	9.3	8.8	8.2	7.7	7.1	6.6	6.1
14	11.0	10.4	9.9	9.4	8.9	8.3	7.8	7.2	6.7	6.2
13	11.1	10.6	10.0	9.5	9.0	8.4	7.9	7.4	6.8	6.3
12	11.2	10.7	10.1	9.6	9.1	8.5	8.0	7.4	6.9	6.4
11	11.3	10.8	10.2	9.7	9.2	8.6	8.1	7.6	7.0	6.5
10	11.4	10.9	10.3	9.8	9.3	8.7	8.2	7.6	7.1	6.5

续表 D-1

溶液温度	酒精计示值									
	5	4.5	4	3.5	3	2.5	2	1.5	1	0.5
	温度+20 ℃时用容量百分数表示乙醇浓度									
35	2.4	2.0	1.6	1.1	0.6	2.6	2.2	1.8	1.3	0.8
34	2.8	2.4	1.9	1.4	0.9					
33										
32	3.0	2.6	2.1	1.6	1.1	0.6	0.1			
31	3.1	2.6	2.2	1.7	1.2	0.7	0.2			
30	3.3	2.8	2.4	1.9	1.4	0.9	0.4	0.1		
29	3.5	3.0	2.5	2.1	1.6	1.1	0.6	0.2		
28	3.7	3.2	2.7	2.2	1.8	1.3	0.8	0.3		
27	3.9	3.4	2.9	2.4	1.9	1.4	1.0	0.4		
26	4.0	3.6	3.1	2.6	2.1	1.6	1.1	0.6	0.1	
25	4.2	3.7	3.2	2.8	2.3	1.8	1.3	0.8	0.3	
24	4.4	3.9	3.4	2.9	2.4	1.9	1.4	0.9	0.4	
23	4.6	4.1	3.6	3.1	2.6	2.1	1.6	1.1	0.6	0.1
22	4.7	4.2	3.7	3.2	2.7	2.2	1.7	1.2	0.7	0.2
21	4.8	4.4	3.9	3.4	2.9	2.4	1.9	1.4	0.9	0.4
20	5.0	4.5	4.0	3.5	3.0	2.5	2.0	1.5	1.0	0.5
19	5.1	4.6	4.1	3.6	3.1	2.6	2.1	1.6	1.1	0.6
18	5.3	4.8	4.2	3.7	3.2	2.7	2.2	1.7	1.2	0.7
17	5.4	4.9	4.4	3.9	3.4	2.8	2.3	1.8	1.3	0.8
16	5.5	5.0	4.5	4.0	3.4	2.9	2.4	1.9	1.4	0.9
15	5.6	5.1	4.6	4.1	3.6	3.0	2.5	2.0	1.5	1.0
14	5.7	5.2	4.7	4.2	3.6	3.1	2.6	2.1	1.6	1.1
13	5.8	5.3	4.8	4.2	3.7	3.2	2.7	2.2	1.7	1.2
12	5.9	5.4	4.8	4.3	3.8	3.3	2.8	2.2	1.8	1.2
11	6.0	5.4	4.9	4.4	3.9	3.3	2.8	2.3	1.8	1.3
10	6.0	5.5	5.0	4.4	3.9	3.4	2.9	2.4	1.8	1.3

附录E

密度-总浸出物含量对照表

表 E-1　密度-总浸出物含量对照表(整数位)

单位:g/L

密度	密度的第四位整数									
(20 ℃)	0	1	2	3	4	5	6	7	8	9
100	0	2.6	5.1	7.7	10.3	12.9	15.4	18.0	20.6	23.2
101	25.8	28.4	31.0	33.6	36.2	38.8	41.3	43.9	46.5	49.1
102	51.7	54.3	56.9	59.5	62.1	64.7	67.3	69.9	72.5	75.1
103	77.7	80.3	82.9	85.5	88.1	90.7	93.3	95.9	98.5	101.1
104	103.7	106.3	109.0	111.6	114.2	116.8	119.4	122.0	124.6	127.2
105	129.8	132.4	135.0	137.6	140.3	142.9	145.5	148.1	150.7	153.3
106	115.9	158.6	161.2	163.8	166.4	169.0	171.6	174.3	176.9	179.5
107	182.1	184.8	187.4	190.0	192.6	195.2	197.8	200.5	203.1	205.8
108	208.4	211.0	213.6	216.2	218.9	221.5	224.1	226.8	229.4	232.0
109	234.7	237.3	239.9	242.5	245.2	247.8	250.4	253.1	255.7	258.4
110	261.0	263.6	266.3	268.9	271.5	274.2	276.8	279.5	282.1	284.8
111	287.4	290.0	292.7	295.3	298.0	300.6	303.3	305.9	308.6	311.2
112	313.9	316.5	319.2	321.8	324.5	327.1	329.8	332.4	335.1	337.8
113	340.4	343.0	345.7	348.3	351.0	353.7	356.3	359.0	361.6	364.3
114	366.9	369.6	372.3	375.0	377.6	380.3	382.9	385.6	388.3	390.9
115	393.6	396.2	398.9	401.6	404.3	406.9	409.6	412.3	415.0	417.6
116	420.3	423.0	425.7	428.3	431.0	433.7	436.4	439.0	441.7	444.4
117	447.1	449.8	452.4	455.2	457.8	460.5	463.2	465.9	468.6	471.3
118	473.9	476.6	479.3	482.0	484.7	487.4	490.1	492.8	495.5	498.2
119	500.9	503.5	506.2	508.9	511.6	514.3	517.0	519.7	522.4	525.1
120	527.8	—	—	—	—	—	—	—	—	—

表 E-2 密度-总浸出物含量对照表(小数位)

密度的第一位小数	总浸出数/(g/L)	密度的第一位小数	总浸出数/(g/L)	密度的第一位小数	总浸出数/(g/L)
1	0.3	4	1	7	1.8
2	0.5	5	1.3	8	2.1
3	0.8	6	1.6	9	2.3

参考文献

1. 李达，刘鹏．国家职业资格教程：食品检验工（初级、中级、高级）．天津：天津大学出版社，2020.

2. 王立晖，刘皓．国家职业资格教程：食品检验工（技师、高级技师）．天津：天津大学出版社，2020.

3. 人力资源社会保障部教材办公室，中国就业培训技术指导中心上海分中心，上海市职业技能鉴定中心，等．食品检验．北京：中国劳动社会保障出版社，2020.

4. 周光理．食品分析与检验技术．4版．北京：化学工业出版社，2020.

5. 杜淑霞，王一凡．食品理化检验技术．2版．北京：科学出版社，2022.

6. 王瑞兰．食品微生物检验技术．北京：科学出版社，2020.